普通高等教育"十三五"规划教材

材料环境学

黄峰　胡骞　刘静　编著

U0314870

北　京

冶金工业出版社

2022

内 容 提 要

材料环境学是研究材料与环境之间相互作用的一门科学，近年来越来越受到材料领域科技工作者的重视。本书是在作者多年教学经验的基础上据讲义编写而成的，共分8章：第1章为绪论，第2~3章介绍金属电化学腐蚀热力学和动力学，第4章介绍钝化现象，第5~7章介绍常见局部腐蚀、自然环境中材料腐蚀以及常见材料的耐蚀性，第8章对材料防护原理和方法进行介绍。为了培养学生分析和解决复杂工程问题的能力，本书不仅在原理讲解后添加了相应例题，而且在每章后均附有习题，以便加深对书中内容的理解。

本书既可作为高等学校讲授材料腐蚀与防护的教材，也可作为相关专业研究生和教师及工程技术人员的参考书。

图书在版编目 (CIP) 数据

材料环境学/黄峰，胡骞，刘静编著. —北京：冶金工业出版社，2020.6（2022.1重印）

普通高等教育"十三五"规划教材

ISBN 978-7-5024-8516-0

Ⅰ. ①材⋯　Ⅱ. ①黄⋯　②胡⋯　③刘⋯　Ⅲ. ①材料—腐蚀—关系—环境—高等学校—教材　②材料—耐蚀性—高等学校—教材　Ⅳ. ①TB304

中国版本图书馆 CIP 数据核字（2020）第 090755 号

材料环境学

出版发行	冶金工业出版社	**电　话**	(010)64027926
地　址	北京市东城区嵩祝院北巷 39 号	**邮　编**	100009
网　址	www.mip1953.com	**电子信箱**	service@mip1953.com

责任编辑　于昕蕾　美术编辑　郑小利　版式设计　禹　蕊
责任校对　郑　娟　责任印制　禹　蕊
北京虎彩文化传播有限公司印刷
2020 年 6 月第 1 版，2022 年 1 月第 2 次印刷
787mm×1092mm　1/16；12.75 印张；307 千字；192 页
定价 39.00 元

投稿电话　(010)64027932　投稿信箱　tougao@cnmip.com.cn
营销中心电话　(010)64044283
冶金工业出版社天猫旗舰店　yjgycbs.tmall.com
（本书如有印装质量问题，本社营销中心负责退换）

前　言

材料环境学是研究材料与环境之间相互作用的一门科学。国际标准化组织（ISO）对材料腐蚀的定义为：材料腐蚀是材料与其环境之间发生的物理化学性相互作用，其结果是使材料的性质发生变化，并往往导致材料或由它们构成其一部分的实用体系的机能损伤。由上述定义可见，材料腐蚀是源于材料与其存在的环境的相互作用，材料环境学是材料腐蚀与防护科学的拓宽和延伸。

本书是武汉科技大学材料与冶金学院金属材料工程专业本科生必修课教材，是材料化学专业、材料物理专业本科生选修课教材。它是为适应学科、专业结构调整及培养全面型高素质应用型人才的需要，基于多年教学经验，在武汉科技大学内部讲义《材料腐蚀与防护》的基础上编著而成。本书共分8章：第1章为绪论；第2~3章介绍金属电化学腐蚀热力学和动力学；第4章介绍钝化现象；第5~7章介绍常见局部腐蚀、自然环境中材料腐蚀以及常见材料的耐蚀性；第8章对材料防护原理和方法进行介绍。本书在编写过程中注重理论与应用的统一性，力求反映出近年来在腐蚀理论与耐蚀材料方面的新进展。另外，为了培养学生分析和解决复杂工程问题的能力，不仅在原理讲解后添加了相应例题，而且在每章后均附有习题，以便加深对书中内容的理解，达到举一反三的目的。本书既可作为高等学校讲授材料腐蚀与防护的教材，也可作为相关专业研究生和教师及工程技术人员的参考书。

本书由武汉科技大学材料与冶金学院黄峰（第1~4章）、胡骞（第5、6、8章）、刘静（第7章）编著，全书由黄峰统稿。本书在编著过程中，参考了国内外的有关著作、资料及相关教材，并从中汲取了许多好的素材（均列为参考文献），以使本书的内容更加充实和完善，在此向文献的作者表示深深的谢意。

由于我们水平所限，经验不足，书中难免存在疏漏及不妥之处，敬请读者给予批评指正，以便日后完善、修订。

作　者
2020 年 2 月于武汉

目　　录

1 绪 论

1.1 什么是材料环境学

1986 年 ISO（International Organization for Standards，国际标准化组织）发表了《金属与合金的腐蚀——用语与定义》（ISO8044）。其中对金属腐蚀的定义为：金属腐蚀是金属与其环境之间发生的物理化学性的相互作用，其结果是使金属的性质发生变化，并往往导致金属环境或由它们构成其一部分的实用体系的机能的损伤。由上述定义可以看到，金属腐蚀是源于金属与环境的相互作用。把金属扩展到材料，则材料的腐蚀是源于材料与环境的相互作用。早在 20 世纪七八十年代日本东京大学工学院金属材料学科的久松敬弘教授就开始以《环境材料学》为题向四年级学生讲述金属（材料）的腐蚀科学。1991 年起，日本腐蚀与防护学会把学会杂志《防蚀技术》改名为《材料与环境》。1993 年日本腐蚀与防护学会编写一本有关材料腐蚀与防护的入门书时，则以《材料环境学入门》为书名。北京科技大学肖纪美教授将腐蚀学定义为研究腐蚀的学科，那么研究材料与环境的相互作用的学科便是材料环境学。由此可见，材料环境学是由金属的腐蚀与防护科学的拓宽和延伸发展起来的。材料环境学原本就是腐蚀学，所以本书的基本内容仍是金属的腐蚀与防护内容，只是相应增加了一些有关非金属材料的腐蚀与防护的内容，并在安排上突出了材料与环境的相互作用。

由腐蚀的定义可以看出，腐蚀的结果经常是金属环境或由它们构成其部分实用体系的机能受到损伤这样的坏结果，但经常不等于都是这样，也会有好的结果。如，也可以利用腐蚀现象进行电化学加工，制备信息硬件的印刷线路。表 1-1 给出了一些腐蚀所造成的结果。

表 1-1 因腐蚀而导致的各种结果

腐蚀现象	对材料机能的影响	示 例
（1）金属成分的溶出	1）降低内溶物的品质	自来水（因 $Fe(OH)_2$ 引起发红） 日本酒（因 $0.1×10^{-4}$% 的铁而引起色变）
（2）腐蚀生成物的表面附着成分	2）耐蚀膜的形成	一般的耐蚀金属
	3）外观美化	铜合金上绿青、钝化铝
	4）外观劣化	汽车用外板、建筑物内外饰材、食品工业设备
	5）表面粗化	由于支柱的 Zn 镀层的腐蚀而使农用的乙烯房屋破坏
	6）降低热效率	热交换器、传热用部件材料
	7）锈层附着等引起黏着	螺丝等可动部分的黏着、安全阀门的失效
	8）体积膨胀	钢筋腐蚀而引起的混凝土的破裂、剥落，由于钢管内的铁锈而引起的堵塞

续表1-1

腐蚀现象	对材料机能的影响	示　例
（3）壁厚减少、脆化层发达穿孔、破裂	9）强度下降	结构物的早期破坏
	10）内溶物（裂品、危险物、有害物质）的泄露、溢出	产品损失，气体爆发，因放射性物质引起的环境污染

由表1-1可见，腐蚀虽然也有像耐蚀表面膜的形成、外观美化那样好的结果，但坏的结果居多。另外与腐蚀同义的"生锈"这个词也使用，不过"生锈"主要是指由水和铁的氧化物构成的、肉眼可见的腐蚀产物。所以铁和铁合金的腐蚀也可以说"生锈"，而对非铁金属则不使用"生锈"这个词。

铁锈在自来水中悬浮而生成赤水，在水管内作为水垢而生长时，将会堵塞水管而妨碍流水。铁在日本清酒中溶出0.1×10^{-4}%以上时，便会形成螯形化合物而着色，失去酒的商品价值。如此，即使对以304钢为首的不锈钢来说，使用菜刀、铁锅等铁制炊具可有效地补铁。使用锌制的咖啡壶和杯子在美国方兴未艾，因为锌的腐蚀使美国人远离了缺锌症。

1.2　材料环境学在发展国民经济中的意义

1.2.1　腐蚀造成重大经济损失

对产业革命有推动作用的锅炉，在19世纪美国就发生过1万次爆炸事件，并造成众多的人员伤亡。爆炸是因为钢制炉壁的腐蚀开裂，造成压力下降，引起高温水的急剧蒸发而发生的。这是人类最初且广泛而持久所经历的大规模的腐蚀事故，在其原因的解释和采取对策的努力方面也有深刻的教训。因此，因材料与环境发生作用造成腐蚀而引起的灾难性事故屡见不鲜，损失极为严重。例如1965年3月，美国一输气管线因应力腐蚀破裂着火，造成17人死亡。1970年12月，日本大阪地下铁道的管线因腐蚀断裂造成瓦斯爆炸，乘客当场死亡75人。1985年8月，日本一架波音747客机由于机身增压舱端框应力腐蚀断裂而坠毁，机上524人全部遇难。1985年瑞士一个游泳馆顶棚因不锈钢吊杆长期承受管内空气中的氯和顶棚载荷（200t）的联合作用，发生应力腐蚀而突然坍塌，造成12人死亡，多人受伤。1980年3月，我国北海油田一采油平台，在海水和应力腐蚀作用下，发生腐蚀疲劳破坏，致使123人丧生。1990年美国仅轻水堆核电站由于腐蚀的原因不仅引起13亿美元的经济损失，而且导致1万多人被辐射污染。2003年，四川省成都市建筑工地的塔式起重机，由于底驾与基础连接的法兰盘背面角焊缝长期受到泥水腐蚀，焊缝有效高度越来越小，当正常起吊额定载荷时，焊缝撕裂，塔式起重机从根部整体倒下，造成严重事故。2007年4月，辽宁省铁岭市某特殊钢有限公司，由于炼钢车间吊运钢水包的起重机主钩在下降作业时，控制回路中的一个连锁常闭辅助触点锈蚀断开，致使驱动电动机失电，未能有效阻止钢水包移动而失控下坠，撞击浇铸台车后落地，发生钢水包倾覆特别重大事故，造成32人死亡，6人重伤。

腐蚀给国民经济带来的损失是巨大的。据不完全统计，全世界每年因腐蚀报废和损耗的钢铁为 2 亿多吨，占当年钢产量的 10%~20%。英国每年因金属腐蚀造成的经济损失达几十亿英镑；美国每年由于金属腐蚀造成的经济损失为 3000 亿美元；世界各发达国家每年因金属腐蚀而造成的经济损失占其国民经济生产总值 3.5%~4.2%（表 1-2），超过每年各项大灾（火灾、风灾及地震等）损失的总和。

表 1-2 一些国家的年腐蚀损失

国家	年份	年腐蚀损失	占国民经济总产值的比例/%
美国	1949	55 亿美元	
	1975	700 亿美元	4.9
	1995	3000 亿美元	4.21
	1998	2757 美元	
英国	1975	6 亿英镑	
	1969	13.65 亿英镑	3.5
日本	1975	25509.3 亿日元	
	1997	39376.9 亿日元	
中国	1998	2700 亿人民币	4.2

目前我国的钢铁产量已高达数亿吨，但其中却有 30% 由于锈蚀而白白损失掉了。据此测算，我国每年因钢铁腐蚀损失有 2700 多亿元人民币，远远大于自然灾害和各类事故损失的总和，数字非常触目惊心，可见腐蚀造成的经济损失之大。至于金属腐蚀事故引起的停产、停电等间接损失就更无法计算。最近一次 2014 年我国腐蚀调查表明：腐蚀成本超过 2.1 万亿元人民币，约占当年 GDP 的 3.34%。

众所周知，地球上的资源有限，珍惜自然资源是人类一项长期的战略任务。金属的腐蚀损耗了大量的金属材料，同时也会浪费很多的能源。有人估计，地球上的铁、铬、镍、钼、铜矿只能使用几十年了。因此，为了我们的子孙后代，减小金属材料的损耗，防止地球上有限的矿产资源过早地枯竭，加强腐蚀与防护的研究具有重要的战略意义。

1.2.2 腐蚀引起灾难性事故

在某些腐蚀体系中，特别是伴随有力学因素的作用下，金属的腐蚀会造成灾难性事故。腐蚀造成生产中的"跑、冒、滴、漏"，使有毒气体、液体、核放射物质等外泄，严重危及人类的健康和生命安全。腐蚀引起严重的环境污染，由于腐蚀增加了工业废水、废渣的排放量和处理难度，增多了直接进入大气、土壤、江河及海洋中的有害物资，因此造成了自然环境的污染，破坏了生态平衡，危害了人民健康，妨碍了国民经济的可持续发展，金属材料因腐蚀失效造成的直接人员伤亡的例子则不胜枚举。

1.2.3 腐蚀阻碍了科学技术发展

腐蚀不仅造成了上述的重重危害，有时还成为生产发展和科学技术进步的障碍。腐蚀问题不能及时解决则会阻碍科学技术的发展，从而影响生产力的进步。例如，现代电子技术需要极高纯度的单晶硅半导体材料，而生产设备受到副产品四氯氢硅腐蚀，不仅损坏了设备，也污染了目标产品，降低了各种物理性能，影响了新材料的利用进程。在量子合金的固体物理基础研究中，需要高纯度的金属铝与其他元素进行无氧复合，但是由于金属铝的表面非常容易氧化，至今仍然成为该研究进展的瓶颈。美国阿波罗登月飞船若不是采用储存 N_2O_4 和 0.6% NO 来解决腐蚀的办法，登月计划就会推迟许多年。在宇宙飞船研制过程中，一个关键问题是如何防止回收舱在入大气层时与大气摩擦生成的热而引起的机体外表面高温（可达 2000℃）氧化。经过多年的研究，采用陶瓷复合材料做表面防护后，此问题方得以解决。最近国内外致力于发展的高超声速航空器，制约其研究的瓶颈同样是表面耐热材料及涂层的耐腐蚀问题。

1.3 材料环境学的发展历程

对金属腐蚀现象的解释首先是从金属的高温氧化开始的。16 世纪 50 年代，俄罗斯科学家罗蒙诺索夫曾指出，没有外界的空气进入，灼烧的金属的质量仍然保持不变，并证明金属的氧化是金属与空气中最活泼的氧化合所致。之后，他又研究了金属的溶解及钝化问题。1830～1840 年间，法拉第首先确立了阳极溶解的金属质量与通过电量之间的关系，这是对腐蚀电化学本质的假说。1830 年德·拉·李夫（De La Rive）在有关锌在硫酸中溶解的研究中，第一次明确地指出了腐蚀电化学特征的观念（微电池理论）。1881 年卡扬捷尔（Н КаяНдер）研究了金属在酸中溶解的动力学，指出了金属溶解的电化学本质。

但是，金属腐蚀发展成一门独立的学科是本世纪初形成的。在 20 世纪初，由于化学工业的蓬勃发展及现代科学技术突飞猛进的需要，经电化学、金属学等科学家的辛勤努力，通过一系列重要而又深入的研究，确立了腐蚀历程的基本电化学规律。特别值得提出的是英国科学家、现代腐蚀科学的奠基人伊文思（U. R. Evans）及其同事的卓越贡献。他们提出了金属腐蚀过程的电化学基本规律，发表了许多经典性的著作。苏联科学家弗鲁姆金及阿基莫夫分别从金属溶解的电化学历程与金属组织结构和腐蚀的关系方面提出了许多新的见解，进一步发展与充实了腐蚀科学的基本理论。1934 年，Butler 和 Volmer 根据电极电位对电极反应活化能的影响推出了著名的电极反应动力学基本公式，即 B-V 方程。1938 年，Wanger 和 Trand 提出了混合电位理论。同年，比利时的 Pourbaix 计算并绘制了大多数金属的电位-pH 图。以上科学家的系统研究工作奠定了金属腐蚀电化学的动力学基础。

20 世纪 50 年代以后，随着腐蚀电化学理论的不断完善和发展，腐蚀电化学研究方法也得到了相应的发展。随着电子技术的发展，出现了腐蚀电化学研究的稳态测试仪器，即恒电位仪，使腐蚀电化学研究集中在电化学测试方法上。之后又建立了暂态的腐蚀电化学测试方法，促进了腐蚀界面和电极过程动力学研究的迅速发展。1957 年，Stern 提出了线性极化的重要概念，经过电化学工作者的不断努力，完善和发展了极化电阻技术。

20 世纪 80 年代以后，随着微电子技术和计算机技术的发展，使得烦琐测量过程的电化学阻抗谱以暂态测量的方法而实现，而且应用越来越普遍，研究范围已经超出了腐蚀电化学的范畴，产生了一个新的学术领域，即电化学阻抗谱（Electrochemical Impedance Spectroscopy，EIS），并于 1989 年 6 月在法国举行了第一届 EIS 国际学术会议。通过电化学阻抗谱的研究，不仅可以获得腐蚀电化学的动力学参数，而且可以得到腐蚀电极表面双电层的电容以及表面状态信息，极大地促进了电化学腐蚀测试技术的应用和发展。1987

年，M. Stratmm 等提出了应用开尔文（Kelin）探针技术，用来测量探针与腐蚀电极之间的电位，解决了用通常的方法测量水薄液膜下金属表面的腐蚀电位时难以在薄液膜下安装参比电极的问题。

现代腐蚀科学的研究主要包括在复杂的宏观体系中建立腐蚀过程及其相互作用的理论模型，决定材料体系使用寿命的参数及寿命预测，对重要的结构材料体系腐蚀实时监控的传感器技术，耐蚀新材料的开发，金属钝化膜的成分、晶体结构即电子性质以及钝化膜的破坏形式，腐蚀电化学微区测试技术，缓蚀剂的电化学行为的分子水平研究。材料环境学实际上是一个涉及多门学科的综合性边缘学科，它的理论和实践与金属学、冶金学、金属物理、材料学、化学、电化学、物理学、物理化学、工程力学、断裂力学、流体力学、化学工程学、机械工程学、微生物学、表面科学、表面工程学、电学、计算机科学等密切相关。因此，作为独立学科的腐蚀与防护，是随着各种相关学科的发展逐步完善的。

1.4　材料环境学的分类

为了便于系统地了解材料环境学现象及其内在规律，并提出相应的有效防止和控制材料腐蚀的措施，需要对腐蚀进行分类。但是由于材料与环境作用的现象和机理比较复杂，所以金属腐蚀有不同的分类，至今尚未统一。常用的分类方法是按腐蚀机理、腐蚀形态、产生腐蚀的自然环境、温度 4 个方面来进行分类的。

1.4.1　按照腐蚀机理分类

材料环境学按照材料腐蚀机理可分为化学腐蚀、电化学腐蚀和物理腐蚀。

（1）化学腐蚀。化学腐蚀是指金属表面与非电解质直接发生化学反应而引起的破坏。在反应过程中没有电流产生。如钢铁材料在空气中加热时，铁与空气中的氧发生化学反应生成疏松的铁的氧化物；铝在四氯化碳、三氯甲烷或乙醇中的腐蚀；镁或钛在甲醇中的腐蚀等均属于化学腐蚀。该类腐蚀的特点是在一定条件下，非电解质中的氧化剂直接与金属表面的原子相互作用而形成腐蚀产物。腐蚀过程电子的传递是在金属和氧化剂之间直接进行的，所以没有电流产生。金属的高温氧化一般都认为是化学氧化，但是由于高温可以使金属表面形成致密的半导体氧化膜，故也有学者认为金属的高温氧化属于电化学机制。

（2）电化学腐蚀。金属的电化学腐蚀指的是金属在水溶液中与离子导电的电解质发生电化学反应产生的破坏，在反应过程中有电流产生。腐蚀金属表面存在阴极和阳极。阳极使金属失去电子变成带正电的离子进入介质中，称为阳极氧化过程。阴极反应是介质中的氧化剂吸收来自阳极的电子，称为阴极还原过程。这两个反应是相互独立而又同时进行的，称为一对共轭反应。在金属表面阴阳极组成的短路电池，腐蚀过程有电流产生。如金属在大气、海水、土壤、酸碱盐溶液中的腐蚀均属于这一类。

（3）物理腐蚀。金属的物理腐蚀是指金属和周围的介质发生单纯的物理溶解而产生的破坏。金属在液态金属高温熔盐、熔碱中均可发生物理溶解。物理腐蚀是由物质迁移引起的，被腐蚀金属称为溶质，液态金属称为溶剂，固体溶质在液态溶剂中溶解而转移到液态中，使得固体金属材料破坏。该腐蚀过程没有化学反应，没有电流产生，是一个纯物理过程。如金属钠溶于液态汞形成的钠汞齐；钢容器被熔融的液态锌溶解，使得钢容器壁减薄破坏等。

上述 3 种腐蚀中，电化学腐蚀最为普遍，对金属材料的危害最为严重。本书主要讨论金属的电化学腐蚀。

1.4.2　按照腐蚀形态分类

根据金属的破坏形态，可将腐蚀分为均匀腐蚀和局部腐蚀两大类。

（1）均匀腐蚀。均匀腐蚀是指发生在金属表面的全部或大部分破坏，也称为全面腐蚀。腐蚀的结果是材料的质量减少，厚度减薄。均匀腐蚀危害性较小，只要知道材料的腐蚀速率，就可以计算出材料的使用寿命。如钢铁在盐酸中的迅速溶解，船体在海水中的整体腐蚀等。多数情况下，金属表面会生成保护性的腐蚀产物膜，使腐蚀变慢。

（2）局部腐蚀。局部腐蚀是指发生在金属表面的狭小区域的破坏。其危害程度比均匀腐蚀严重得多，它约占设备机械腐蚀破坏总数的 70%，而且可能是突发性和灾难性的，会引起爆炸、火灾等事故。局部腐蚀又分为无应力作用的腐蚀和有应力作用的腐蚀。

无应力作用的腐蚀主要有 5 种不同类型：

1）电偶腐蚀。电偶腐蚀是两种电极电位不同的金属或合金相互接触，并在一定的介质中发生电化学反应，使电位较负的金属发生加速破坏的现象。

2）点腐蚀。又称为坑蚀和小孔腐蚀，在金属表面上极个别的区域产生小而深的孔蚀现象。一般情况下蚀孔的深度要比其直径大得多，严重时可将设备穿通。

3）缝隙腐蚀。缝隙腐蚀是指在电解液中金属与金属或金属与非金属表面之间构成狭窄的缝隙，缝隙内离子的移动受到了阻滞，形成浓差电池，从而使金属局部破坏的现象。

4）晶间腐蚀。晶间腐蚀是指金属在特定的腐蚀介质中，沿着材料的晶界出现的腐蚀，使晶粒之间丧失结合力的一种局部破坏现象。

5）选择性腐蚀。选择性腐蚀是指多元合金在腐蚀介质中，较活泼的组分优先溶解，结果造成材料强度大大下降的现象。

有应力作用的腐蚀主要有 4 种不同类型：

1）应力腐蚀开裂。应力腐蚀开裂是金属在特定的介质和在静拉伸应力（包括外加载荷、热应力、冷加工、热加工、焊接等所引起的残余应力等）条件下，局部所出现的低于强度极限的脆性开裂现象。

2）氢脆。氢脆是由氢引起的材料的脆化，导致材料塑性和韧性下降，是高强度金属材料的一个潜在的破坏源。

3）腐蚀疲劳。腐蚀疲劳是指交变应力与腐蚀共同作用下发生的断裂现象。腐蚀疲劳所造成的破坏要比单纯的交变应力引起的破坏（机械疲劳）或单纯的腐蚀作用造成的破坏要严重得多。

4）磨损腐蚀。金属表面与腐蚀流体之间由于高速相对运动而引起的金属损坏现象，又称为冲刷腐蚀。磨损腐蚀是材料受冲刷和腐蚀交互作用的结果，是一种危害性较大的局部腐蚀。

　　另外，按照腐蚀环境腐蚀可分为自然环境中的腐蚀和工业环境中的腐蚀。自然环境中的腐蚀包括大气腐蚀、土壤腐蚀、海水腐蚀、生物腐蚀，工业环境中的腐蚀包括电解质溶液中的腐蚀、工业水中的腐蚀、工业气体中的腐蚀、熔盐的腐蚀。

　　按环境温度腐蚀又可分为常温腐蚀和高温腐蚀。

1.5　金属腐蚀速率的表示方法

　　腐蚀速率是评价金属材料耐蚀性的重要判据。根据腐蚀破坏形式的不同，金属腐蚀程度的评定也有相应不同的方法。对全面腐蚀可采用平均腐蚀速率表示，常用的有重量指标、深度指标和电流指标。

1.5.1　腐蚀速率的质量指标

　　金属腐蚀速率的质量指标就是把金属因腐蚀而发生的质量变化换算成相当于单位金属表面积与单位时间内的质量变化的数值，可用失重或增重方法表示。

$$v_- = \frac{w_0 - w_1}{St} \tag{1-1}$$

$$v_+ = \frac{w_2 - w_0}{St} \tag{1-2}$$

式中，v_- 为使用失重方式表示的金属平均腐蚀速率，$g/(m^2 \cdot h)$；w_0 为试样原始质量，g；w_1 为试样清除腐蚀产物后的质量，g；S 为试样的表面积，m^2；t 为腐蚀时间，h；v_+ 为使用增重方式表示的金属平均腐蚀速率，$g/(m^2 \cdot h)$；w_2 为未清除腐蚀产物时试样质量，g。

1.5.2　腐蚀速率的深度指标

　　金属腐蚀速率的深度指标就是把金属的厚度因腐蚀而减少的量以线量单位表示，并换算成相当于单位时间的数值，一般采用 mm/a（毫米/年）来表示。在衡量密度不同的各种金属的腐蚀程度时，此种指标极为方便。

　　腐蚀深度指标与质量指标的关系式可由下列公式推导过程得出：

$$v_\pm = \frac{\Delta w}{St} = \frac{\rho \Delta V}{St} = \frac{\rho \Delta d \cdot S}{St} = \frac{\rho \Delta d}{t} \tag{1-3}$$

式中，Δd 为腐蚀深度，m；Δw 为腐蚀前后金属质量的改变，g。

　　若腐蚀深度的单位用毫米（mm）表示，腐蚀时间的单位用年（a）表示，则一年内的腐蚀深度就是用深度表示的腐蚀速率，如式（1-3）所示。

$$v_d = \frac{24 \times 365 \times v_\pm}{1000\rho} = \frac{8.76 v_\pm}{\rho} \tag{1-4}$$

式中，v_d 为深度表示的腐蚀速率，mm/a；$v_\pm$ 为质量表示的腐蚀速率，$g/(m^2 \cdot h)$；ρ 为金属的密度，g/cm^3。

　　用腐蚀深度来评价金属全面腐蚀的耐蚀性通常采用表 1-3 所列的三级标准或表 1-4 所列的十级标准。

表 1-3   金属耐蚀性的三级标准

耐蚀性评定	耐蚀性等级	腐蚀深度/mm·a⁻¹
耐蚀	1	<0.1
可用	2	0.1~1.0
不可用	3	>1.0

表 1-4   金属耐蚀性的十级标准

耐蚀性评定	耐蚀性等级	腐蚀深度/mm·a⁻¹
完全耐蚀	1	<0.001
	2	0.001~0.005
很耐蚀	3	0.005~0.01
耐蚀	4	0.01~0.05
	5	0.05~0.1
尚耐蚀	6	0.1~0.5
	7	0.5~1.0
稍耐蚀	8	1.0~5.0
	9	5.0~10.0
不耐蚀	10	>10.0

1.5.3 腐蚀速率的电流指标

金属腐蚀速率的电流指标是以金属电化学腐蚀过程的阳极电流密度的大小来衡量金属电化学腐蚀速率的程度。根据法拉第（Faraday）定律式（1-5），可以把电流指标和质量指标关联起来。

$$\Delta w = M \frac{It}{nF} \tag{1-5}$$

式中，I 为通过金属表面的电流，A；t 为通电时间，h；F 为法拉第常数（$F = 96500C/mol = 26.8A \cdot h/mol$）；$n$ 为得失电子数；M 为相对原子质量。

根据式（1-3）和式（1-5）得出式（1-6）。

$$v_- = \frac{\Delta w}{St} = \frac{MI}{nFS} \tag{1-6}$$

令 $i_{corr} = \dfrac{I}{S}$（单位面积通过的电流，也称腐蚀电流密度），得到以电流指标表示的腐蚀速率式（1-7）。

$$i_{corr} = v_- \frac{nF}{M} \tag{1-7}$$

式中，i_{corr} 为电流表示的腐蚀速率，A/m²；v_- 为质量表示的速率，g/(m²·h)。

例题 1-1   已知金属铁的腐蚀反应为

$$Fe \longrightarrow Fe^{2+} + 2e^-$$

金属铁原子质量 $M = 55.84\text{g/mol}$，密度 $\rho = 7.85\text{g/cm}^3$，反应得失电子数 $n = 2$，电流 $I = 10^{-2}\text{A}$，腐蚀面积 $S = 100\text{cm}^2$，求分别以质量指标、深度指标和电流指标来表示金属铁的腐蚀速率。

解：用腐蚀电流除以腐蚀面积得到腐蚀电流密度

$$i_{\text{corr}} = \frac{I}{S} = \frac{10^{-2}\text{A}}{100\text{cm}^2} = 1\text{A/m}^2$$

根据质量指标公式和法拉第定律

$$v_- = \frac{Mi_{\text{corr}}}{nF} = \frac{\dfrac{55.84\text{g}}{\text{mol}} \times 1\text{A/m}^2}{2 \times 26.8\text{A} \cdot \text{h/mol}} = 1.04\text{g/(m}^2 \cdot \text{h)}$$

根据深度指标公式

$$v_d = \frac{8.76v_-}{\rho} = \frac{8.76 \times 1.04\text{g/(m}^2 \cdot \text{h)}}{7.85\text{g/cm}^3} = 1.16\text{mm/a}$$

1.5.4 力学性能指标

力学性能指标是根据材料腐蚀前后试样抗拉强度的变化率来评定腐蚀速率的，如式(1-8)所示，对非金属材料也可用。

$$K_\sigma = \frac{\sigma_b^0 - \sigma_b^1}{\sigma_b^0} \times 100\% \tag{1-8}$$

式中，K_σ 为采用力学性能表示的腐蚀速率，%；σ_b^0 为腐蚀前试样的抗拉强度，MPa；σ_b^1 为腐蚀后试样的抗拉强度，MPa。

1.5.5 电阻性能指标

电阻性能指标是根据材料腐蚀前后试样电阻的变化率来评定腐蚀速度的，如式(1-9)所示，一般只使用于导电材料。

$$K_R = \frac{R_0 - R_1}{R_0} \times 100\% \tag{1-9}$$

式中，K_R 为采用电阻表示的腐蚀速率，%；R_0 为腐蚀前试样的电阻，Ω；R_1 为腐蚀后试样的电阻，Ω。

1.6 材料环境学的主要内容

随着现代工业的迅速发展，使原来大量使用的高强度钢和高强度合金构件在服役过程中与环境介质作用出现了严重的腐蚀问题，从而促使许多新的相关科学（如现代电化学、固体物理学、材料科学、工程学和微生物学等）的学者们对腐蚀问题进行综合研究，并形成了许多边缘腐蚀学科分支，如腐蚀电化学、金属腐蚀学、腐蚀工程力学、生物腐蚀学和防护系统工程等，研究内容非常广泛。

材料环境学研究内容主要有以下几个方面：

（1）研究并确定材料和环境介质发生的物理、化学反应的普遍规律。不仅要从热力学方面研究腐蚀发生的可能性，更重要的是研究腐蚀发生的动力学规律、机理以及影响腐蚀的因素。

（2）研究在各种条件下防止或控制材料腐蚀的方法和措施。以材料的腐蚀理论研究为基础，以腐蚀防护技术研究为应用目标，研究和发展腐蚀控制的技术措施和方法，制定腐蚀控制的标准及规范。

（3）研究和开发材料腐蚀测试、检测和监控方法。为保障工程装备安全可靠地运行，研究和开发使用于实验室与现场的腐蚀测试、检测和监控方法。

习　　题

1-1　材料腐蚀的定义是什么？

1-2　按照腐蚀形态，金属腐蚀分类有哪些？

1-3　已知铁在某一环境介质中的腐蚀电流密度为 $0.05mA/cm^2$，求其腐蚀速率 v_- 和 v_d 。请判断铁在此介质中是否耐蚀。

1-4　已知锌的密度 $\rho = 7.85g/cm^3$，铝的密度 $\rho = 2.7g/cm^3$，当两种金属的腐蚀速率均为 $2.0g/(m^2 \cdot h)$ 时，求以深度指标（mm/a）表示的两种金属的腐蚀速率。

2 电化学腐蚀热力学

2.1 有关电化学的基本概念

2.1.1 两类导体

第一类电子导体，主要指金属、石墨等。此类导体是靠电子定向移动而导电，导电时导体材料的组成不变。随温度升高，电子的热运动增强，运动时受到的阻力增加，导电能力下降。

第二类离子导体，主要是电解质溶液。此类导体是靠离子定向迁移而导电，导体溶液组成因反应而变化。随温度升高，溶液黏度下降，离子迁移阻力减小，导电能力增加。

还有一类固体电解质，如 $AgCl$、PbI_2 等，也属于离子导体，导电机理较复杂，导电能力不高。

2.1.2 两类电化学装置

2.1.2.1 原电池

原电池（Primary Cell）是一个可以将化学能转化为电能的装置。铜锌原电池（也称丹尼尔原电池）是大家熟知的可逆原电池，如图 2-1 所示。原电池由三部分组成，即负极、正极和电解质溶液。在丹尼尔电池中，锌电极失去电子，发生氧化反应，铜电极得到电子，发生还原反应，两个电极反应如下。

阳极：
$$Zn - 2e^- \longrightarrow Zn^{2+}$$

阴极：
$$Cu^{2+} + 2e^- \longrightarrow Cu$$

整个电池总反应为
$$Cu^{2+} + Zn \longrightarrow Cu + Zn^{2+}$$

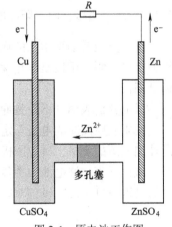

图 2-1 原电池工作图

当外电路与负载接通时，原电池开始工作，在低电位的锌电极上，锌不断溶解为锌离子，即发生氧化反应；在高电位的铜电极上，电解液中的铜离子不断沉积为金属铜，即发生还原反应。电子从锌极通过外电路流向铜极，即电子由低电位通过外电路向高电位流动。而在电解质溶液中，电荷的传递是依靠溶液中正负离子的迁移来完成的。由于和锌极相接触的水溶液区域的电位高于和铜极相接触的水溶液区域的电位，这样锌极水溶液区域的正离子就会向铜极水溶液区域迁移，铜极水溶液区域的负离子就会向锌电极水溶液区域迁移，双方通过盐桥中的正负离子接替传递电荷，使得整个电池形成了一个电流回路。图 2-1 中箭头的方向是电子流动的方向。电子流动将化学能转变为电能并带动负载工作，对负载做了有用功。

2.1.2.2　电解池

将铜锌原电池中的负载改为电源，相当于外加电源和原电池并联，就形成了电解池（Electrolysis Cell），如图 2-2 所示。一般电解池外加电源的电位都大于原电池的电动势，所以电解池是一个能将电能转变为化学能的装置。在铜锌电解池中，铜极处于低电位状态，发生氧化反应；锌极处于高电位状态，发生还原反应。在溶液中正负离子的迁移方向和原电池正好相反。两个电极反应如下。

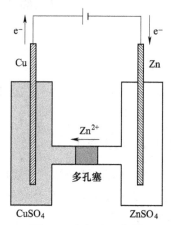

图 2-2　电解池工作图

阳极：

$$Cu - 2e^- \longrightarrow Cu^{2+}$$

阴极：

$$Zn^{2+} + 2e^- \longrightarrow Zn$$

整个电池总反应为

$$Zn^{2+} + Cu \longrightarrow Zn + Cu^{2+}$$

电解池工作期间，铜电极不断发生氧化反应，失去电子变为 Cu^{2+} 进入溶液。锌电极上不断进行着还原反应，Zn^{2+} 从外电路获得电子还原为 Zn。外加电源做功将电能转化为化学能。

2.1.3　正、负极，阴、阳极的规定

正、负极是物理学上的规定。缺电子，高电势的电极为正极；低电势，电子富集的电极为负极。阴、阳极是电化学上的规定。发生还原反应的电极是阴极，发生氧化反应的电极是阳极。

以上分析表明，不论是原电池还是电解池，发生氧化反应的电极一定处于低电位状态；发生还原反应的电极一定处于高电位状态。需要特别指出的是，电解池中的负极指的是外加电源的负极，对应阴极，发生还原反应；正极指的是外加电源的正极，对应阳极，发生氧化反应。原电池中的负极指的是失去电子的电极，对应阳极，发生氧化反应；正极指的是得到电子的电极，对应阴极，发生还原反应。

2.2　电　极　体　系

所谓电极体系（简称电极）是由两个相组成的，一个是电子导体相，另一个是离子导体相。因两个导电机理不同，当电子在两相之间发生转移时，会发生得失电子的电极反应。如上述铜锌原电池的铜电极体系，在两相界面上就会发生下述电极反应。

$$Cu^{2+} + 2e^- \longrightarrow Cu$$

在电化学中，电极体系和电极反应这两个术语的意义是很明确的，但电极这个概念的含义却并不很肯定，在多数场合下，仅指组成电极系统的电子导体相或离子导体相材料，而在

少数场合下指的是某一特定的电极体系或相应的电极反应，而不是仅指电子导体材料。

如一块铂片浸在 Cl_2 气氛下的 HCl 溶液中，如图 2-2 所示。此时构成电极系统的是电子导体相 Pt 和离子导体相的盐酸水溶液。因为实质上在电极上发生的是 Cl_2 和 Cl^- 的氧化还原反应，所以称之为氯电极而不是铂电极，惰性金属 Pt 仅仅是一个导体。

2.3 电极的类型

2.3.1 可逆电极体系

可逆电极体系就是金属和溶液界面只发生一对氧化还原反应，既没有净反应发生，也没有净电流产生，其平衡电极电位可以用 Nernst 公式计算。可逆电极体系一般可以分为三类。

（1）第一类电极。由金属与含该金属离子的易溶盐溶液组成的电极体系称为第一类电极。该电极要求金属与含该金属离子的溶液在未构成电池回路时不发生化学反应，即单独地将金属浸入离子溶液不发生化学反应。若将 K、Na 等活泼金属放入 KOH、NaOH 水溶液中，则 K、Na 易与水溶液中的水发生剧烈反应，所以不能单独构成 K/K^+、Na/Na^+ 电极。

金属和其离子组成的电极可以用 M/M^{n+}、$M \mid M^{n+}$ 表示。例如铜锌原电池中，铜电极用 Cu/Cu^{2+} 或者 $Cu \mid Cu^{2+}$；锌电极用 Zn/Zn^{2+} 或者 $Zn \mid Zn^{2+}$ 表示，又称半电池，由 2 个半电池可以组成一个全电池。为书写方便，全电池可简单地表示为

$$(-)Zn \mid ZnSO_4(水溶液) \parallel CuSO_4(水溶液) \mid Cu(+)$$

式中，"$\mid$" 表示有两相界面存在；"$\parallel$" 表示半透膜"盐桥"，它可以基本消除两液体之间的液体接界电位。

另外第一类电极还包括气体电极，即气体和其离子溶液组成的电极体系。该电极需要一个惰性的电子导体充当电化学反应的载体。例如氢电极、氧电极、氯电极等，分别用 $Pt \mid H_2 \mid H^+$、$Pt \mid O_2 \mid OH^-$、$Pt \mid Cl_2 \mid Cl^-$ 表示。电极反应分别为

$$2H^+ + 2e^- \longrightarrow H_2$$
$$H_2 + 2H_2O + 4e^- \longrightarrow 4OH^-$$
$$Cl_2 + 2e^- \longrightarrow 2Cl^-$$

在气体电极中，惰性的电子导体 Pt 不参与电化学反应，仅起一个导电材料的作用。

（2）第二类电极。由金属和含有该金属离子的难溶盐以及难溶盐的负离子溶液组成的电极体系称为第二类电极。例如，氯化银电极 $Ag \mid AgCl \mid Cl^-$，甘汞电极 $Hg \mid Hg_2Cl_2 \mid Cl^-$，硫酸亚汞电极 $Hg \mid Hg_2SO_4 \mid SO_4^{2-}$ 等。电极反应分别为

$$AgCl + e^- \longrightarrow Ag + Cl^-$$
$$Hg_2Cl_2 + 2e^- \longrightarrow 2Hg + 2Cl^-$$
$$Hg_2SO_4 + 2e^- \longrightarrow 2Hg + SO_4^{2-}$$

另外，由金属和其难溶氧化物以及酸性溶液或碱性溶液组成的电极体系也称为第二类电极。例如，氧化银电极 $Ag \mid Ag_2O \mid OH^-$、$Ag \mid Ag_2O \mid H^+$，氧化汞电极 $Hg \mid HgO \mid OH^-$，

$Hg|HgO|H^+$。电极反应分别为

$$Ag_2O + H_2O + 2e^- \longrightarrow 2Ag + 2OH^-$$

$$Ag_2O + 2H^+ + 2e^- \longrightarrow 2Ag + H_2O$$

$$HgO + H_2O + 2e^- \longrightarrow Hg + 2OH^-$$

$$HgO + 2H^+ + 2e^- \longrightarrow 2Hg + H_2O$$

第二类电极具有制作方便、电位稳定、可逆性强等特点。它比单质-离子电极稳定性好，因为纯单质气体或金属难制备、易污染。

（3）第三类电极。由惰性金属 Pt 在含有某种物质的不同氧化态离子的溶液中构成的电极体系称为第三类电极，又称氧化还原电极。其中惰性金属 Pt 只起导电作用，氧化还原反应在同一液相中进行。例如，铁离子氧化还原电极 $Pt|Fe^{3+}$、Fe^{2+}；锡离子氧化还原电极 $Pt|Sn^{4+}$、Sn^{2+}，电极反应分别为

$$Fe^{3+} + e^- \longrightarrow Fe^{2+}$$

$$Sn^{4+} + 2e^- \longrightarrow Sn^{2+}$$

电极由两个物质构成，在两相界面（电极表面）发生电化学反应。发生电化学反应的推动力是反应物质在两相中的电化学位之差。电化学反应包括化学反应（氧化反应和还原反应）和电荷的定向流动两个部分，化学反应由化学位决定，电荷的定向流动则与构成电极的物质相的相间电位差有关。

2.3.2　不可逆电极体系

不可逆电极体系就是金属和溶液界面发生一对或一对以上氧化还原反应，有净反应发生，但没有净电流产生；如 Fe 棒插入 HCl 溶液，Fe 棒溶解的同时有氢气泡生成，净反应为：$Fe + 2HCl \rightarrow FeCl_2 + H_2 \uparrow$。诸如此类的电极体系还有 Zn 棒插入 HCl 溶液中，Fe 棒插入 H_2SO_4 溶液。

2.4　电　极　电　位

2.4.1　电化学位

在上述的电化学反应中，当有电荷在相转移时，同时也会发生物质的化学变化。例如，第一类电极中 Zn 失去 $2e^-$，生成 Zn^{2+}，进入溶液，将使溶液的自由能增加，由物理化学热力学可知，如果反应是在恒温（T）、恒压（P）条件下进行的，且体系中的其他物质（n_j）不发生变化，这时体系自由能的变化称为吉布斯自由能（G）的变化。当由 1mol 金属（M）进入溶液，引起溶液界面的变化就是该金属在溶液中的化学位，可表示为

$$\mu_M = \left(\frac{\partial G}{\partial n_M} \right)_{T,P,n_j \neq M}$$

化学位表示了带电粒子进入某物体相内部时，克服与体系内部的粒子之间的化学作用力所做的功。

在电极反应进行的过程中，除了物质粒子之间的化学作用力所做的化学功，还要考虑

带电粒子之间库仑力所做的电功。

例如，将试验电荷从无穷远处移入某物体相 α 中，假如电荷集中在物体相的表面，暂不考虑试验电荷进入 α 相后引起的化学变化（即所做的化学功）。这时试验电荷从无穷远处进入物体相 α，所需做的电功分为两部分。第一部分是试验电荷从无穷远处移到距表面 10^{-6}cm 处，克服外电势做功 W_1（见图 2-3），q 表示试验电荷的电量，则

$$W_1 = q\psi$$

式中，ψ 称为 α 相的外电位。

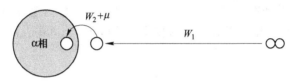

图 2-3　单位试验电荷进入物体相 α 所做的功

第二部分是试验电荷从 10^{-6}cm 处移入带电物体相 α 内部，克服表面电场力所做的功 W_2，则

$$W_2 = q\chi$$

式中，χ 称为 α 相的表面电位。如果物体相 α 不是如前所设的带电体，而在表面层的分子也会因受力不均匀等各种原因而产生一偶极子层，产生表面电位。试验电荷靠近 α 表面时，会产生一个诱导双电层电位差。因此，试验电荷穿越物体相 α 的表面进入相内部时，同样要克服表面电位而做功。

从上面分析，试验电荷从无穷远处进入物体相 α 内部所做的电功为

$$W_1 + W_2 = q\psi + q\chi = q\,(\psi + \chi)$$

设 $\varphi = \psi + \chi$（φ 称为内电位），则

$$W_1 + W_2 = q\varphi$$

如果同时考虑物质粒子之间的电功和化学功，试验电荷从无穷远进入物体相 α 内部所做的全部功 W 为

$$W = W_1 + W_2 + \mu = q\varphi + \mu = \bar{\mu}$$

式中，$\bar{\mu}$ 为电化学位。

如果 1mol 带电粒子 i 移入 α 相内部所做总功即为 i 粒子在 α 相内的电化学位，具有能量单位。

$$\bar{\mu} = \mu M_i^\alpha + nF\varphi_\alpha$$

不带电的粒子 i 在不同相中转移时，当 $\mu_i^\alpha = \mu_i^\beta$ 时，就能建立起平衡；对带电粒子 i，建立平衡的条件是电化学位相等，即

$$\bar{\mu}_i^\alpha = \bar{\mu}_i^\beta$$

2.4.2　相间电位

相间电位是指两相接触时，由于带电粒子在两相间转移，当转移到电化学位相等时，非均匀分布造成在两相界面层中存在的电位差，包括离子双电层、吸附双电层、偶极子层和金属表面电位。

（1）离子双电层。两相接触时，由于电化学位不同而造成带电粒子在两相界面转移，当转移到电化学位相等时，会在两相界面造成电荷的不均匀分布，形成剩余电荷双电层称为离子双电层，如图2-4所示，电荷分布在金属和溶液界面两侧。

（2）吸附双电层。由于溶液中不同带电粒子在界面吸附量不同引起的电荷不均匀分布，如图2-5所示，电荷分布在溶液一侧。

（3）偶极子层和金属表面电位。由于溶液一侧极性分子在界面溶液一侧的定向排列，如图2-6a所示，电荷也分布在溶液一侧。偶极化了的金属原子在金属一侧的定向排列，如图2-6b所示，电荷分布在金属一侧，由此产生的电位差称为金属表面电位。

只要两相接触，在两相的界面上就会形成相间电位差，其中，离子双电层是相间电位差的主要来源。

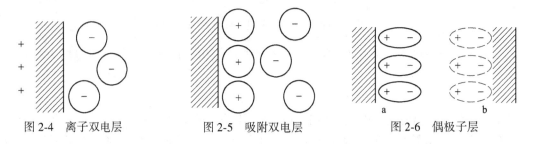

图2-4　离子双电层　　　　　图2-5　吸附双电层　　　　　图2-6　偶极子层

2.4.3　电极电位的形成

2.4.3.1　平衡电极电位形成

金属晶体中含有金属原子、金属正离子和在晶格中可自由移动的电子。若将金属浸入含有该金属离子的溶液中，金属晶格中金属正离子的电化学位和溶液中金属离子的电化学位不同，金属离子将由电化学位高的体相向电化学位低的体相转移。若金属中的正离子电化学位高于溶液中的电化学位，金属中的正离子将向溶液中转移，使金属相中由于多余的电子而带负电荷，溶液中由于多余的正离子而带正电荷。随着金属正离子进入溶液，金属上多余的负电荷越来越多，将阻碍正离子的溶解。当这两种相反的过程速率相等时，在金属/溶液界面将建立如下平衡：

$$M \Longleftrightarrow M^{n+} + ne^-$$

此时金属上多余的负电荷将静电吸引溶液中的正离子，在金属/溶液的相界面上形成了类似平板电容器一样的剩余电荷离子双电层，因溶液中由于离子的热运动，正离子不可能完全整齐地排列在金属表面，如图2-7所示，双电层的溶液一侧分为两层，一层为紧密层，一层为扩散层。

除离子双电层外，还有吸附双电层、偶极子层，都会产生一个电位差，所有电位差的总和即为该金属电极体系的平衡电极电位。

以Zn浸入ZnSO$_4$溶液为例来讲平衡电极电位的形成。如图2-8所示，Zn/ZnSO$_4$界面上，对锌离子来说存在着两种矛盾：（1）金属晶格中自由电子对锌离子的静电引力；（2）极性水分子对锌离子的水化作用。因Zn比较活泼，首先发生锌离子的溶解和水化：

$$Zn^{2+} \cdot 2e^- + nH_2O \longrightarrow Zn^{2+}(H_2O)_n + 2e^-$$

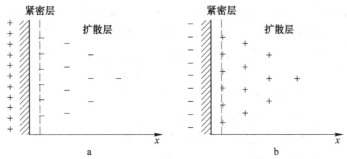

图 2-7 金属溶液界面上的离子双电层

同时，水化锌离子又会沉积在锌表面：

$$Zn^{2+}(H_2O)_n + 2e^- \longrightarrow Zn^{2+} \cdot 2e^- + nH_2O$$

当 Zn^{2+} 在锌金属和溶液中的电化学势相等时，溶解和沉积速率相等时，在电极/溶液界面建立一个动态平衡：

$$Zn^{2+}(H_2O)_n + 2e^- \Longrightarrow Zn^{2+} \cdot 2e^- + nH_2O$$

当 $Zn/ZnSO_4$ 溶液界面两侧积累的剩余电荷数量不再变化（金属一侧带负电荷），这种稳定的剩余电荷分布为离子双电层。离子双电层的电位差就是金属/溶液之间的相间电位差（电极电位）的主要来源。

2.4.3.2 稳定电位（自然腐蚀电位）形成

若金属离子进入水中或任意水溶液中时，由于金属离子在水或水溶液中的电化学位与在金属中的电化学位不相等，也会出现金属离子在两相间的转移而形成双电层，产生电位差，此电位差通常称为该金属电极体系的稳定电位或自然腐蚀电位。

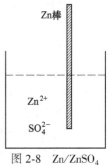

图 2-8 $Zn/ZnSO_4$
电极体系

2.4.4 绝对电极电位和相对电极电位

2.4.4.1 绝对电极电位

绝对电极电位是指电极体系中，电子和离子两类导体界面所形成的相间电位，即金属（电子导电相）和溶液（离子导电相）之间的内电位差。若要测量金属 M 单个电极的电极电位，需要接入两个输入端子和测量仪表。例如，可用铜导线与铜辅助电极连接（图 2-9），这样在铜电极与溶液间同样会产生相间电位。这时测量仪表上测得的数值不是 M/溶液的电极电位，而是由 M/溶液和 Cu/溶液两个电极体系构成的原电池的电动势。因此，单个电极的电极电位是无法测量的，或者说，电极电位的绝对值是无法测量的。

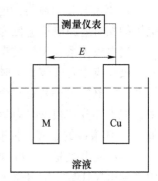

图 2-9 电极电位不可测量
示意图

绝对电位符号规定：金属一侧带正电荷，溶液一侧带负电荷，其电位值为正；金属一侧带负电荷，溶液一侧带正电荷，其电位值为负。

2.4.4.2 氢标电极电位、标准电极电位和电动序

若将 Cu/溶液电极体系换成电极电位稳定不变的电极体系 R，并人为规定其电极电位

为零，这样测得的原电池的电动势大小就是电极体系 M 相对于电极体系 R 的相对电极电位值。人为规定电极电位为零的电极体系 R 称为参比电极（或参考电极）。一般以参比电极为负极，待测电极为正极组成原电池，该电池的电动势即为待测电极的电极电位。

$$(-)\ 参比电极\ \|\ 待测电极(+)$$

国际上通常以标准氢电极作为参比电极。标准氢电极是将镀铂黑的铂片插入含有 H^+ 的溶液中，并且 $\alpha_{H^+} = 1$，将压力为 100kPa 的氢气通入溶液中，使溶液中氢气饱和并且用氢气冲击铂片（见图 2-10）。其电极反应为

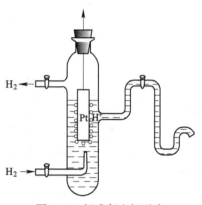

$$H^+(\alpha_{H^+} = 1) + e^- \rightleftharpoons \frac{1}{2}H_2(p = 100kPa)$$

该电极的电极电位规定为 0，以标准氢电极为参比电极得到的待测电极的电极电位为氢标电极电位。例如，测量由金属 Cu 和活度为 1 的 Cu^{2+} 溶液组成的电极体系的电极电位。将待测电极与标准氢电极组成原电池，即

图 2-10　标准氢电极示意

$$(-)Pt\ |\ H_2(100kPa)\ |\ H^+(\alpha_{H^+} = 1)\ \|\ Cu^{2+}(\alpha_{Cu^{2+}} = 1)\ |\ Cu(+)$$

在 298.15K 时测得的电动势（E）为 0.3419V，所以以待测 Cu^{2+}/Cu 电极的相对氢标电极的相对还原电极电位为 0.3419V。

由于电池电动势为正值，故待测电极体系发生的是还原反应；若待测电极与氢标电极组成原电池时，待测电极自发发生的是氧化反应，则原电池电动势即待测电极相对氢标电极的相对电极电位为负值。

例如，测量由金属 Zn 和活度为 1 的 Zn^{2+} 溶液组成的电极体系的电极电位。将待测电极与标准氢电极组成原电池，即

$$(-)Pt\ |\ H_2(100kPa)\ |\ H^+(\alpha_{H^+} = 1)\ \|\ Zn^{2+}(\alpha_{Zn^{2+}} = 1)\ |\ Zn(+)$$

在 298.15K 时测得的电动势（E）为 -0.7618V。所以待测 Zn^{2+}/Zn 电极的相对氢标电极的相对还原电极电位为 -0.7618V。

当电极体系处于标准态时，即金属及溶液中金属离子的活度为 1，温度为 298.15K，若电极反应中有气体参加时，该气体分压为 100kPa，在此条件下测得的电极电位为相对标准电极电位（简称标准电极电位）。在各种参考书和手册中都附有标准电极电位表，表中数据大部分是根据热力学数据计算得到的。一般比 H 活泼的金属，标准电极电位为负值；比 H 惰性的金属，标准电极电位为正值。

标准氢电极是一级标准电极，但在制备和使用时非常不方便。所以在实际使用时常采用其他电极代替标准氢电极。例如甘汞电极、汞-硫酸亚汞电极、汞-氧化汞电极、银-氯化银电极、银-氧化银电极。表 2-1 列出了金属在 25℃ 的氢标电位，表 2-2 列出了常用电极反应在 25℃ 的标准电极电位。

金属电动序是指将金属置于含有该金属盐的溶液中在标准条件下测定的热力学平衡电位按代数值增大的顺序排列起来。可根据金属电动序粗略判断金属发生腐蚀的难易倾向，但对于实际腐蚀体系，如非纯金属、杂质或合金、钝化膜，电动序并不适用。

表 2-1 金属在 25℃时的标准电极电位

电极反应	$E^{\ominus}/V$	电极反应	$E^{\ominus}/V$
$Li \rightleftharpoons Li^+ + e^-$	-3.045	$Al \rightleftharpoons Al^{3+} + 3e^-$	-1.660
$Rb \rightleftharpoons Rb^+ + e^-$	-2.925	$Ti \rightleftharpoons Ti^{2+} + 2e^-$	-1.630
$K \rightleftharpoons K^+ + e^-$	-2.925	$Zr \rightleftharpoons Zr^{4+} + 4e^-$	-1.530
$Cs \rightleftharpoons Cs^+ + e^-$	-2.923	$U \rightleftharpoons U^{4+} + 4e^-$	-1.500
$Ra \rightleftharpoons Ra^{2+} + 2e^-$	-2.920	$Np \rightleftharpoons Np^{4+} + 4e^-$	-1.354
$Ba \rightleftharpoons Ba^{2+} + 2e^-$	-2.900	$Pu \rightleftharpoons Pu^{4+} + 4e^-$	-1.280
$Sr \rightleftharpoons Sr^+ + e^-$	-2.890	$Ti \rightleftharpoons Ti^{3+} + 3e^-$	-1.210
$Ca \rightleftharpoons Ca^{2+} + 2e^-$	-2.870	$V \rightleftharpoons V^{2+} + 2e^-$	-1.180
$Na \rightleftharpoons Na^+ + e^-$	-2.714	$Mn \rightleftharpoons Mn^{2+} + 2e^-$	-1.180
$La \rightleftharpoons La^{3+} + 3e^-$	-2.520	$Nb \rightleftharpoons Nb^{2+} + 2e^-$	-1.100
$Mg \rightleftharpoons Mg^{2+} + 2e^-$	-2.370	$Cr \rightleftharpoons Cr^{2+} + 2e^-$	-0.913
$Am \rightleftharpoons Am^{3+} + 3e^-$	-2.320	$V \rightleftharpoons V^{3+} + 3e^-$	-0.876
$Pu \rightleftharpoons Pu^{3+} + 3e^-$	-2.070	$Zn \rightleftharpoons Zn^{2+} + 2e^-$	-0.762
$Th \rightleftharpoons Th^{4+} + 4e^-$	-1.900	$Cr \rightleftharpoons Cr^{3+} + 3e^-$	-0.740
$Np \rightleftharpoons Np^{3+} + 3e^-$	-1.860	$Ga \rightleftharpoons Ga^{2+} + 2e^-$	-0.530
$Be \rightleftharpoons Be^{2+} + 2e^-$	-1.850	$Fe \rightleftharpoons Fe^{2+} + 2e^-$	-0.440
$U \rightleftharpoons U^{3+} + 3e^-$	-1.800	$Cd \rightleftharpoons Cd^{2+} + 2e^-$	-0.402
$Hf \rightleftharpoons Hf^{4+} + 4e^-$	-1.700	$In \rightleftharpoons In^{3+} + 3e^-$	-0.342
$Tl \rightleftharpoons Tl^+ + e^-$	-0.336	$Cu \rightleftharpoons Cu^{2+} + 2e^-$	$+0.337$
$Mn \rightleftharpoons Mn^{3+} + 3e^-$	-0.283	$Cu \rightleftharpoons Cu^+ + e^-$	$+0.521$
$Ni \rightleftharpoons Ni^{2+} + 2e^-$	-0.250	$Ag \rightleftharpoons Ag^+ + e^-$	$+0.799$
$Mo \rightleftharpoons Mo^{3+} + 3e^-$	-0.200	$Rh \rightleftharpoons Rh^{2+} + 2e^-$	$+0.800$
$Ge \rightleftharpoons Ge^{4+} + 4e^-$	-0.150	$Hg \rightleftharpoons Hg^{2+} + 2e^-$	$+0.854$
$Sn \rightleftharpoons Sn^{2+} + 2e^-$	-0.136	$Pd \rightleftharpoons Pd^{2+} + 2e^-$	$+0.987$
$Pb \rightleftharpoons Pb^{2+} + 2e^-$	-0.126	$Ir \rightleftharpoons Ir^{3+} + 3e^-$	$+1.000$
$Fe \rightleftharpoons Fe^{3+} + 3e^-$	-0.036	$Pt \rightleftharpoons Pt^{2+} + 2e^-$	$+1.190$
$D \rightleftharpoons D^+ + e^-$	-0.0034	$Au \rightleftharpoons Au^{3+} + 3e^-$	$+1.500$

表 2-2　电极反应的标准电极电位

电极反应	$E^{\ominus}/V$	电极反应	$E^{\ominus}/V$
中性介质（pH=7）		$2Cu + 2OH^- \rightleftharpoons Cu_2O + H_2O + 2e^-$	+0.056
$Al + 3OH^- \rightleftharpoons Al(OH)_3 + 3e^-$	−1.940	$Cu + 2OH^- \rightleftharpoons CuO + H_2O + 2e^-$	+0.156
$Ti + 4OH^- \rightleftharpoons TiO_2 + 2H_2O + 4e^-$	−1.270	$Cu + 2OH^- \rightleftharpoons Cu(OH)_2 + 2e^-$	+0.190
$Fe + S^{2-} \rightleftharpoons FeS + 2e^-$	−1.000	$H_2O_2 + 2OH^- \rightleftharpoons O_2 + 2H_2O + 2e^-$	+0.268
$Cr + 3OH^- \rightleftharpoons Cr(OH)_3 + 3e^-$	−0.886	$2Hg + 2Cl^- \rightleftharpoons Hg_2Cl_2 + 2e^-$	+0.270
$Zn + 2OH^- \rightleftharpoons Zn(OH)_2 + 2e^-$	−0.830	$Fe(CN)_6^{4-} \rightleftharpoons Fe(CN)_6^{3-} + e^-$	+0.360
$Fe + 2OH^- \rightleftharpoons Fe(OH)_2 + 2e^-$	−0.463	$Mn(OH)_2 + OH^- \rightleftharpoons Mn(OH)_3 + e^-$	+0.514
$Cd + 2OH^- \rightleftharpoons Cd(OH)_2 + 2e^-$	−0.395	$2I^- \rightleftharpoons I_2 + 2e^-$	+0.534
$Co + 2OH^- \rightleftharpoons Co(OH)_2 + 2e^-$	−0.316	$Cr(OH)_2 + 5OH^- \rightleftharpoons CrO_4^{2-} + 4H_2O + 3e^-$	+5.560
$3FeO + 2OH^- \rightleftharpoons Fe_3O_4 + H_2O + 2e^-$	−0.315	$2OH^- \rightleftharpoons O_2 + 2H^+ + 4e^-$	+0.815
$Ni + 2OH^- \rightleftharpoons Ni(OH)_2 + 2e^-$	−0.306	$2Br^- \rightleftharpoons Br_2 + 2e^-$	+1.090
$Fe(OH)_2 + OH^- \rightleftharpoons Fe(OH)_3 + e^-$	−0.146	$Mn^{2+} \rightleftharpoons Mn^{3+} + e^-$	+1.510
$MnO_2 + 4OH^- \rightleftharpoons MnO_4 + 4e^-$	+1.140	碱性介质（pH=14）	
$2OH^- \rightleftharpoons H_2O_2 + 2e^-$	+1.356	$Mg + 2OH^- \rightleftharpoons Mg(OH)_2 + 2e^-$	−2.690
$2Cl^- \rightleftharpoons Cl_2 + 2e^-$	+1.360	$Al + 4OH^- \rightleftharpoons H_3AlO_3 + H_2O + 3e^-$	−2.350
$2F^- \rightleftharpoons F_2 + 2e^-$	+2.850	$Mn + 2OH^- \rightleftharpoons Mn(OH)_2 + 2e^-$	−1.550
酸性介质（pH=0）		$H_2 + 2HO^- \rightleftharpoons 2H_2O + 2e^-$	−0.828
$H_2 \rightleftharpoons 2H^+ + 2e^-$	0.000	$Fe + CO_3^{2-} \rightleftharpoons FeCO_3 + 2e^-$	−0.756
$Fe^{2+} \rightleftharpoons Fe^{3+} + e^-$	+0.771	$4OH^- \rightleftharpoons O_2 + 2H_2O + 4e^-$	+0.401
$HNO_2 + H_2O \rightleftharpoons NO_3^- + 3H^+ + 2e^-$	+0.940	$ClO^- + 2OH^- \rightleftharpoons ClO_2^- + H_2O + 2e^-$	+0.660
$NO + 2H_2O \rightleftharpoons NO_4^- + 4H^+ + 3e^-$	+0.960	$O_2 + 2OH^- \rightleftharpoons O_3 + H_2O + 2e^-$	+1.240
$HClO_2 + H_2O \rightleftharpoons ClO_3^- + 3H^+ + 2e^-$	+1.210		

2.4.5　平衡电极电位和能斯特方程

　　由 2.4.3 节可知，由金属 M 和含有该金属 M 的离子 M^{n+} 溶液组成的电极体系，当达到平衡时，M^{n+} 在两相转移达到平衡时，在金属/溶液界面上形成一个稳定的双电层，电荷和物质转移均达到平衡，此时对应的电极电位即为该电极体系的平衡电极电位。若该电极体系中温度为 298.15K，M^{n+} 活度为 1，用氢标电极作参比测量得到的是该可逆电极的标准平衡电极电位；若 M^{n+} 活度不为 1，则测得的电极电位为相对平衡电极电位（简称平衡电极电位）。另外，平衡电极电位也可用 Nernst 公式计算得到。

　　例如，电极 M/M^{n+} 的电极反应为

$$M \longrightarrow M^{n+} + ne^-$$

该电极的平衡电极电位可由 Nernst 公式（2-1）计算。

$$E(\mathrm{M}^{n+}/\mathrm{M}) = E_{\mathrm{M}^{n+}/\mathrm{M}}^{\ominus} - \frac{RT}{nF}\ln\frac{\alpha(还原态)}{\alpha(氧化态)} \tag{2-1}$$

式中，$E_{\mathrm{Mn}^+/\mathrm{M}}^{\ominus}$ 为该电极体系的标准电极电位；n 为电极反应转移的电子数；F 为法拉第常数，96500C/mol；R 为摩尔气体常数，J/(K·mol)；T 为温度，K。

例 2-1　已知 $E_{\mathrm{Cl}^-/\mathrm{Hg}/\mathrm{Hg}_2\mathrm{Cl}_2}^{\ominus}(\mathrm{SHE}) = 0.272\mathrm{V}$，试计算 25℃温度下，$\mathrm{Hg}/\mathrm{Hg}_2\mathrm{Cl}_2$ 电极在活度 $a = 0.5$ 的 KCl 溶液中的电极电位。

解：$\mathrm{Hg}/\mathrm{Hg}_2\mathrm{Cl}_2$ 电极在 KCl 溶液中的电极反应式为

$$\mathrm{Hg}_2\mathrm{Cl}_2 + 2e^- \longrightarrow 2\mathrm{Hg} + 2\mathrm{Cl}^-$$

$$\begin{aligned}
E_{\mathrm{Cl}^-/\mathrm{Hg}/\mathrm{Hg}_2\mathrm{Cl}_2} &= E_{\mathrm{Cl}^-/\mathrm{Hg}/\mathrm{Hg}_2\mathrm{Cl}_2}^{\ominus} - \frac{RT}{2F}\ln\frac{\alpha_{\mathrm{Cl}^-}^2 \cdot \alpha_{\mathrm{Hg}}^2}{\alpha(\mathrm{Hg}_2\mathrm{Cl}_2)} \\
&= 0.272\mathrm{V} - 0.0591\lg 0.5^2\mathrm{V} \\
&= 0.290\mathrm{V}
\end{aligned}$$

表 2-1 和表 2-2 中的标准电极电位均是以标准氢电极作为参比电极测得的。标准氢电极在实验室很难制备，一般研究时常用饱和甘汞电极、银-氯化银电极、银-氧化银电极等。待测电极相对于各参比电极的电极电位数值之间可以相互转换。

例 2-2　已知以标准氢电极为参比测得 $\mathrm{Zn}^{2+}/\mathrm{Zn}$ 电极的电极电位 $E_{\mathrm{Zn}^{2+}/\mathrm{Zn}}(\mathrm{SHE}) = -0.712\mathrm{V}$，饱和甘汞电极的电极电位分别为 $E_{\mathrm{Cl}^-/\mathrm{Hg}/\mathrm{Hg}_2\mathrm{Cl}_2}(\mathrm{SHE}) = 0.243\mathrm{V}$。若以甘汞电极为参比，$\mathrm{Zn}^{2+}/\mathrm{Zn}$ 电极电位 $E_{\mathrm{Zn}^{2+}/\mathrm{Zn}}(\mathrm{SCE})$ 为多少？

解：因两者均以标准氢电极为参比电极，故以甘汞电极为参比，$\mathrm{Zn}^{2+}/\mathrm{Zn}$ 电极电位为

$$\begin{aligned}
E_{\mathrm{Zn}^{2+}/\mathrm{Zn}}(\mathrm{SCE}) &= E_{\mathrm{Zn}^{2+}/\mathrm{Zn}}(\mathrm{SHE}) - E_{\mathrm{Cl}^-/\mathrm{Hg}/\mathrm{Hg}_2\mathrm{Cl}_2}(\mathrm{SCE}) \\
&= -0.712\mathrm{V} - 0.243\mathrm{V} \\
&= -0.955\mathrm{V}
\end{aligned}$$

2.5　金属在介质中的腐蚀倾向

2.5.1　金属腐蚀倾向的热力学判据

在自然界中金属是以其氧化物、硫化物或相关的盐形式存在的。它们能长期存在于自然界中，表明它们的存在形式是相对稳定的。人们将这些物质通过不同处理方法（例如冶炼、电还原等）得到了金属，在自然环境和腐蚀介质中，这些金属除个别贵金属（Au、Pt 等）外都会以不同速度被腐蚀。这表明这些金属在热力学上是不稳定的，因此，会有自动发生腐蚀的倾向。不同的金属这种倾向的差异很大，使用热力学方法可以说明不同金属腐蚀倾向的差异，判断金属腐蚀的倾向和程度。

自然界中的自发过程都有方向性。例如，热从高温物体传向低温物体，直到两物体的温度相等；水从高处自动流向低处，直到水位相等。化学反应也存在自发进行的问题。例如，铁片浸在稀盐酸溶液中，将自动发生反应生成 H_2 和 $FeSO_4$。可见无论物理过程还是化学变化都有一定的方向和限度，这些过程都是不可逆过程，每一过程的发生都有其发生

的原因。例如温度差、水位差、电位差等，这些原因也就是自发过程的动力，每种自发过程进行的方向就是使这些差值减小的方向，限度就是到不存在差值为止。

　　对于金属腐蚀反应，和大多数化学反应一样，一般都是在恒温、恒压、敞开体系的条件下进行的。在化学热力学中用吉布斯自由能的变化（ΔG）判断化学反应进行的方向和限度。即

$$
\begin{cases}
(\Delta G)_{T,p} < 0 & \text{自发过程} \\
(\Delta G)_{T,p} = 0 & \text{平衡过程} \\
(\Delta G)_{T,p} > 0 & \text{非自发过程}
\end{cases}
\tag{2-2}
$$

式中，$(\Delta G)_{T,p}$ 表示在恒温恒压下，过程或化学反应过程中的自由能的变化。

　　对于腐蚀过程或化学反应，自由能的变化可通过反应中的各物质的化学位计算：

$$
(\Delta G)_{T,p} = \Sigma v_i \mu_i
\tag{2-3}
$$

式中，v_i 为化学反应中物质 i 的化学计量系数，并约定，反应物的化学计量系数取负值，生成物的化学计量系数取正值；μ_i 为物质的化学位，kJ/mol。

　　例如，对化学反应 $a\text{A} + B\text{b} = d\text{D} + h\text{H}$，有

$$
(\Delta G)_{T,p} = d\mu_\text{D} + d\mu_\text{H} - d\mu_\text{A} - d\mu_\text{B}
$$

　　由式（2-2）和式（2-3）可得到

$$
\begin{aligned}
&(\Delta G)_{T,p} < 0 \quad \text{自发过程} \\
&(\Delta G)_{T,p} = 0 \quad \text{平衡过程} \\
&(\Delta G)_{T,p} > 0 \quad \text{非自发过程}
\end{aligned}
\tag{2-4}
$$

　　使用式（2-4），根据 ΔG 值的正负，可判断金属的腐蚀反应是否为自发过程。通过比较 ΔG 的大小，可判断腐蚀倾向的大小。

　　例如，在 25℃、101.325kPa 条件下，试判断 Mg、Au 在无氧的 H_2SO_4 水溶液中的腐蚀倾向。

$$
\text{Mg} + 2\text{H}^+ \longrightarrow \text{Mg}^{2+} + \text{H}_2
$$

$$
\mu/\text{kJ} \cdot \text{mol}^{-1} \quad 0 \quad\quad 0 \quad\quad -456.01 \quad 0
$$

$$
\Delta G = -456.01\text{kJ/mol}
$$

$$
\text{Au} + 3\text{H}^+ \longrightarrow \text{Au}^{2+} + \frac{3}{2}\text{H}_2
$$

$$
\mu/\text{kJ} \cdot \text{mol}^{-1} \quad 0 \quad\quad 0 \quad\quad 433.46 \quad\quad 0
$$

$$
\Delta G = 433.46\text{kJ/mol}
$$

　　由于 Mg 的 ΔG 为负值，所以 Mg 在 H_2SO_4 水溶液中的腐蚀是自发过程。Au 的 ΔG 为正值，所以 Au 在 H_2SO_4 水溶液中的腐蚀不能自发进行，即 Au 在 H_2SO_4 水溶液中很稳定，不会发生腐蚀。

　　同一种物质在不同的介质中的腐蚀倾向受介质的影响，也会发生变化。例如，Cu 在没有溶解氧的酸中的腐蚀和在有溶解氧的酸中的腐蚀就有明显区别。

　　（1）在无溶解氧酸中的反应：

$$
\text{Cu} + 2\text{H}^+ \longrightarrow \text{Cu}^{2+} + \text{H}_2
$$

$$
\mu/\text{kJ} \cdot \text{mol}^{-1} \quad 0 \quad\quad 0 \quad\quad 64.98 \quad\quad 0
$$

$$
\Delta G = 64.98\text{kJ/mol}
$$

（2）在有溶解氧酸中的反应：

设 25℃溶解在酸中的 O_2 的分压为 $p_{O_2} = 21kPa$。按照热力学公式，则

$$\mu_{O_2} = \mu_{O_2}^{\ominus} + 2.3RT\lg p_{O_2}$$

$$\mu_{O_2} = -3.86kJ/mol$$

$$Cu + 2H^+ + \frac{1}{2}O_2 \longrightarrow Cu^{2+} + H_2O$$

$\mu/kJ \cdot mol^{-1}$　　　0　　0　　$\frac{1}{2} \times (-3.86)$ 64.98 −237.19

$$\Delta G = 64.98 + (-237.19) - \frac{1}{2} \times (-3.86) = -170.28kJ/mol$$

通过对上例热力学数据的计算可以看出，Cu 在没有溶解氧的酸中 ΔG 为正值，即不发生腐蚀，而在有溶解氧的酸中 ΔG 为负值，反应能够自发进行，即 Cu 可以被腐蚀。需要说明的是，利用相关热力学数据，通过计算得到的 ΔG 值，可以用来判断金属腐蚀的可能性和腐蚀倾向的大小，而不能用来判断金属腐蚀速度的大小。即 ΔG 为正值时，在给定的条件下，腐蚀反应不可能进行；ΔG 为负值时，腐蚀反应可以发生，但不能根据负值的大小确定腐蚀速度的大小。腐蚀速度是动力学讨论的范畴，将在后面的章节中讨论。

2.5.2 电化学腐蚀倾向的判断

在金属腐蚀的过程中，绝大部分属于电化学腐蚀，电化学腐蚀倾向的大小，可以用吉布斯自由能的变化（ΔG）判断，金属腐蚀反应能否进行，可以使用电极电位来判断。

由热力学定律可知，一个封闭体系在恒温恒压条件下，其可逆过程所做的最大非膨胀功等于反应自由能的减少，即

$$W' = -\Delta G \tag{2-5}$$

式中，W' 为非膨胀功，如果非膨胀功只有电功一种，并且做电功的反应过程是可逆过程，例如把反应设计在一个可逆电池中进行，则根据电学的关系式，可表示为

$$W' = QE = nFE \tag{2-6}$$

式中，Q 为电池反应中提供的电量；E 为电池的电动势；n 为电池反应中转移的电子数；F 为法拉第常数。

由式（2-5）和式（2-6）可得到

$$\Delta G = -nFE \tag{2-7}$$

由式（2-7）表明，可逆过程所做的最大功（电功 nFE）等于体系自由能的减少，这里所设计的可逆电池必须满足以下两个条件。

（1）电池上发生的电极反应可向正、反两个方向进行，即电池中的电化学反应是完全可逆的。

（2）电池在接近平衡态下工作，即可逆电池在工作时，不论充电还是放电，所通过的电流必须十分微小。

电池的电动势在忽略液体接界电位和金属间接触电位的情况下，等于正极电极电位和负极电极电位之差，即

$$E = E_+ - E_- \tag{2-8}$$

例如，由 Zn 和 ZnSO$_4$ 溶液与 Cu 和 CuSO$_4$ 溶液组成的铜-锌可逆电池。Cu 和 CuSO$_4$ 溶液组成的电极体系为电池正极，发生还原反应。Zn 和 ZnSO$_4$ 溶液组成的电极体系为电池负极，发生氧化反应，即金属腐蚀。

正极反应：
$$Cu^{2+} + 2e^- \Longrightarrow Cu$$

负极反应：
$$Zn - 2e^- \Longrightarrow Zn^{2+}$$

电池反应：
$$Cu^{2+} + Zn \Longrightarrow Cu + Zn^{2+}$$

正极电极电位：
$$E_+ = E_{Cu^{2+}/Cu}^{\ominus} + \frac{2.3RT}{2F}\lg\frac{a_{Cu^{2+}}}{a_{Cu}}$$

负极电极电位：
$$E_- = E_{Zn^{2+}/Zn}^{\ominus} + \frac{2.3RT}{2F}\lg\frac{a_{Zn^{2+}}}{a_{Zn}}$$

电池电动势：
$$E = (E_{Cu^{2+}/Cu}^{\ominus} - E_{Zn^{2+}/Zn}^{\ominus}) + \frac{2.3RT}{2F}\lg\frac{a_{Cu^{2+}}a_{Zn}}{a_{Cu}a_{Zn^{2+}}}$$

Cu、Zn 皆为固体，$a_{Cu} = 1$，$a_{Zn} = 1$，上式化简为

$$E = (E_{Cu^{2+}/Cu}^{\ominus} - E_{Zn^{2+}/Zn}^{\ominus}) + \frac{2.3RT}{2F}\lg\frac{a_{Cu^{2+}}}{a_{Zn^{2+}}} \tag{2-9}$$

从式（2-8）可以看出，电池电动势和参加反应的物质的活度有关。当溶液浓度较小时，可用溶液浓度代替活度，即 $a = c$，式（2-9）可表示为

$$E = (E_{Cu^{2+}/Cu}^{\ominus} - E_{Zn^{2+}/Zn}^{\ominus}) + \frac{2.3RT}{2F}\lg\frac{c_{Cu^{2+}}}{c_{Zn^{2+}}} \tag{2-10}$$

将式（2-8）代入式（2-7），得到

$$\Delta G = -nF(E_+ - E_-) \tag{2-11}$$

当 $E_+ > E_-$，$\Delta G < 0$；当 $E_+ < E_-$，$\Delta G > 0$；当 $E_+ = E_-$，$\Delta G = 0$。

根据式（2-4），可得到：

若 $E_+ > E_-$，反应自发进行（金属自发腐蚀）；

若 $E_+ = E_-$，反应处于平衡状态；

若 $E_+ < E_-$，反应非自发进行（金属不会自发腐蚀）。

上述关系表明，当金属与介质或不同金属相接触时，金属的电极电位低时才会发生腐蚀。因此，根据实际测量或热力学计算出腐蚀体系中金属的电极电位与腐蚀体系中其他电极体系的电极电位，进行比较就可以判断出金属发生腐蚀的可能性。

如果在标准状态下（25℃、101325Pa），式（2-9）中的 $a_{Cu^{2+}} = 1$，$a_{Zn^{2+}} = 1$。电池电动势为两个电极体系的标准电极电位之差，即

$$E = E_{Cu^{2+}/Cu}^{\ominus} - E_{Zn^{2+}/Zn}^{\ominus}$$

这样就可以根据不同电极体系的标准电极电位的大小判断金属腐蚀的可能性。标准电极电位可在已出版的手册或工具书中查询得到，这就可以方便地判断金属腐蚀的倾向。例如上例中：

$$E_{Cu^{2+}/Cu}^{\ominus} = 0.345V \quad E_{Zn^{2+}/Zn}^{\ominus} = -0.762V$$

Zn 的标准电极电位比 Cu 的标准电极电位负，Zn 将被腐蚀，并且腐蚀会自动发生。

前面提到的 Cu 在无溶解氧的酸和有溶解氧的酸中腐蚀的例子，也可用标准电极电位判断金属铜是否发生腐蚀。根据可能发生的反应，即

正极反应：$\qquad$ $Cu - 2e^- \Longrightarrow Cu^{2+}$

负极反应：$\qquad$ $2H^+ + 2e^- \Longrightarrow H_2$

电池反应：$\qquad$ $2e^- + 2H^+ + \dfrac{1}{2}O_2 \Longrightarrow H_2O$

查表得到 $E^{\ominus}_{Cu^{2+}/Cu} = 0.345V$，$E^{\ominus}_{H^+/H_2} = 0V$，$E^{\ominus}_{H_2O/O_2} = 1.229V$。

由于 $E^{\ominus}_{H^+/H_2} < E^{\ominus}_{Cu^{2+}/Cu} < E^{\ominus}_{H_2O/O_2}$，即金属 Cu 电极的标准电极电位正于氢电极的标准电极电位，负于氧电极的标准电极电位。因此，金属铜不会在无溶解氧的酸溶液中发生腐蚀，而在有溶解氧存在的酸溶液中会发生腐蚀。

当电极体系不处于标准状态时，根据式（2-1）的能斯特方程，电极电位将发生变化。一般由于浓度的变化，影响较小，因为式（2-1）中浓度与电位之间为对数关系，依照式（2-1），在25℃、$n=1$、浓度改变 10 倍时，电极电位才变化 0.059V，所以一般浓度变化时，只会影响标准电极电位很相近的电极体系。采用标准电极电位判断金属腐蚀倾向是很方便可行的，需要注意的是，标准电极电位表示的是可逆反应的电极电位。在实际中，经常用到的材料不是由单一的纯物质组成的（例如合金），可能是由几种物质组成的，这时与某种介质接触时，所发生的反应不是可逆反应，而是不可逆反应，此时形成的稳定电位不是该物质的平衡电极电位，而是极化后的电位（将在后面讲述）。另外，在使用标准电极电位判断时，还要注意金属所处的状态。例如，Ti、Al、Zn 的标准电极电位分别为 $E^{\ominus}_{Ti^{2+}/Ti} = -1.75V$、$E^{\ominus}_{Al^{3+}/Al} = -1.6V$、$E^{\ominus}_{Zn^{2+}/Zn} = -0.762V$，从标准电极电位比较，Zn 比 Ti 和 Al 更稳定，但是在大气中，Ti 和 Al 表面都生成稳定的氧化膜，由于膜起到保护作用，因此 Ti 和 Al 比 Zn 更稳定。

例 2-3 将 Zn 片浸入 pH＝1 的 0.01mol/L 的 ZnCl$_2$ 溶液中，通过计算判断能否发生析氢腐蚀。

解：在此腐蚀原电池中，存在两个可能得电极反应，分别为：

（1）$Zn^{2+} - 2e^- \rightarrow Zn$

$$E_{Zn^{2+}/Zn} = E^{\ominus}_{Zn^{2+}/Zn} - \frac{2.3RT}{2F}\lg\frac{1}{a_{Zn^{2+}}} = -0.762V - 0.0591V = -0.821V$$

（2）$2H^+ + 2e^- \Longrightarrow H_2$

$$E_{H^+/H_2} = E^{\ominus}_{H^+/H_2} - \frac{2.3RT}{2F}\lg\frac{p_{H_2}}{a_{H^+}^2} = 0V - 0.0295V = -0.0591V$$

因 $E_{Zn^{2+}/Zn} < E_{H^+/H_2}$，故可判断 Zn 片浸入上述溶液中能发生析氢腐蚀。

2.6 电位-pH 图及其在腐蚀研究中的应用

2.6.1 电位-pH 图简介

2.6.1.1 电极平衡电位与溶液 pH 值的关系

金属的电化学腐蚀绝大多数是在水溶液中发生的，水溶液的 pH 值对金属的腐蚀起着重要作用。金属腐蚀的另一个因素是金属在水溶液中的电极电位，如果将电极电位和溶液的 pH 值联系起来，就可以很方便地判断金属腐蚀的可能性。这项工作首先是由比利时学者 Pourbaix 进行的，以电极反应的平衡电极电位为纵坐标，以溶液的 pH 值为横坐标，表示不同物质的热力学平衡关系的电化学相图，称为电位-pH 图，有时也称为 Pourbaix 图。自 20 世纪 30 年代至今，已有 90 多种元素与水构成的电位-pH 图汇编成册，成为研究金属腐蚀的重要工具之一。

根据参与电极反应的物质不同，电位-pH 图上的曲线可有以下三种情况。

（1）只与电极电位有关而与 pH 值无关的曲线。例如反应：

$$aR \rightleftharpoons bO + ne^-$$

式中，O 为物质的氧化态；R 为物质的还原态；a、b 表示 R、O 的化学计量数；n 为反应电子数。

对于上述反应，可根据能斯特公式得到反应的电极电位：

$$E = E^{\ominus} + \frac{RT}{nF}\ln\frac{a_O^b}{a_R^a} \tag{2-12}$$

从上式可以看出，该反应的电极电位只和该物质的氧化态、还原态的活度有关，与溶液的 pH 值无关，因此，这类反应在电位-pH 图上应为一条和横坐标（pH 值）平行的直线（图 2-11a）。例如反应：

$$Fe^{2+} \rightleftharpoons Fe^{3+} + e^- \qquad Fe \rightleftharpoons Fe^{2+} + 2e^-$$

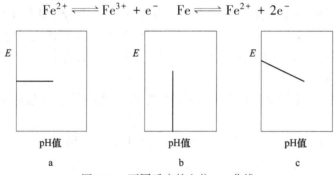

图 2-11 不同反应的电位-pH 曲线

（2）只与 pH 值有关，与电极电位无关的曲线。这类反应由于和电极电位无关，表明没有电子参加反应。因此，不是电极反应，是化学反应。例如反应：

$$dD + gH_2O \rightleftharpoons bB + mH^+$$

反应的平衡常数为：

$$K = \frac{a_B^b a_{H^+}^m}{a_D^d}$$

由 $pH = -\lg a_{H^+}$ 可得到：

$$pH = -\frac{1}{m}\lg k - \frac{1}{m}\lg\frac{a_D^d}{a_B^b}$$

从上式可以看出，pH 值和电极电位无关。由于平衡常数和温度有关，当温度恒定时，a_D^d/a_B^b 不变，则 pH 值也不变。因此，在电位-pH 图上，这种反应的曲线应该是一条平行于纵坐标轴的垂直线（图 2-11b）。例如

$$Fe^{2+} + 2H_2O \rightleftharpoons Fe(OH)_2 + 2H^+$$

（3）既和电极电位有关，又和 pH 值有关的曲线。这种反应中既有电子参加反应，又有 H^+（或 OH^-）参加反应。例如反应：

$$aR + gH_2O \rightleftharpoons bO + mH^+ + ne^-$$

其平衡电极电位可以用能斯特公式表示：

$$E = E^\ominus + \frac{RT}{nF}\ln\frac{a_o^b a_{H^+}^m}{a_R^a}$$

可变换为

$$E = E^\ominus - 2.303\frac{mRT}{nF}pH + 2.303\frac{RT}{nF}lg\frac{a_o^b}{a_R^a}$$

从上式可以看出，电极电位 E 随 pH 值的变化而改变，即在一定温度下 a_O^b/a_R^a 不变时，E 随 pH 值升高而下降，斜率为 $-2.303\frac{mRT}{nF}$（图 2-11c）。例如

$$Fe^{2+} + 3H_2O \rightleftharpoons Fe(OH)_3 + 3H^+ + e^-$$

2.6.1.2 氢电极和氧电极的电位-pH 图

金属的电化学腐蚀绝大部分是在水溶液的介质中进行的，水溶液中的水分子、H^+、OH^- 以及溶解在水中的氧分子，都可以吸附在电极表面，发生氢电极反应和氧电极反应，这两个电极反应一般是阴极反应，与金属的阳极反应耦合形成腐蚀电池，这是腐蚀电化学中的析氢腐蚀和吸氧腐蚀。因此，有必要研究氢电极和氧电极的电位-pH 图，用来分析和确定 H_2O、H^+、OH^- 的热力学稳定性以及它们的热力学稳定区范围。最早进行这项工作的是克拉克（Clark）。

氢电极反应：

$$2H^+ + 2e^- \rightleftharpoons H_2$$

依据能斯特方程，则

$$E_{H^+/H_2} = E^\ominus + \frac{RT}{2F}\ln\frac{a_{H^+}^2}{a_{H_2}}$$

当温度为 25℃时：

$$E_{H^+/H_2} = E^\ominus + \frac{0.0591}{2}lga_{H^+}^2 - \frac{0.0591}{2}lgp_{H_2}$$

$$E_{H^+/H_2} = E^\ominus - 0.0591pH - 0.029551lgp_{H_2} \qquad (2-13)$$

当 $p_{H_2} = 101.325kPa$ 时，上式变化为

$$E_{H^+/H_2} = E^\ominus - 0.0591pH = -0.0591pH$$

由此证明，在电位-pH 图上氢电极反应为一条直线，其斜率为 -0.0591。

在酸性环境中氧电极反应：

$$O_2 + 4H^+ + 4e^- \rightleftharpoons 2H_2O$$

依据能斯特公式，则

$$E_{O_2/H_2O} = E^\ominus + \frac{RT}{4F}\ln\frac{a_{H^+}^4 p_{O_2}}{a_{H_2O}^2}$$

一般在水溶液中 $a_{H_2O} = 1$，在 25℃时：

$$E_{O_2/H_2O} = E^\ominus + \frac{0.0591}{4}\lg a_{H^+}^4 + \frac{0.0591}{4}\lg p_{O_2}$$

$$E_{O_2/H_2O} = E^\ominus + 0.0418\lg p_{O_2} - 0.0591\text{pH}\lg p_{O_2} \tag{2-14}$$

当 $p_{O_2} = 101.325\text{kPa}$ 时:

$$E_{O_2/H_2O} = 1.229 - 0.0591\text{pH}$$

在碱性环境中氧电极电位:

$$2H_2O + O_2 + 4e^- \Longleftrightarrow 4OH^-$$

依据能斯特公式,则

$$E_{O_2/OH^-} = E^\ominus + \frac{RT}{4F}\ln\frac{a_{H_2O}^2 p_{O_2}}{a_{OH^-}^4} \tag{2-15}$$

在 25℃时:

$$E_{O_2/OH^-} = E^\ominus + \frac{0.0591}{4}\lg p_{O_2} - \frac{0.0591}{4}\lg a_{OH^-}^4 \tag{2-16}$$

在 25℃水溶液中, H^+、OH^- 与 pH 值的关系为

$$\lg a_{OH^-} = \text{pH} - 14$$

代入上式得到

$$E_{O_2/OH^-} = E^\ominus + 0.0148\lg p_{O_2} - 0.0591\text{pH} + 0.0591 \times 14 \tag{2-17}$$

当 $p_{O_2} = 101.325\text{kPa}$ 时:

$$E_{O_2/OH^-} = 0.401 - 0.0591\text{pH} + 0.0591 \times 14$$

$$E_{O_2/OH^-} = 1.229 - 0.0591\text{pH}$$

即氧电极反应无论在酸性环境还是在碱性环境中,电位和 pH 值的关系都是一致的。在电位-pH 图中都是一条直线,其斜率也为 -0.0591(图 2-12 的 b 线段),是一条和氢电极平行的直线,其截距相差 1.229V。图 2-8 中 a、b 直线是 p_{O_2} 和 p_{H_2} 等于 101.325kPa 条件时计算出的电位-pH 曲线,如果 p_{O_2} 和 p_{H_2} 不等于 101.325kPa,从式(2-13)可看出,对于氢电极,当 $p_{H_2} > 101.325\text{kPa}$ 时,电位-pH 曲线将从 a 线向下平移,当 $p_{H_2} < 101.325\text{kPa}$ 时,电位-pH 曲线将从 a 线向上平移。对于氧电极反应,从式(2-15)和式(2-17)可以看出,当 $p_{O_2} > 101.325\text{kPa}$ 时,电位-pH 曲线将从 b 线向上平移;当 $p_{O_2} < 101.325\text{kPa}$ 时,电位-pH 曲线将从 b 线向下平移。这样就可以分别得到两组平行的斜线,表示不同气体分压时的电位-pH 图。如果仍以 p_{O_2} 和 p_{H_2} 等于 101.325kPa 的 a、b 线为例,当电极电位低于 a 线的电位时, H_2O 将被还原而分解出 H_2,因此在 a 线下方应为 H_2 的稳定区,即还原态稳定区; a 线上方为 H^+ 的稳定区,即氧化态稳定区。同样,当电极电位高于 b 线时, H_2O 被氧化而分解出 O_2,在 b 线上方为 O_2 的稳定区,即氧化态稳定区;在 b 线下方为 H_2O 的稳定区,即还原态稳定区; a、b 线之间的区域为 101.325kPa 条件下 H_2O 的热力学稳定区。

在氧化还原反应中,电极电位高的氧化态和电极电位低的还原态可以发生反应。在图 2-12 中, b 线的电极电位高于 a 线的电极电位,因此, b 线的氧化态和 a 线的还原态相遇会发生氧化还原反应,即

$$(\text{氧化态})b + (\text{还原态})a \Longleftrightarrow (\text{还原态})b + (\text{氧化态})a$$

式中，b 为氧电极反应；a 为氢电极反应。上式可写成：

$$O_2 + 2H_2 \Longrightarrow 2H_2O$$

因此，图 2-12 也称为 H_2O 的电位-pH 图。由于 a 线、b 线之间的差距表示两个反应的电极电位之差，即 a、b 两个电极反应组成的电池的电动势，因此，差值越大，发生反应的可能性越大。

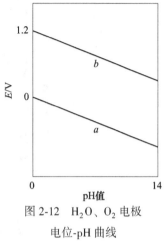

图 2-12　H_2O、O_2 电极
电位-pH 曲线

2.6.2　电位-pH 图的绘制

将某一金属-介质组成的体系所发生的反应的电位-pH 曲线连同氢电极反应（a 线）和氧电极反应（b 线）的电位-pH 曲线都画在同一幅电位-pH 图上，即为 Pourbaix 图，一般按下列步骤进行。

（1）列出有关物质的各种存在状态以及在此状态下标准化学位值或 pH 值表达式。

（2）列出各有关物质之间发生的反应方程式，并利用标准化学位值计算出各反应的平衡关系式。

（3）做出各反应的电位-pH 值图曲线，并汇总成综合的电位-pH 图。

例如，$Fe-H_2O$ 体系的电位-pH 图，平衡固相为 Fe、Fe_3O_4、Fe_2O_3 时，各物质之间的反应方程式和平衡关系式如表 2-3 所示。

表 2-3　$Fe-H_2O$ 体系各平衡反应式和平衡关系式

序号	平衡反应式	平衡关系式
①	$Fe^{2+} + 2e^- \rightleftharpoons Fe$	$E = -0.440 + 0.0296\lg a_{Fe^{2+}}$
②	$Fe_3O_4 + 8H^+ + 8e^- \rightleftharpoons 3Fe + 4H_2O$	$E = -0.085 - 0.0591pH$
③	$Fe^{3+} + e^- \rightleftharpoons Fe^{2+}$	$E = 0.771 + 0.0591\lg(a_{Fe^{3+}}/a_{Fe^{2+}})$
④	$Fe_2O_3 + 6H^+ \rightleftharpoons 2Fe^{3+} + 3H_2O$	$3pH = -0.723 - \lg a_{Fe^{3+}}$
⑤	$3Fe_2O_3 + 2H^+ + 2e^- \rightleftharpoons 2Fe_3O_4 + H_2O$	$E = 0.221 - 0.0591pH$
⑥	$Fe_2O_3 + 6H^+ + 2e^- \rightleftharpoons 2Fe^{2+} + 3H_2O$	$E = 0.728 - 0.1773pH - 0.0591\lg a_{Fe^{2+}}$
⑦	$Fe_3O_4 + 2H_2O + 2e^- \rightleftharpoons 3HFeO_2^- + 4H_2O$	$E = 0.980 - 0.2364pH - 0.0886\lg a_{Fe^{2+}}$
⑧	$HFeO_2^- + 3H^+ + 2e^- \rightleftharpoons Fe + 2H_2O$	$E = 0.493 - 0.0886pH + 0.0296\lg a_{HFeO_2^-}$
⑨	$Fe_3O_4 + 2H_2O + 2e^- \rightleftharpoons 3FeO_2^- + H^+$	$E = -1.546 + 0.0295pH - 0.08869\lg a_{HFeO_2^-}$
a	$2H^+ + 2e^- \rightleftharpoons H_2$	$E = 0.000 - 0.0591pH$
b	$O_2 + 4H^+ + 4e^- \rightleftharpoons 2H_2O$	$E = 1.229 - 0.0591pH$

各平衡关系式经计算后得到各平衡曲线，如图 2-13 所示，图中的两条平行的虚线中，a 表示 H^+ 和 H_2（$p_{H_2} = 101.325kPa$）的平衡关系；b 表示 O_2（$p_{O_2} = 101.325kPa$）和 H_2O 之间的平衡。图中各线带圆圈的编号是表 2-3 中各平衡关系式的编号，图中 0、-2、-4、-6 分别表示 Fe^{2+}、Fe^{3+} 的浓度为 $1mol/L$、$10^{-2}mol/L$、$10^{-4}mol/L$、$10^{-6}mol/L$。一般化学

分析的分辨率为 10^{-6} mol/L，所以各物质均选用 10^{-6} mol/L 的平衡线作为界限。

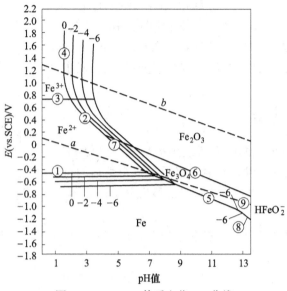

图 2-13   Fe-H_2O 体系电位-pH 曲线

2.6.3 电位-pH 图的应用

将图 2-12 中各物质的离子浓度都取 10^{-6} mol/L，
图 2-13 可简化为图 2-14。图 2-14 中，曲线将图分
为如下三个区域。

（1）稳定区 在这个区域内，电位和 pH 值的
变化都不会引起金属的腐蚀。所以，在这个区域
内，金属（Fe）处于热力学稳定状态，金属不会
发生腐蚀。

（2）腐蚀区 在这个区域内，金属 Fe 被腐蚀生
成 Fe^{2+}、Fe^{3+} 或 FeO_4^-、$HFeO_2^-$ 等离子。因此，在
这个区域内，金属 Fe 处于热力学不稳定状态。

（3）钝化区 在这个区域内，随电位和 pH 值
的变化，生成各种不同的稳定固态氧化物、氢氧
化物或盐。这些固态物质可形成保护膜保护金属。

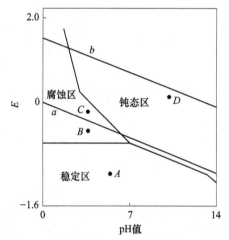

图 2-14   简化的 Fe-H_2O 体系电位-pH 曲线

因此，在这个区域内，金属腐蚀的程度取决于生成的固态膜是否有保护性。

依照图 2-14 可以从理论上分析金属的腐蚀倾向，如图 2-14 所示的 A 点处于 Fe 的稳定
区，该区域又在 a 线以下，即 H_2 的稳定区。因此，处于 A 点的 Fe 处于热力学稳定状态，
不会被腐蚀；B 点处于 Fe^{2+} 的稳定区，并且在 a 线以下，即处于 H_2 的稳定区，在 B 点可
能进行两个平衡反应：

$$2H^+ + 2e^- \rightleftharpoons H_2 \tag{2-18}$$

$$Fe^{2+} + 2e^- \rightleftharpoons Fe \tag{2-19}$$

式（2-18）的电极电位高于式（2-19）的电极电位。因此，Fe 将被腐蚀生成 Fe^{2+}，同时发生析 H_2 反应，即电极电位高的氧化态（H^+）和电极电位低的还原态（Fe）发生反应。

阴极反应：

$$2H^+ + 2e^- \Longrightarrow H_2$$

阳极反应：

$$Fe - 2e^- \Longrightarrow Fe^{2+}$$

电池反应：

$$Fe + 2H^+ \Longrightarrow Fe^{2+} + H_2$$

如果 B 向上移动，超过 a 线，达到 C 点位置，处于 Fe^{2+} 的稳定区和 H_2O 的稳定区。由于 C 点位于 a 线之上，因此在 C 点不会发生 H^+ 的还原反应，即不存在 $2H^+ + 2e \Longrightarrow H_2$ 的反应，这时应考虑与 b 线有关物质的反应。在 C 点可能进行的平衡反应为

$$\frac{1}{2}O_2 + 2H^+ + 2e^- \Longrightarrow H_2O \tag{2-20}$$

$$Fe - 2e^- \Longrightarrow Fe^{2+} \tag{2-21}$$

式（2-20）的电极电位高于式（2-21）的电极电位，Fe 将被腐蚀生成 Fe^{2+}，同时发生吸氧反应，即电极电位离的氧化态（O_2）发生还原反应，电极电位低的还原态（Fe）发生氧化反应。

阴极反应：

$$\frac{1}{2}O_2 + 2H^+ + 2e^- \Longrightarrow H_2O$$

阳极反应：

$$Fe - 2e^- \Longrightarrow Fe^{2+}$$

电池反应：

$$\frac{1}{2}O_2 + 2H^+ + Fe \Longrightarrow Fe^{2+} + H_2O$$

如果金属处于 D 点，在 Fe 的稳定区域之上，也处于 a 线之上和 pH 值大于 7 的位置。这时可能进行的反应：

$$H_2O + \frac{1}{2}O_2 + 2e^- \Longrightarrow 2OH^- \tag{2-22}$$

$$Fe + 2H_2O \Longrightarrow Fe(OH)_2 + 2H^+ + 2e^- \tag{2-23}$$

或 $\qquad\qquad Fe + H_2O \Longrightarrow FeO + 2H^+ + 2e^-$

（在式（2-22）电极电位较低的范围内）

$$Fe(OH)_2 + H_2O \Longrightarrow Fe(OH)_3 + H^+ + e^- \tag{2-24}$$

或 $\qquad\qquad 2Fe(OH)_2 \Longrightarrow Fe_2O_3 + H_2O + 2H^+ + 2e^-$

（在式（2-22）电极电位较高的范围内）

式（2-22）、式（2-23）合并可得到

$$2Fe + 3H_2O \Longrightarrow Fe_2O_3 + 6H^+ + 6e^- \tag{2-25}$$

如果是在电位较高的范围内，采用式（2-25）表达，即

阴极反应：

$$\frac{3}{2}O_2 + 3H_2O + 6e^- \Longleftrightarrow 6OH^-$$

阳极反应：

$$2Fe + 3H_2O \Longleftrightarrow Fe_2O_3 + 6H^+ + 6e^-$$

电极反应：

$$2Fe + \frac{3}{2}O_2 \Longleftrightarrow Fe_2O_3$$

从式（2-16）可知，式（2-22）电极电位的高低除和 pH 值有关外，还和 O_2 的分压 p_{O_2} 有关。当 pH 值一定，电极电位降低（即 p_{O_2} 下降），溶液中的溶解氧减少，这时阳极产物不只有 Fe_2O_3（或 $Fe(OH)_3$），还会有 FeO（或 $Fe(OH)_2$），从而生成 Fe_3O_4。

上面的分析表明，Fe 处在 D 点有腐蚀的可能，但被腐蚀的程度要同时考虑腐蚀产物 FeO、Fe_3O_4 或 Fe_2O_3 与 Fe 的结合情况。如果能和 Fe 生成结合牢固且致密的固体氧化膜则可起到使 Fe 不再受到腐蚀的保护作用，即 Fe 可能处于钝化状态；如果不能生成结合牢固且致密的固体氧化物膜，Fe 还会继续被腐蚀。

根据上面的理论分析，可以选择适当的方法防止腐蚀的发生。在图 2-14 中，若 Fe 在 B 点处，则处于腐蚀状态。如果将 Fe 从 B 点移出腐蚀区，可采取以下三种办法。

（1）不改变溶液 pH 值，降低电极电位值，使 Fe 进入热力学稳定区。可以使用外电源，Fe 和外电源负极相连，电极电位向负方向移动，或与电极电位更负的金属（如 Zn）相连，使 Fe 电极电位下降。这种方法称为阴极保护（见第 8 章）。

（2）不改变溶液 pH 值，提高电极电位值，使 Fe 进入钝化区。可以将 Fe 和外电源的正极相连，电极电位向正方向移动，这种方法称为阳极保护（见第 8 章）。采用这种方法必须保证金属处于钝化状态，这样金属才会受到保护，否则金属将加速腐蚀。

（3）不改变电极电位值，提高溶液的 pH 值。从图 2-14 可以看到，提高 pH 值后，Fe 也会进入钝化区，从而得到保护。

2.6.4　应用电位-pH 图的局限性

电位-pH 图的绘制是根据热力学数据计算出的电极电位和 pH 值的关系得到的，所以也称为理论电位-pH 图。虽然使用电位-pH 图可以判断金属腐蚀的倾向，但是此图也有它的局限性，主要表现在如下几个方面。

（1）理论电位-pH 图是依据热力学数据绘制的电化学平衡图，所以只能用来说明金属在该体系中腐蚀的可能性，即腐蚀倾向的大小，而不能预示金属腐蚀的动力学问题，例如腐蚀速度的大小。

（2）在绘制电位-pH 图时，所取得的平衡条件是金属与金属离子、溶液中的离子以及这些离子的腐蚀产物之间的平衡。但是在腐蚀的实际条件下，这些离子之间，离子与产物之间不一定保持平衡状态，溶液所含的其他离子也可对平衡产生影响。

（3）绘制电位-pH 图所取的平衡状态，是体系全部处于平衡状态。例如，处于平衡状态时，溶液各处的浓度均相同，任何一点的 pH 值也都相等。但是在实际的腐蚀体系中，金属表面薄液层的浓度和远离金属表面液层的浓度不同。阳极反应区的 pH 值低于体系整体的 pH 值, 而阴极反应区的 pH 值高于体系整体的 pH 值。

(4) 电位-pH 图中, 除金属与其相关离子之间的平衡反应外, 还绘制了氢电极反应和氧电极反应的曲线, 因此, 该图只考虑了 OH^- 对平衡的影响。在实际腐蚀体系中, 还会有很多其他阴离子存在, 例如 Cl^-、SO_4^-、HCO_3^- 等。这些离子会引发其他反应发生, 因而导致误差的产生。

(5) 理论电位-pH 图中的钝化区只能表示在此区域内金属能生成固体保护膜, 但是这些固体保护膜对金属的保护程度和是否起作用并未涉及, 还需要根据实际情况决定。

尽管电位-pH 图存在以上的局限性, 但是在许多情况下, 电位-pH 图仍然能够预测金属在一定体系中腐蚀倾向的大致情况。如果将含有其他阴离子的实验数据、钝化膜的实验数据等与理论电位-pH 图的数据相结合, 得到实验的电位-pH 图在腐蚀研究中会具有更大的实际意义。

2.7　腐蚀原电池

2.7.1　腐蚀电池

2.2 节中已提到恒温恒压条件下可逆过程所做的最大非膨胀功等于体系自由能的减少, 当最大非膨胀功只有电功时, 可设计成一个可逆电池, 如 2.2 节中的由 Cu 和 Zn 及其溶液组成的体系可设计成一个可逆电池。电池的正极发生的是还原反应, 即 $Cu^{2+}+2e^-=Cu$, 也称为电池的阴极, 在电极上发生的是阴极过程。电池的负极发生的是氧化反应, 即 $Zn-2e=Zn^{2+}$, 也称电池的阳极, 在电极上发生的是阳极过程。电池中的溶液为电解质溶液, 在电池工作时起传输离子电荷的作用。电池外部如用铜导线连接一个小灯泡, 使电池构成一个完整的回路, 外部导线起传输电子的作用。在这个电池中, 负极上发生的阳极反应, 金属 (锌) 溶解生成金属离子 (Zn^{2+}), 即金属的腐蚀反应。因此, 作为一个完整的原电池, 应具备正极、负极、传输离子电荷的电解质溶液和传输电子的导体四个部分。这四个部分, 缺少其中的任何一部分金属的腐蚀反应都不可能发生, 其中正极、负极反应的存在是必要条件。例如, 将 Zn 浸入酸溶液中, 这时发生的阳极过程是 $Zn-2e^-=Zn^{2+}$, 阴极过程是 $2H^++2e^-=H_2$, 阴极发生的是析氢反应。可以用一碳棒浸入酸溶液中, 外部用铜导线将 Zn 和碳棒相连, 会观察到氢气从碳棒上析出。发生反应的动力是这两个电极的电极电位之差 ($E=\varphi_{H^+/H_2}-\varphi_{Zn^{2+}/Zn}$)。由上面的例子可以看出, 要发生金属的腐蚀, 溶液必须存在着可以使金属发生氧化反应的氧化性物质, 并且这种氧化性物质还原反应的电极电位必须高于金属氧化反应的电极电位。上述方式组成的电池通过外部导线可得到电池输出的电能, 这种电池称为原电池。如果将正极、负极直接短路, 这时不能得到电池的电能, 电能全部以热的形式释放出来。这种短路的电池与原电池不同, 原电池可以看作是将化学能直接转换成电能的装置, 而短路的电池只能是发生了氧化还原反应的装置。这个装置自身不能提供有用功, 在这个装置中发生了金属的氧化反应, 即金属的腐蚀。这种发生了腐蚀反应而不能对外界做有用功的短路原电池被称为腐蚀电池。在实际工作中, 由于金属材料中都或多或少地存在杂质, 当金属材料与腐蚀介质接触时, 就直接形成了腐蚀电池。例如铸铁中含有碳杂质, 当将铸铁浸入酸中时, Fe 与 C 直接相连, 构成短路, 在 Fe

上发生 $Fe-2e^-\!=\!\!=\!Fe^{2+}$ 反应，在 C 上发生 $2H^+\!+\!2e^-\!=\!\!=\!H_2$ 反应，形成了腐蚀电池。从上述的实例可以看出，金属腐蚀能够发生的原因是存在着能够使金属氧化的物质，这种物质和金属构成了一个热力学不稳定体系。

金属在电解质溶液中的腐蚀是电化学腐蚀过程，具有一般电化学反应的特征。例如潮湿大气条件下桥梁钢结构的腐蚀，海水中海洋采油平台、舰船壳体的腐蚀，油田中地下输油管道的腐蚀，在含有酸、碱等工业介质中金属设施的腐蚀等，都属于电化学腐蚀。这些腐蚀的实质都是金属浸在电解质溶液中，形成了以金属为阳极的腐蚀电池。

2.7.2　金属腐蚀的电化学历程

金属腐蚀从氧化还原理论分析是金属被氧化的过程。在化学腐蚀过程中，发生的氧化还原反应的物质是直接接触的，电子转移也是直接在氧化剂和还原剂之间直接进行的，即被氧化的金属和被还原的物质之间直接进行电子交换，氧化与还原是不可分的。而在电化学腐蚀过程中，金属的氧化和氧化物质的被还原是在不同的区域进行的，电子的转移也是间接的。例如，Zn 片和 Cu 片浸在酸溶液中，在两极上发生的反应分别如下。

金属锌：

$$Zn \!=\!\!=\!\!= Zn^{2+} + 2e$$

金属铜：

$$2H^+ + 2e \!=\!\!=\!\!= H_2$$

经过测量可知，金属锌的电极电位较低，金属铜的电极电位较高。在金属锌上发生的是氧化反应过程，被称作阳极；金属铜上发生的是还原反应过程，被称为阴极。阳极上金属锌表面的锌原子失去 2 个电子以 Zn^{2+} 形式进入酸溶液中；留下的 2 个电子通过电子导体流向阴极，H^+ 在阴极上得到电子而生成 H 原子，进而复合成氢分子释放出来。在溶液中电荷的传递是通过溶液中的阴、阳离子的迁移完成的，使得电池构成了一个完整的回路（图 2-15）。电池反应的结果是金属锌被腐蚀。

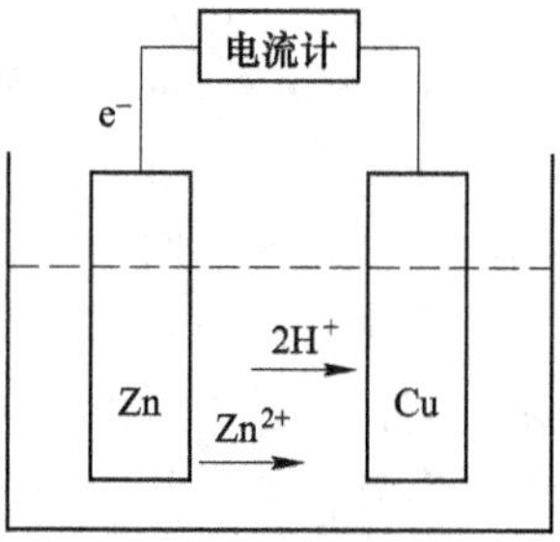

从上面例子中可看出，腐蚀电池包括如下四个部分。

（1）阳极过程。金属发生溶解，并且以离子形式进入溶液，同时将相应摩尔数量的电子留在金属上。

图 2-15　腐蚀电池

$$[M^{n+} \cdot ne^-] \longrightarrow M^{n+} + ne^-$$

（2）阴极过程。从阳极流过来的电子被阴极表面电解质溶液中能够接受电子的氧化性物质 D 所接受。

$$D + ne^- \longrightarrow [D \cdot ne^-]$$

在溶液中能够接受电子发生还原反应的物质很多，最常见的是溶液中的 H^+ 和 O_2。

（3）电子的传输过程。这个过程需要电子导体（即第一类导体）将阳极积累的电子传输到阴极，除金属外，属于这类导体的还有石墨、过渡元素的碳化物、氮化物、氧化物和硫化物等。

（4）离子的传输过程。这个过程需要离子导体（即第二类导体），阳离子从阳极区向阴极区移动，同时阴离子向阳极区移动。除水溶液中的离子外，属于这类导体的还有解离成离子的熔融盐和碱等。

腐蚀电池这四个部分的同时存在，使得阴极过程和阳极过程可以在不同的区域内进行。这种阳极过程和阴极过程在不同区域分别进行是电化学腐蚀的特征，这个特征是区别腐蚀过程的电化学历程与纯化学腐蚀历程的标志。

腐蚀电池工作时所包括的上述四个基本过程既相互独立，又彼此紧密联系。这四个过程中的任何一个过程被阻断不能进行，其他三个过程也将受到阻碍不能进行。腐蚀电池不能工作，金属的电化学腐蚀也就停止了。这也是腐蚀防护的基本思路之一。

2.7.3 腐蚀电池的类型

2.7.3.1 宏观电池

根据组成电池的电极的大小，可以把电池分为宏观电池和微观电池两类，对于电极较大，即用肉眼可以观察到的电极组成的腐蚀电池称为宏观电池。常见的有以下几种类型。

(1) 不同金属与其电解质溶液组成的电池。这种电池的电极体系是由金属及该种金属离子的溶液组成的。例如丹尼尔［J. F. Danie（英）］电池，是由金属锌和 $ZnSO_4$ 溶液，金属铜和 $CuSO_4$ 溶液组成的电池。锌为阳极，铜为阴极。

(2) 不同金属与同一种电解质溶液组成的电池。将不同电极电位的金属相互接触或连接在一起，浸入同一种电解质溶液中所构成的电池，也称为电偶电池，这种腐蚀也称为电偶腐蚀。例如前面提到的将 Zn、Cu 连接放入酸中形成的腐蚀电池，这种电池是最常见的，如船的螺旋桨为青铜制造，船壳为钢材，同在海水中，船壳电位低于螺旋桨电位，船壳将发生电偶腐蚀。

(3) 浓差电池。这种电池是由电解质溶液的浓度不同造成电极电位的不同而形成的，电解质溶液可以是同一种不同浓度，也可以是不同种不同浓度。从能斯特公式可知，溶液浓度影响电位的大小，使得不同浓度中的电极电位不同，形成电位差。在腐蚀中常见的浓差电池除了由金属离子浓度的不同形成，还有 O_2 在溶液中的溶解度不同造成的氧浓差电池。

(4) 温差电池。这种电池是由于浸入电解质溶液的金属的各个部分处于不同温度而形成的不同电极电位，高电极电位和低电极电位形成了电池。这种由两个部位间的温度不同引起的电偶腐蚀叫做热偶腐蚀。例如，由碳钢制成的换热器，高温端电极电位低于低温端的电极电位，因而造成高温端腐蚀严重。

2.7.3.2 微观电池

金属表面从微观上检查会出现各种各样的不同，如微观结构、杂质、表面应力等，使金属表面产生电化学不均匀性。由于金属表面的电化学不均匀性，会在金属表面形成许多微小的电极，由这些微小电极形成的电池称为微观电池。形成金属表面的电化学不均匀性原因很多，主要有以下几种。

(1) 金属表面化学成分的不均匀性引起的微电池。各种金属材料由于冶炼、加工等方面的原因，会含有一些杂质，或因为使用的需求，要制成各种合金。例如铸铁中的石墨、黄铜（30%锌和70%铜的合金）。这些杂质或合金中的某种成分和基体金属的电极电位不同，形成了很多微小的电极。当浸入电解质溶液时，构成了许多短路的微电池。例如在铸铁中，石墨的电极电位高于铁的电极电位，石墨为阴极，Fe 为阳极，导致基体 Fe 的腐蚀。

(2) 金属组织结构的不均匀性而构成的微电池。金属的微观结构、晶型等在金属内部一般会存在差异，例如金属或合金的晶粒与晶界之间、不同相之间的电位都会存在差异。这种差异是由于相间或晶界处原子排列较为疏松或紊乱，造成晶界处杂质原子的富集或吸附以及不同相间某些原子的沉淀等现象的发生。当有电解质溶液存在时，电极电位不同。如，晶界电极电位低，作为阳极；晶粒电极电位高，作为阴极，使晶界处易于腐蚀。

（3）金属表面物理状态的不均匀性构成的微电池。金属在机械加工过程中会发生不同程度的形变，或产生不同的应力等，都可形成局部的微电池。一般是形变较大的或产生应力较大的部位电极电位较低，为阳极，易于腐蚀。

（4）金属表面膜的不完整构成的微电池。金属的表面膜包括镀层、氧化膜、钝化膜、涂层等。当金属表面膜覆盖得不完整，或个别部位有孔隙或破损，或金属表面膜上有针孔等现象时，孔隙处或破损处的金属的电极电位较低，为阳极，易于腐蚀。又因为孔隙处或破损处的面积小，造成小阳极、大阴极的状态，加速了腐蚀。

习　题

2-1　电极电位是如何产生的？电极电位的绝对值能否测量？

2-2　电极体系分为几种类型？它们各有什么特点？

2-3　化学位和电化学位有什么不同？电化学位由几个部分组成？

2-4　在什么条件可以使用能斯特公式？

2-5　如何根据热力学数据判断金属腐蚀的倾向？

2-6　如何使用电极电位判断金属腐蚀的倾向？

2-7　什么是腐蚀电池？腐蚀电池有几种类型？

2-8　化学腐蚀和电化学腐蚀有什么异同？

2-9　含有杂质的锌片在稀 H_2SO_4 中的腐蚀是电化学腐蚀，是由锌片中的杂质形成的微电池引起的，这种说法正确吗？为什么？

2-10　什么是电位-pH 图？举例说明它的用途及局限性。

2-11　计算 25℃时下列电极体系的电极电位：

（1）$Zn/Zn^{2+}(a=0.2)$；

（2）$Fe^{3+}(a=0.5)/Fe^{2+}(a=0.2)$；

（3）$ClO_4^-(a=0.2)$，$ClO_3^-(a=0.3)$，$OH^-(a=10^{-6})$ 组成的电极体系；

（4）$MnO_4^+(a=0.2)$，$Mn^{2+}(a=0.1)$，pH=2 的电极体系。

2-12　计算 25℃时 Ag/AgCl 电极在活度 $a=0.5$ 的 KCl 溶液中的电极电位。

2-13　在 25℃时将 Zn 片浸入 pH=1 的 0.01mol/L $ZnCl_2$ 溶液中，通过计算判断能否发生析氢腐蚀。

2-14　Zn 片浸在活度为 1 的 Zn^{2+} 溶液中，Pt 片浸在 pH=1，$p_{H_2}=0.2MPa$ 的酸溶液中组成电池，求该电池 25℃时的电动势，并判断该电池的正负极。

2-15　计算 25℃时 Zn 电极在 0.1mol/L $ZnSO_4$ 和 0.5mol/L $ZnSO_4$ 中构成的浓差电池（忽略液接电位）的电动势，并指出它们的正负极。

2-16　计算 25℃时下列电极组成的电池电动势，当该电池短路时，哪个电极被腐蚀？

（1）Fe 和 Mg 分别浸在相同活度的 Fe^{2+} 和 Mg^{2+} 溶液中；

（2）Pb 和 Ag 分别浸在相同活度的 Pb^{2+} 和 Ag^+ 溶液中。

2-17　根据图 2-12 的电位-pH 曲线，写出对应于②、⑤、⑧线的平衡反应式，并计算每条线的斜率（设 Fe^{2+} 浓度为 $10^{-6}mol/L$）。

3 金属电化学腐蚀过程动力学

通过对金属电化学腐蚀过程进行热力学的分析，可以判断金属材料在腐蚀介质中的腐蚀倾向，解决金属是否会发生腐蚀的问题。但在实际的腐蚀过程中，人们更为关心的是腐蚀过程的细节问题，例如腐蚀反应发生、腐蚀扩展的机制和原理以及腐蚀发生和扩展的速度等问题，这其中，腐蚀过程进行的速度是金属在实际应用中需要关心的重要问题。热力学原理指明某一种金属或合金在腐蚀介质中有很大的腐蚀倾向，但实际中不一定也同样对应一个较大的腐蚀速度，同理，热力学原理指明某一种金属或合金在腐蚀介质中腐蚀倾向很小，也并不一定说明腐蚀速度也同样很小。要想解决这个问题，必须了解腐蚀过程的机理及影响腐蚀速度的各种因素，掌握在各种不同条件下腐蚀作用的动力学规律，这样才能有的放矢地采用金属腐蚀控制的方法和措施，有效地抑制金属在腐蚀介质中的腐蚀，提高金属在腐蚀介质中的使用性能并延长使用寿命。

金属与腐蚀介质构成了一个复杂的系统，在金属和腐蚀介质的界面上发生的腐蚀反应不同于在理想情况下只在电极表面发生一个电极反应的情况，在腐蚀的金属电极系统中往往同时有两个或两个以上的反应同时发生，它们之间存在着相互之间的耦合作用。研究腐蚀动力学的问题必须先从电极上只发生一个电极反应的理想情况出发，讨论电极反应的基本概念及其动力学原理，然后逐步深入到电极表面有两个或两个以上电极反应发生时的腐蚀反应的动力学。

3.1 电极的极化现象

3.1.1 电极的极化

最简单的情况下，在电极界面上只有一个电极反应发生，并且这个电极反应可以处于热力学的平衡状态，即它是以可逆的方式进行的。在电极过程动力学的研究中一般可以用如下通式表示简单电极反应：

$$O + ne^- \rightleftharpoons R$$

式中，O 为氧化型物质；R 为还原型物质；n 为反应中转移的电子数目。从 O→R 方向的电极反应是氧化型物质获得电子变成还原型物质的反应，是还原反应，在电极过程动力学研究中称其为阴极方向的电极反应，简称阴极反应；从 R→O 方向的电极反应是还原型物质失去电子变成氧化型物质的反应，是氧化反应，在电极过程动力学研究中称其为阳极方向的电极反应，简称阳极反应。

通过对热力学的研究可知，如果在电极界面上只发生一对可逆电极反应，当这个电化学反应体系处于热力学平衡状态时，阳极反应方向（也就是氧化反应方向）的反应速度和阴极反应方向（也就是还原反应方向）的反应速度必然相等。此时在电极界面处存在着两个平衡，第一个平衡是指参加电极反应的物质粒子的交换处于平衡状态，另一个平衡是电荷的交换处于平衡状态，此时电极界面的剩余电荷密度分布必然也是不变的。这种平衡是一种动态意义上的平衡，阳极氧化反应方向和阴极还原反应方向都在以一定的反应速度进行，只不过这两个反应速度大小相等，方向相反，因而整个反应处于稳定的平衡状态。反应处于平衡状态，说明电极反应的净反应速度（正逆反应的反应速度之差）为零，此时电极界面上既没有新的物质生成或消耗，同时在电极界面上也没有从外电路进入或者流入外电路的电流通过，即外电流等于零。此时由于电荷交换处于平衡，电极界面的剩余电荷密度的分布保持不变，则电极/电解质溶液界面必然存在一个稳定不变的电位，这个电极电位就是该电极反应的平衡电极电位，如果电极体系处于标准态，此电位就称为该电极反应的标准平衡电极电位。

如果电极界面上有净反应发生，根据法拉第定律必然有外电流从外电路流入电极界面或者从电极界面流入外电路，电极界面的电荷平衡和物质平衡状态将被打破，界面电荷平衡的打破将使电极电位也偏离平衡电极电位。表 3-1 列出了在 7mol/L 的 KOH 溶液中，用氢电极作为阴极，当改变电流时，电极电位的变化（相对参比电极为 HgO/Hg 电极）。表中数据说明，当有电流流过时，电极电位偏离了开路电位，并随着阴极电流的逐渐加大，电极电位不断向负方向移动。

表 3-1 氢电极的极化现象

电流强度/mA	0	20	40	60	80	100	120	140
电极电位/V	−0.865	−0.876	−0.887	−0.898	−0.910	−0.919	−0.929	−0.936

在电极过程动力学的研究中，将这种当有外电流通过电极/电解质溶液界面时，电极电位随电流密度改变所发生的偏离平衡电极电位的现象，称为电极的极化。在电化学体系中进行的电化学测量实验结果表明，当有通过阴极方向的外电流，即电极上电极反应为阴极方向净反应时，电极电位总是变得比平衡电位更负，发生阴极方向的电极极化；当有通过阳极方向的外电流时，即电极上电极反应为阳极方向净反应时，电极电位总是变得比平衡电位更正，发生阳极方向的电极极化。电极电位偏离平衡电位向负方向移动称为阴极极化，而向正方向移动称为阳极极化。

在一定的电流密度下，电极电位与平衡电位的差值称为该电流密度下的过电位，也有研究者称其为超电势或超电位，用 η 表示。过电位是表征电极极化程度的参数，在电极过程动力学中有重要的意义。习惯上规定 η 总为正值，可表示为

$$\eta = | E - E_e | \qquad (3-1)$$

式中，E 为某一电流密度下的电极电位；E_e 为该电极的平衡电极电位，下标 e 表示电极处于平衡状态。由于习惯上取过电位为正值，因此阴极极化过电位和阳极极化过电位可分别表示为

$$\eta_c = E_e - E_c \qquad (3-2)$$

$$\eta_a = E_a - E_e \qquad (3-3)$$

式中，下标 c 代表阴极反应过程；下标 a 代表阳极反应过程；E_a 和 E_c 分别称之为阳极极化电位和阴极极化电位。

从以上的定义可以看出，过电位这一概念是电极电位相对于电极反应的平衡电位的改

变量。在实验测量时，如果电极的开路电位不是电极反应的平衡电位，就不能使用电极电位相对于开路电位的改变值来表示过电位，这种情况下不能使用过电位概念。在实际中的各种电极体系，在没有外电流流过时，电极体系并不一定能处于热力学的平衡状态，并不一定是可逆的电极，对于单一的一个电极反应可能没有建立相应的平衡状态，也就是说，在电流为零时，测得的电极电位可能是可逆电极的平衡电位，也可能是不可逆电极的稳定电位，往往把电极在没有电流通过时的电位统称为稳定电位（有时又称为自腐蚀电位），当有电流通过时的电极电位与稳定电位的差值用极化值这一概念表示：

$$\Delta E = E - E_{稳(自)} \tag{3-4}$$

式中，ΔE 为极化值；E 为极化电位；$E_{稳(自)}$ 为稳定电位。

在实际问题的研究中，往往用极化值 ΔE 更方便一些，其数值不同于过电位的表示，既可以是正值，也可以是负值，不同于过电位的数值总是取绝对值。

如果将面积为 $5cm^2$ 的锌片和铜片浸在 NaCl 溶液中，并用导线将两个电极、开关（K）、和电流表（A）串联起来，如图 3-1 所示。这实际上是一个原电池装置。在闭合开关前，两个电极各自建立起一个不随时间变化的稳定电位，$E_{Zn,a}^{\ominus} = -0.83V$，$E_{Cu,c}^{\ominus} = +0.04V$。原电池的内阻 $R_内 + R_外 = 230\Omega$，在电池刚接通时，电流表显示的起始电流为 I_0，其大小可计算如下：

$$I_0 = \frac{E_{Cu,c}^{\ominus} - E_{Zn,a}^{\ominus}}{R} = \frac{[0.05 - (-0.83)]V}{230\Omega} = 3820\mu A$$

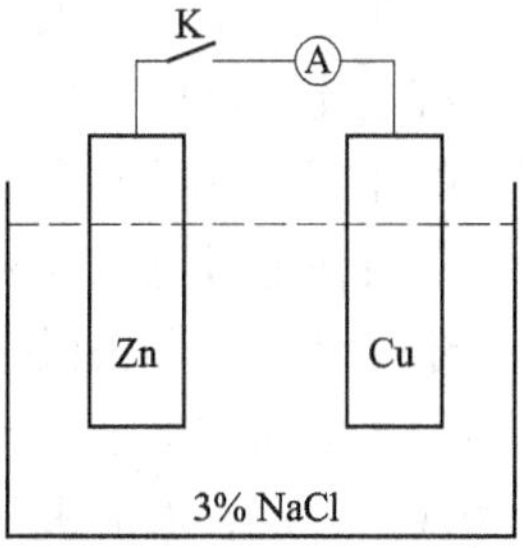

图 3-1 极化现象实验装置示意图

经过一段时间 t，毫安表指示值急剧减小，稳定后的电流 $I_t = 200\mu A$，约为起始电流 I_0 的 $1/20$。

电流为什么会减少？回路中总电阻并没有变化，根据欧姆定律，电流的急剧下降只可能是两电极间的电位差发生了变化，即在有一定的电流通过的两电极的端电压之差小于开始的原电池的电动势（$E < E_{Cu,c}^{\ominus} - E_{Zn,a}^{\ominus}$）。实验证明在有电流通过时，$E_{Cu,c}^{\ominus}$ 和 $E_{Zn,a}^{\ominus}$ 都发生变化，使其差值减小，若是短路的原电池，最终两者会达到一个相同值；若是电解池，电流通过时，槽电压会增大，因此，极化的结果对腐蚀是有利的，会降低材料的腐蚀速率。

3.1.2 电极极化的原因及类型

3.1.2.1 电极极化的原因

当有外电流流过电极界面时，电极/电解质溶液界面的电极电位就会发生改变，产生极化现象，而电极电位的改变是由于电极界面剩余电荷密度的分布发生改变，进而导致电极界面相间电位差发生改变的结果。下面具体分析一下当有外电流流过电极/溶液的界面时，在界面上发生的现象。

电极体系是电子导体和离子导体串联组成的体系，电极反应就发生在这两类导体互相接触的相界面上。当处于平衡状态时，两类导体中都没有电荷的运动，只在电极/溶液相界面上有氧化反应与还原反应的动态平衡，并因而建立了电极的平衡电位；当有电流通过电极界面时，在这个相界面上就应该有净的电子的流入或流出。根据化学动力学，由于电子参与电极反应过程，因此电子在电极界面的流动必将对电极反应正逆方向的反应速度产生不同影响。电子的流入将使阴极反应方向电极反应速度加快，同时使阳极反应方向的电极反应速度降低，此时电极界面的电位差将由于电子的积累而向负方向移动，即发生了阴极方向的电极极化。达到稳定状态时，阴极方向速度与阳极方向速度之差应该正好等于净的阴极反应速度。电子的流出将使阳极反应方向反应速度加快，同时使阴极方向反应速度降低，此时电极界面的电位差由于电子流出而向正方向移动，即发生了阳极方向的电极极化。达到稳定状态时，阳极方向速度与阴极方向速度之差也应该正好等于净的阳极反应的速度。也就是说，有阴极电流通过，即电子流入电极时，由于电子流入电极的速度大，造成负电荷的积累，因此，阴极极化电位向电位变负的方向移动；有阳极电流通过，即电子流出电极时，由于电子流出电极的速度大，造成正电荷积累，阳极极化电位则向电位变正的方向移动。这两种情况下，电极就偏离了原来的平衡状态，由此产生了电极的极化现象。只有当界面反应速度足够快，即电子在电子导体和离子导体间能够极快地转移时，才不会造成电荷在电极表面积累而使相间电位差发生变化，电极界面状态也就不易偏离原来的平衡状态，不发生极化现象，或者即使发生极化现象，极化值也很小。

有电流通过电极界面时，电子的流动起着在电极表面积累电荷、使电极电位偏离平衡状态的作用（称为电极极化的作用），发生在电极界面的电极反应是消耗电子，传递电荷，起着使电极电位恢复平衡状态的作用（称为去极化作用）。电极界面的动力学性质就取决于这种极化和去极化的相对平衡。一般说来，电子运动速度远远大于反应物粒子和生成物粒子之间的电子传递速度，即电极反应速度跟不上电子运动的速度，因此一般电极都会表现出一定程度的极化作用。

3.1.2.2 理想极化电极和理想不极化电极

通过电极/溶液界面的电流可参加两种过程，一部分参加电化学反应，称为电化学反应电流或法拉第电流；另一部分只是给界面的双电层充电，称为充电电流或电容电流。图3-2是电极的等效电路，电容等效于界面双电层电容，电阻等效于电化学电阻，整个电极界面可以看成一个漏电的电容器，i_F 为电化学反应电流或法拉第电流，i_c 为充电电流或电容电流。

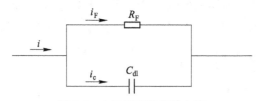

图 3-2 电极界面的等效电路

理想极化电极与理想不极化电极是两种特殊的极端情况，在电极界面上没有能够吸收或放出电子的电极反应发生的电极，称为理想极化电极。流入电极的电荷全都在电极表面不断地积累，只起到改变界面结构的作用，即改变双电层结构的作用，电极的界面等效于一个电容器（图3-3），可以用通过外加电流的方式，使电极极化到任意所需的电位。滴汞电极在一定电位范围内就属于理想极化电极，在电极界面上没有电极反应发生，便于研究电极界面的双电层结构。反之，如果电极反应速度非常大，等效于电化学电阻趋于零，外电流输送的电子全部用于电化学反应，有电流通过时电极电位几乎不变化，即电极不出现极化现象，这类电极就是理想不极化电极，可等效为一个纯电阻（图3-4）。电化学测量中使用的参比电极就应该具有这样的性质，在通过的电流密度较小时，可以近似地看作是理想不极化电极，作为测量电极电位的参照。

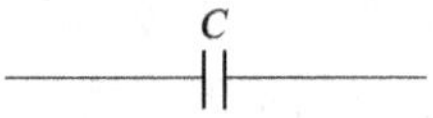

$$C$$
—————| |—————

图 3-3　理想极化电极等效电路

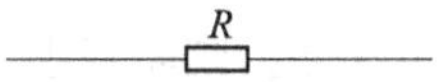

$$R$$
————[ ]————

图 3-4　理想不极化电极等效电路

由上述可知，极化现象和电极界面上发生的电极反应的速度有直接的关系，因此凡是能够影响电极界面上电极反应速度的因素都必将对极化产生直接或间接的影响。要回答都有哪些过程会对电极的极化产生影响，则首先应该对发生在电极界面上的电极反应的基本历程有详细了解。一般说来，电极反应是由一系列分步步骤串联组成的，一般电极过程都应包括以下三个最基本的分步步骤。

（1）反应物粒子从液相向电极表面的传递过程，称为液相中的传质步骤。

（2）在电极表面上得到或失去电子，生成反应产物，称为电化学步骤。

（3）反应产物自电极表面向溶液中或液态电极内部的传递过程，即液相中的传质步骤，有时反应产物也可能向固体电极内部扩散，或者反应产物生成新相，例如生成气泡或固相沉积层，则称为新相生成步骤。

在某些情况下，电极过程还可能包括反应粒子在电极表面或表面附近的液层中的转化过程，例如反应粒子在表面上吸附或发生化学变化。另外还可能发生反应产物在电极表面或表面附近的液层中进行的转化过程，例如自表面上脱附、反应产物的复合、分解、歧化或其他化学变化等。在某些场合下，电极反应的实际历程还可能更加复杂一些，例如，除了彼此串联进行的分步反应以外，反应历程中还可能包括若干平行进行的分步反应，也可能出现某些反应产物参与诱发电极反应的自催化反应等。

若是电极反应的进行速度达到了稳态值，即串联组成连续反应的各分步反应均以相同的速度进行，则在所有的分步反应中就可以找到一个最慢的步骤，这时整个电极反应的进行速度主要由这个最慢步骤的进行速度决定，即整个电极反应所表现出来的动力学特征与这个最慢步骤具有的动力学特征是相同的。例如，如果反应历程中扩散步骤最慢，则整个电极反应的进行速度服从扩散动力学的基本规律；如果反应历程中电化学步骤最慢，则整个电极反应的动力学特征与电化学步骤相同，因此最慢步骤又称为速度控制步骤。

3.1.2.3 电极极化的类型

电极极化的原因及类型是与速度控制步骤相关联的，电极的极化主要是电极反应过程中速度控制步骤所受阻力的反映。根据电极反应过程速控步骤的不同，可以把极化分为电化学极化、浓差极化和欧姆极化。

A 电化学极化

电化学极化又称活化极化。如果电极反应所需活化能较高，则电极表面上进行电子传递的电化学步骤的速度最慢，使之成为整个电极反应过程的速度控制步骤，则由此导致的极化被称为电化学极化。例如：对于阳极极化过程，以某金属溶解为例，金属溶解产物金属离子从基体转移到溶液中并形成水化离子的过程，如下式所示。

$$M + nH_2O \longrightarrow M^{m+} \cdot nH_2O + me^-$$

只有阳极附近所形成的金属离子不断离开的情况下，该过程才能顺利地进行。如果电子由阳极进入外导线的速度大于电极反应产物金属离子进入溶液的速度，则阳极上就会有过多的正电荷积累，于是电极电位就向正的方向移动，产生阳极极化现象。对于阴极极化过程，以阴极还原金属沉积为例，电子由外导线进入阴极的速度大于金属离子从溶液迁移至金属表面的速度，则阴极上会有电子的积累，而使电极电位向负的方向移动，产生阴极极化现象。

B　浓差极化

浓差极化有时又称为浓度极化。如果电极反应的电子传递步骤进行得很快，而反应物从溶液相中向电极表面传质或产物自电极表面向溶液相内部传质的液相传质步骤进行得缓慢，以至于成为整个电极反应过程的控制步骤，则相应产生的极化就称为浓差极化。如果在阳极上，电极反应产物金属离子进入溶液的速度小于电子进入外导线的速度，会造成正电荷积累而使电极电位向正的方向移动，产生阳极极化现象。如果在阴极上，氧从溶液本体扩散到电极表面的速度小于氧还原电极反应速度，会造成电子在阴极上积累而使电极电位向负的方向移动，产生阴极极化现象。

C　欧姆极化

此外，还有一类所谓的欧姆极化，是指电流通过电解质溶液或者电极表面的某种类型的膜时产生的欧姆电位降，这部分欧姆电位降将包括在总的极化测量中，它的大小与电极体系的欧姆电阻有关。金属在一定的条件下可以在金属表面形成一层膜，这层膜的组成可以是金属的氧化物，也可以是盐类沉积物，最常见的是金属在氧化性介质中形成的氧化膜。由于表面膜的电阻一般都要比纯金属的电阻大得多，所以当电流通过时就产生很大的电位降，一般称其为欧姆极化，极化结果使电极电位剧烈地向正的方向移动。对于不形成表面膜的电极体系来说，欧姆极化主要是由溶液的电阻决定的，对于酸、碱、盐的溶液由于电导率都很高，因而欧姆极化较小，而对于电导率很低的体系，欧姆极化则可能会相当大，如在高纯水中欧姆极化值可达到几伏至几十伏。

值得特别注意的是，欧姆极化虽然也叫极化，但是它并不同于电化学极化和浓差极化中的极化概念，因为它并不与电极反应过程中的某一化学步骤或电化学步骤相对应，不是电极反应过程的某种控制步骤的直接反映。理论上不应该使用欧姆极化这一术语，但是由于习惯性的叫法，这一叫法一直被沿用。欧姆极化有两个特点，一是对于固定体系，根据欧姆定律，欧姆极化是电流的直线函数，即电阻固定时欧姆极化与电流成正比；二是欧姆极化紧随着电流的变化而变化，当电流中断时，它就迅速消失，因此采用断电流的测量方法，可以使测量的极化值中不包含欧姆极化。

3.1.3　极化表征及其测量

3.1.3.1　极化曲线表征——极化曲线

实验表明，当电极界面有电流流过时，电极界面的剩余电荷密度必将发生改变，从而使电极电位也发生相应改变。由此说明，电极电位是流过电极界面的电流密度的函数，因而超电势（过电位）值（或极化值）也随通过电极的电流密度的改变而改变。在电极过程动力学研究中，为了直观地表达出一个电极过程的极化性质，通常需要通过实验测定超电势（过电位）或电极电位随电流密度变化的关系曲线，这种极化曲线能够反映出整个电流密度范围内电极极化的规律。通常纵坐标为电极电位、超电势（过电位）或极化值，横坐标为电流密度或电流强度，也有很多时候，横坐标采用电流密度的对数。极化曲线不仅有阴极极化曲线和阳极极化曲线之分，还可分为实测极化曲线和理论极化曲线。实测的极化曲线（又称表观极化曲线）是借助于参比电极实际测量出来的；理论极化曲线，又称理想（内部）极化曲线，表示在腐蚀电池中局部阴、阳极的电流和电位变化关系，两者之间存在对应关系。

　　所有的电极反应均是有电子参与的氧化还原反应，它的反应速度为单位面积界面在单位时间内的反应物消耗的物质的量，根据法拉第定律可知，它与通过界面的电量成正比，因此可用电流密度来表示电极反应的速度。当电极反应达到稳定状态时，外电流将全部消耗于电极反应，因此实验测得的外电流密度就代表了电极反应进行的速度。由此可知，稳态时的极化曲线实际上反映了电极反应的速度与电极电位或过电位之间的特征关系（图3-5）。因此，在电极过程动力学研究中，测定电极过程的稳

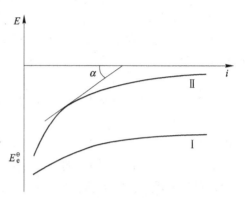

图3-5　阳极极化曲线示意图

态极化曲线是一种基本的实验研究方法，通过对实验测量的极化曲线进行分析，可以从电位与电流密度之间的关系来判断极化程度的大小，由曲线的倾斜程度可以看出极化的程度。极化曲线上某一点的斜率 $\mathrm{d}E/\mathrm{d}i$ 称为该电流密度下的极化率，即电极电位随电流密度的变化率，一般用 P 表示。

$$P = \frac{\mathrm{d}E}{\mathrm{d}i} = \tan\alpha$$

　　极化率表示了某一电流密度下电极极化程度变化的趋势，因而反映了电极过程进行的难易程度。极化率越大，电极极化的倾向也越大，电极反应速度的微小变化就会引起电极电位的明显改变。或者说，电极电位显著变化时，反应速度却变化甚微，这表明，电极过程不容易进行，受到的阻力比较大；反之，极化度越小，则电极过程越容易进行。例如，图3-5中的两条极化曲线的斜率差别很大，极化曲线Ⅱ比极化曲线Ⅰ要陡得多，即电极电位的变化要剧烈得多；在所测定的电流密度范围内，电极过程Ⅱ的极化率要大得多。为了通过同样的电流，需要电极过程Ⅱ比电极过程Ⅰ电极电位改变更大才行，表明该电极过程比电极过程Ⅰ相对难于进行。所以，尽管电极在两种溶液中的平衡电位相差不大，但是通电以后，在不同溶液中，电极反应性质有所区别，因而极化性能不同。极化率具有电阻的量纲，有时也被称作反应电阻。实际工作中，有时只需衡量某一电流密度范围内的平均极化性能，故有时不必计算某一电流密度下的极化率，而多采用一定电流密度范围内的平均极化率的概念。

　　以上所介绍的极化曲线称为稳态极化曲线，是电极体系达到稳态后电极电位和电流密度的关系。所谓稳态，是指电极界面的各个参数不随时间而变化，此时可以不考虑时间因素，认为电极过程达到稳定状态后电流密度与电极电位不随时间改变，外电流就代表电极反应速度。稳态的概念是相对的，如通过电流后电极界面反应不断发生，不断有反应物消

耗和产物的生成，必然造成溶液中物质浓度的变化；但在体系很大或物质能够及时补充和排除的条件下，可以近似地认为电极体系是处于稳态的。

3.1.3.2 稳态极化曲线的测量

测量稳态极化曲线的具体实验方法很多，根据自变量的不同，可将各种方法分为两大类，即控制电流法（恒电流法）和控制电位法（恒电位法）。恒电流法就是给定电流密度，测量相应的电极电位，从而得到极化曲线。这种测量方法设备简单，容易控制，但不适合于出现电流密度极大值的电极过程和电极表面状态发生较大变化的电极过程。恒电位法则是控制电极电位，测量相应的电流密度而做出极化曲线。该测量方法的适用范围较广泛。

下面介绍测量极化曲线的基本原理及程序。以经典恒电流法为例，基本测量线路如图3-6所示。图中恒电流源能够给出不同数值的恒定电流。借助于辅助电极，电流可通过整个电解池而使研究电极极化，为了测量电极在给定电流密度下的电极电位，还需要一个参比电极与研究电极组成测量回路，参比电极通过盐桥和鲁金毛细管与研究电极连接，由电位差计测量电极电位的数值，鲁金毛细管是为了减少通电后溶液欧姆降对测量结果的影响。整个测量极化曲线的线路是由两个回路组成的，其中极化回路中有电流通过，用以控制和测量通过研究电极的电流密度；测量回路用以测量研究电极的电位，该回路中几乎没有电流通过。用记录仪记录所测出的一系列电流密度与电极电位值后，即可做出研究电极上进行的电极过程的极化曲线。

用恒电位法测定极化曲线时，为了控制电位，需要用恒电位仪取代恒电流源，其基本线路如图3-7所示。电极电位通过恒电位仪予以控制，所需要给定的电位可用恒电位仪手动调节，也可以用恒电位仪外接讯号发生器自动调节，现代的恒电位仪大多已经集成了信号发生器，可以实现恒电位自动扫描，极化曲线直接由电脑记录数据、绘制曲线并直接显示在电脑屏幕上。

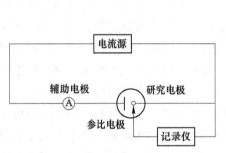

图3-6　恒电流法测量极化曲线的
基本线路示意图

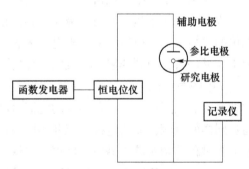

图3-7　恒电位法测量极化曲线的
基本线路示意图

值得注意的是，两种测量方法的选择，如果函数 $E=f(i)$ 和函数 $i=f^{-1}(E)$ 都是单值函数，则恒电流法和恒电位法测量的结果大致相同；若两个函数关系中有一个是多值函数，另一个是单值函数，则两种测量方法得出的结果有时可能相差很多，例如在测量易钝化金属的阳极极化曲线时使用恒电流法和恒电位法测量曲线完全不同。因此，在选择测量方法时需要加以注意。

3.2　单电极电化学极化的动力学公式

在电极界面上发生的电极反应与普通的氧化还原反应不同，它是发生在两类导体界面上的特殊的异相氧化还原反应，在电极界面上存在双电层以及界面电场，对电极反应的速度有重要影响，在一定范围内可连续任意地改变电场的方向和强度，将会对电极界面的电极反应活化能产生巨大影响，从而改变电极反应的方向和速度。在电化学反应中为使电极反应向阴极或阳极方向进行，则可通过改变电极电位使其向正向或负向移动，使阳极反应或阴极反应的活化能改变，进而使得电极反应能以一定的净反应速度向某一方向进行。

为了使研究的问题简化，通常总是在浓差极化可以忽略不计的条件下讨论电化学极化，在一定的条件下是可以满足这个要求的。例如，电极反应电流很小，离子扩散过程比电极/溶液界面的电荷迁移过程快得多，使得电解质在电极表面的浓度与溶液本体中的浓度基本相等，或者对溶液进行充分搅拌，使溶液与电极表面之间的相对运动速度比较大，从而使液相传质过程的速度足够快时，浓差极化可以忽略不计，此时极化将只含有电化学极化这一项。

3.2.1　巴特勒-沃尔默（Butler-Volmer）方程

对于一般的单电极氧化还原电极反应可以用下式来表示：

$$O_{氧化态} + ne^- \underset{\overleftarrow{i_a}}{\overset{\overrightarrow{i_c}}{\rightleftharpoons}} R_{还原态}$$

若反应正向进行，相当于阴极过程还原反应，该局部阴极的电极反应速率可用式（3-5）表示：

$$\overrightarrow{i_c} = i^0 \exp\left(\frac{\alpha nF}{RT}\eta_c\right) \tag{3-5}$$

此时反应逆向也同时进行，相当于阳极过程氧化反应，该局部阳极的电极反应速率可用式（3-6）表示：

$$\overleftarrow{i_a} = i^0 \exp\left[-\frac{(1-\alpha)nF}{RT}\eta_c\right] \tag{3-6}$$

式中，i^0 为该电极反应交换电流密度；η_c 为阴极极化的超电势；α 为电子传递系数，与电极电位和活化能有关，可表征电极电位对局部阴极或局部阳极电极反应速率的影响程度；电极电位对阴极反应活化能的影响分数 α 称为阴极反应的传递系数，电极电位对阳极反应活化能的影响分数 $(1-\alpha)$ 称为阳极反应的传递系数。

式（3-5）和式（3-6）表明电极反应的局部电流密度和电极电位呈指数关系。电极界面上通过的外（净）电流密度应该是这两个局部电流密度之差，阴极极化的阴极方向外（净）电流密度为

$$i_c = \overrightarrow{i_c} - \overleftarrow{i_a} = i^0\left[\exp\left(\frac{\alpha nF}{RT}\eta_c\right) - \exp\left(-\frac{(1-\alpha)nF}{RT}\eta_c\right)\right] \tag{3-7}$$

阳极极化的阳极方向的外（净）电流密度为

$$i_a = \overleftarrow{i_a} - \overrightarrow{i_c} = i^0 \left[\exp\left(\frac{(1-\alpha)nF}{RT}\eta_a \right) - \exp\left(-\frac{\alpha nF}{RT}\eta_a \right) \right] \tag{3-8}$$

式（3-7）和式（3-8）称为巴特勒-伏尔默（Butler-Volmer）方程，简称 B-V 方程，是电化学极化动力学基本方程，是电化学极化控制下的过电势与电流密度关系的稳态极化曲线方程。

由 B-V 方程可知：若两个电极反应的 i_a 和 i_c 相同时，i^0 越大的电极反应，阴极或阳极极化时的超电势 η_a 和 η_c 越小，电极越不易极化；i^0 越小的电极反应，阴极或阳极极化时的超电势 η_a 和 η_c 越大，电极越易极化。

α 与 i^0 是表达电极反应特征的基本动力学参数，前者反映双电层中电场强度对反应速度的影响，后者反映电极反应进行的难易程度。单电极反应的过电位-电流密度理论曲线见图 3-8。

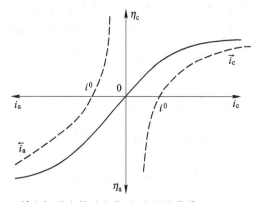

图 3-8　单电极反应的过电位-电流理论曲线（$n=1$，$\alpha=0.5$）

在这种情况下，因为不包括物质传递的效应，所以全部过电位反映的是电极反应的活化能。此时的过电位可以称为电荷传递活化过电位，它与电极反应的动力学参数——交换电流密度密切相关。对于同一个净电流，交换电流越小，活化过电位越大；如果交换电流很大，活化过电位就很小。对于同一个反应电流，随着 α 的增大，阴极过电位减小，而阳极过电位增大。

3.2.2　稳态极化时的动力学方程

3.2.2.1　强极化时的近似公式

当过电位很高时，η 值很大，$\left| \frac{\alpha nF}{RT}\eta \right| \gg 1$ 和 $\left| \frac{(1-\alpha)nF}{RT}\eta \right| \gg 1$ 时，B-V 公式右端括号内两个指数项中必然有一项数值很大，而另一项数值很小，以至于可以忽略不计。例如，当有很高的阴极过电位时，就有 $\frac{\alpha nF\eta}{RT} \gg -\frac{(1-\alpha)nF\eta}{RT}$，只要在 25℃，$\eta > \frac{0.118}{n}$V 时，就满足上述条件。这时式（3-7）简化为

$$i_c = i^0 \exp\left(\frac{\alpha nF\eta_c}{RT} \right) \tag{3-9}$$

两边取对数，整理得

$$\eta_c = -\frac{RT}{\alpha nF}\ln i^0 + \frac{RT}{\alpha nF}\ln i_c \tag{3-10}$$

或将自然对数变换为以 10 为底的常用对数：

$$\eta_c = -\frac{2.303RT}{\alpha nF}\lg i^0 + \frac{2.303RT}{\alpha nF}\lg i_c \tag{3-11}$$

在 1905 年，Tafel 在研究氢电极的电极过程中提出了一个关联 η 和 i 的经验公式：

$$\eta = a + b\lg i \tag{3-12}$$

式（3-12）称为塔菲尔（Tafel）公式。式中 a 称为 Tafel 常数，与电极材料、表面状态、溶液组成及温度有关；b 称为 Tafel 斜率，与电极材料关系不大。

可以看到，当过电位很高时，根据式（3-3），可以从理论上导出 Tafel 公式，其中：

$$a = -\frac{2.303RT}{\alpha nF}\lg i^0$$

$$b = \frac{2.303RT}{\alpha nF}$$

对于阳极极化同样有半对数关系，图 3-9 为强极化区塔菲尔曲线。一般当 $\eta > 120\text{mV}$ 时可认为是强极化，Tafel 可以用来进行相关计算。

3.2.2.2　微极化时的近似公式

当 $\left|\frac{\alpha nF\eta}{RT}\right| \ll 1$ 和 $\left|\frac{(1-\alpha)nF\eta}{RT}\right| \ll 1$ 时，B-V 公式右方按级数展开，只保留一次项，略去二次以上的高次项，公式可以被进一步简化成

$$i = i_0\left\{1 + \frac{\alpha nF\eta}{RT} - \left[1 - \frac{(1-\alpha)nF\eta}{RT}\right]\right\} = i_0\frac{nF\eta}{RT} \tag{3-13}$$

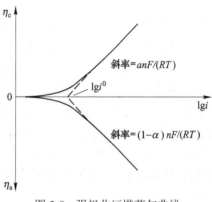

图 3-9　强极化区塔菲尔曲线

该式表明，在平衡电位附近很小的区域内，电流和过电位之间是线性关系，图 3-10 中，当 η 很小时，η-i 曲线呈现线性。比率 η/i 具有电阻的量纲，称为电荷传递电阻或法拉第电阻，用 R_{ct} 或 R_F 表示，即

$$R_{ct} = \frac{RT}{nFi^0} \tag{3-14}$$

从上式可以看出，电荷传递电阻与交换电流密度是反比关系。因此，对于 i^0 较大的反应，R_{ct} 较小，电极体系越接近理想不极化电极；反之，当 i^0 较小时，R_{ct} 较大，电极系统就越易极化，电极反应平衡的稳定性越差。所以 R_{ct} 也可以用来表示电极反应动力学的快慢，它也是一个重要的动力学参数。

另外，式（3-14）是在不考虑物质传递影响的前提下导出的，通常只有电化学反应速度很低，反应电流很小时才能忽略物质传递的影响。在小电流下有较高的过电位，是不可逆电极过程的特征，因此可以说，塔菲尔特性是电极过程不可逆特性的一种表现。

处于微极化区和强极化区之间的区域称为弱极化区，在这个区域，电极的阳极反应方向和阴极反应方向的速度差异不是很大，不能忽略任何一个的影响，此时 B-V 公式不能

简化，保持原来形式，如图 3-11 所示。

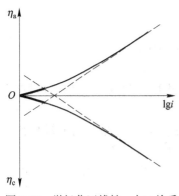

图 3-10　微极化区线性 η 与 i 关系

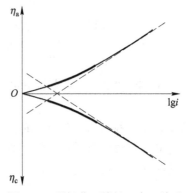

图 3-11　弱极化区线性 η 与 i 关系

3.3　浓差极化动力学公式

外电流通过电极时，如果反应物或产物的液相传质步骤缓慢，并因而成为电极过程的速度控制步骤，或者是电极反应物来不及从溶液本体补充，或者是反应产物来不及离开电极表面进入溶液本体，电极表面和溶液本体中的反应物和产物浓度将会出现差别，而这种浓度差别将对电极反应的速度造成影响，直接的结果就是使得电极产生浓差极化现象。如果电化学电子传递过程的速度很快，即可逆电极在界面上反应速度很快，则电极电位和电活性物质的表面浓度始终能够维持能斯特方程所要求的关系，这时电极反应的速度就不取决于电极界面上电子传递的速度，而是由反应物移向电极表面或者生成物离开电极表面的物质传递的液相传质步骤速度所决定。传递过程的动力学将决定整个电极过程的动力学行为。

3.3.1　理想情况下的稳态扩散过程

物质粒子在溶液中的传质方式有三种，即对流、扩散和电迁移。

（1）对流。粒子随溶液的流动而运动。溶液流动即可以是自然对流，也可能是机械的强制对流。

（2）扩散。粒子在浓度梯度作用下从高浓度处向低浓度处的运动。

（3）电迁移。带电粒子在电位梯度作用下的定向迁移运动，带正电荷的粒子顺着电场的方向运动，带负电荷粒子则逆着电场方向运动。

在只有一维物质传递的情况下，考虑三种物质传递方式，粒子 i 传输的流量可以表示为

$$J_i(x) = c_i v(x) - D_i \frac{\partial c_i(x)}{\partial x} - \frac{z_i F}{RT} D_i c_i \frac{\partial \varphi(x)}{\partial x} \qquad (3\text{-}15)$$

式中，$J_i(x)$ 为粒子 i 在距离表面 x 处的流量，$\mathrm{mol/(m^2 \cdot s)}$；$D_i$ 为物质 i 的扩散系数，$\mathrm{cm^2/s}$；c_i 为 i 粒子在距离表面 x 处的浓度，$\mathrm{mol/L}$；$\dfrac{\partial \varphi(x)}{\partial x}$ 是电位梯度，$\mathrm{V/m}$；z_i 是 i 粒子

所带的电荷数;$v(x)$ 为距离电极表面 x 处溶液对流运动的速度,cm/s。式中右端的三项分别表示来自对流、扩散和电迁移对流量的贡献。

如果研究传递过程时考虑三种传质方式,那么动力学的推导将相当复杂,一般情况下,应该考虑适当的简化条件,最常用的简化是认为溶液中传递过程满足理想的稳态扩散条件,这种情况下只考虑扩散过程的物质传递。

首先可以采用加入大量局外电解质的方法以忽略参加电极反应的粒子的电迁移。与电极反应无关的离子的浓度越大,则与电极反应有关的离子的电迁移份数就越小,在最简单的情况下,假定溶液中有大量的局外电解质,与电极反应有关的离子的电迁移可忽略不计。其次由于在远离电极表面的液体中,传质过程主要依靠对流作用来实现,而在电极表面附近液层中,起主要作用的是扩散传质过程。不妨假定在电极表面存在一个理想的扩散层,在扩散层以外的溶液本体中,反应物或产物的浓度由于对流的作用总是保持均匀一致的,在扩散层中的传质方式只有扩散过程一种。

所谓稳态扩散,是指当电极反应开始以后,在某种控制条件下经过一定时间,电极表面附近溶液中离子浓度梯度不再随时间变化的状态。稳态扩散状态并不是溶液的平衡状态,浓度的梯度仍然存在,只是已经不是时间的函数了。在实际情况下,对流和扩散两种传质过程的作用范围是不能够进行严格划分的,因为总是存在一段两种传质过程交叠作用的空间。但是可以假设一种理想的情况,其中扩散传质区和对流传质区可以截然分开,假设在电极表面附近存在一个理想溶液的界面,在此界面厚度 δ 内只有扩散传质作用,而在此厚度之外,则传质过程都由对流来完成。电极表面附近指的是扩散层厚度一般在 1×10^{-2} cm 数量级左右,即使被强烈压缩的扩散层厚度也不小于 10^{-4} cm,远远大于 $10^{-7}\sim10^{-6}$ cm 的电极表面双电层的厚度。图 3-12 是理想的稳态扩散示意图,其中 x 轴代表离开电极表面的距离,c^0 是溶液的本体浓度,c^s 是在电极表面的浓度,δ 是扩散层厚度。

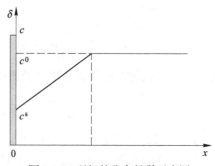

图 3-12　理想的稳态扩散示意图

扩散的一个基本性质是扩散流量与浓度梯度成正比:

$$(J_{D,O})_{x=0} = -D\left[\frac{\partial c_O(x)}{\partial x}\right]_{x=0} \tag{3-16}$$

式 (3-16) 称为菲克(Fick)第一扩散定律。式中,比例系数 D 称为扩散系数,它表示在单位浓度梯度下、单位时间内扩散的质点数,cm²/s。扩散系数取决于扩散粒子大小、溶液黏度、温度等,一般在 1×10^{-5} cm²/s 数量级,如 H^+ 的扩散系数为 9.3×10^{-5} cm²/s,OH^- 的扩散系数为 5.2×10^{-5} cm²/s,O_2 的扩散系数为 1.9×10^{-5} cm²/s。式中右端取负号是考虑到扩散的方向与浓度梯度的方向相反。

在不考虑对流和电迁移的稳态扩散的情况下,对于平板电极的一维扩散,在稳态扩散条件下有 $dc/dt=0$ 及 $dc/dx=$ 常数,并设扩散层厚度为 δ,因此上式可以写成

$$(J_{D,O})_{x=0} = -D\left[\frac{\partial c_O(x)}{\partial x}\right]_{x=0} = -D\frac{c_O - c_O^s}{\delta} \tag{3-17}$$

式中,c_O^s 表示在 $x=0$,即电极表面处的浓度。

对于可逆电极反应 $O+ne^- \rightleftharpoons R$ 的阴极方向反应，其电极反应的速度将由电极表面处的扩散速度决定。由扩散过程决定的电极反应速度表达式应为

$$i_{扩} = -nF(J_{D,O})_{x=0} = nFD_O \frac{c_O - c_O^s}{\delta} \tag{3-18}$$

显然，当 $c_O^s = 0$ 或者 $c_O^s \ll c_O$，即 $c_O - c_O^s \approx c_O$ 时，有最大的物质传递速度和反应电流密度，这时的电流密度称为阴极极限电流密度，用 i_d 表示。

$$i_d = nFD_O \frac{c_O}{\delta} \tag{3-19}$$

将上式代入式（3-18），可得

$$\frac{c_O^s}{c_O} = 1 - \frac{i_{扩}}{i_d} \tag{3-20}$$

3.3.2 浓差极化公式及极化曲线

对电极反应 $O+ne^- \rightarrow R$ 来说，因为整个电极反应过程中扩散步骤是各步骤中最慢的步骤，有电流通过时电子转移步骤仍处于平衡，所以电极电位仍可用 Nernst 平衡电极电位公式计算。下面分两种情况进行讨论。

（1）产物生成独立相（例如气泡或沉积层）。假设反应前产物的活度 $a_R^s = 1$，或者反应后产物的活度很快达到 $a_R^s = 1$，并假设反应前后反应物的活度系数 γ_O 不变，则应用 Nernst 方程可得：

$$E = E_e^{\ominus} + \frac{RT}{nF}\ln\gamma_O c_O + \frac{RT}{nF}\ln\left(1 - \frac{i_{扩}}{i_d}\right) = E_e + \frac{RT}{nF}\ln\left(1 - \frac{i_{扩}}{i_d}\right) \tag{3-21}$$

式中，E_e 为未发生浓差极化时的平衡电极电位。由于浓度极化所引起的电极极化为

$$\eta = E_e - E = \frac{RT}{nF}\ln\frac{i_d}{i_d - i_{扩}} \tag{3-22}$$

式（3-22）即为产物不溶时的阴极浓度极化公式。图 3-13 为依据式（3-22）表示的产物不溶时的阴极浓度极化曲线，从图中可以看出，随着 $i_{扩}$ 的增大，浓差极化越来越显著，且 $i_{扩}$ 趋近于 i_d 时，浓差极化急剧增大。

（2）产物可溶。因为电极反应产物生成速度应与反应物消耗速度相等，若以电流密度表示，均为 $i/(nF)$，而稳态下，产物自电极表面向溶液内部扩散的速度就等于它在电极表面生成的速度。所以应有

$$\frac{i_{扩}}{nF} = D\frac{c_R^s - c_R}{\delta_R} \tag{3-23}$$

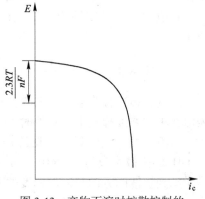

图 3-13 产物不溶时扩散控制的
阴极浓度极化曲线

整理后得，$c_R^s = c_R + i_{扩}\delta_R/(nFD)$，假定反应开始前溶液中没有还原产物，即 $c_R = 0$，则上式简化为 $c_R^s = i_{扩}\delta_R/(nFD)$，另外有 $c_O = i_{\infty,扩}\delta_O/(nFD_O)$。

将它们代入 Nernst 公式可得

$$E = E_e^{\ominus} + \frac{RT}{nF}\ln\frac{\gamma_O\delta_O D_R}{\gamma_R\delta_R D_O} + \frac{RT}{nF}\ln\frac{i_d - i_{扩}}{i_{扩}} \tag{3-24}$$

当 $i_{扩} = i_d$ 时，式（3-24）右方最后一项为零，此时的电极电位 φ 称为半波电位，以 $\varphi_{1/2}$ 表示，则

$$E_{1/2} = E_e^{\ominus} + \frac{RT}{nF}\ln\frac{\gamma_O\delta_O D_R}{\gamma_R\delta_R D_O} \tag{3-25}$$

于是式（3-24）可改写成

$$E = E_{1/2} + \frac{RT}{nF}\ln\frac{i_d - i_{扩}}{i_{扩}} \tag{3-26}$$

图 3-14 是依据式（3-26）表示的产物可溶时扩散控制的阴极浓度极化曲线。

3.3.3 浓差极化与电化学极化混合控制

如果电极反应的交换电流密度 i^0 很小，而极限电流密度 i_d 也不大，则电化学电子传递过程和扩散过程都能影响整个电极反应速度，此时电极反应将由电化学极化和浓差极化共同控制。这种情况下，过电位由两部分组成：其一为活化过电位 $\eta_{活化}$，其二为浓差过电位 $\eta_{浓差}$，两者之和即为混合控制时的 $i\text{-}\eta$ 方程，如式（3-27）所示。

$$\eta = \eta_{活化} + \eta_{浓差} = \frac{RT}{\alpha nF}\ln\frac{i_d}{i^0} + \frac{RT}{\alpha nF}\ln\frac{i_d}{i_d - i_{扩}} \tag{3-27}$$

图 3-15 为扩散步骤和电化学步骤共同控制时的阴极极化曲线。其中，实线表示的是实际的外电流密度，虚线是不考虑浓度极化时理想的电化学极化的极化曲线。

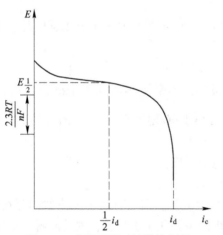

图 3-14　产物可溶时扩散控制的
阴极浓度极化曲线

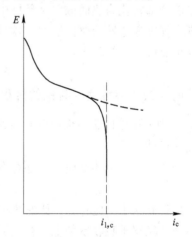

图 3-15　扩散步骤和电化学步骤共同
控制时的阴极极化曲线

可以看出，当外电流密度远远小于极限扩散电流密度时，电极的极化行为表现为电化学极化控制，但当外电流进一步增大，一般达到极限扩散电流的一半时，就要考虑浓度极化的影响，这时是浓度极化和电化学极化的混合控制，电极的极化曲线也就偏离了理想的纯粹由电化学极化控制的极化行为曲线。随着电流密度进一步增大，浓度极化的影响就会

越来越突出，当阴极极化的过电位很高时，电流密度都趋于极限扩散电流密度，这时的电流密度为溶液中物质传递过程所限制。在接近极限扩散电流密度时，电位剧烈负移，电化学反应已经被大大活化了，此时完全由浓度极化控制电极的极化行为。浓度极化对整个电极极化的影响取决于电极反应的交换电流密度和极限电流密度的相对大小，如果 $i_0 \gg i_d$ 电子传递的过程速度快，不易成为电极的控制步骤，则电极容易出现混合控制或扩散过程控制；如果 $i_0 \ll i_d$，则电极容易表现为电化学极化控制，只有电流相当大以后才容易出现扩散过程的显著影响。

3.4　共轭体系与腐蚀电位

在理想条件下，电极表面上只有一个电极反应发生。从理论上来讲，一个单一金属电极是不会发生腐蚀的。例如，金属在相应的盐的溶液中就不会产生腐蚀，而是建立起热力学的平衡状态，但实际情况要复杂得多。实际上，更为常见的是一个孤立的金属电极也会发生腐蚀，这是由于腐蚀介质中去极化剂的存在，使得金属和腐蚀介质总是构成腐蚀原电池而发生腐蚀。以铁为例，当把金属铁浸入稀硫酸溶液中，发现铁不断地腐蚀溶解，同时伴随有氢气析出。根据热力学分析，这是由于在稀硫酸中铁的平衡电极电位比氢的平衡电极电位更负，它们可以构成热力学不稳定的腐蚀原电池，因而使铁不断地溶解，生成更稳定的铁离子，氢离子还原生成更稳定的氢气，使整个体系自由能降低。这个例子表明，单一金属在腐蚀时，表面也同时进行着两个电极反应，构成了腐蚀微电池，铁作为电池的阳极，发生溶解反应；而铁中的杂质或其他缺陷部位等，成为腐蚀微电池的微阴极，在其上发生氢离子的还原反应，这样构成的腐蚀微电池是一个短路的原电池，不能对外做有用功，电能全部转化为热而散失于环境中。

现在仔细考虑铁的腐蚀过程。铁浸在稀硫酸溶液中，如果只有一个电极反应时，可以建立这个反应的平衡状态：

$$Fe^{2+} + 2e^- \rightleftharpoons Fe$$

此时，铁的溶解速度与铁的沉积速度大小相等，如果溶解速度大于沉积速度，即 $\overleftarrow{i_a} > \overrightarrow{i_c}$，则电位将向正方向移动；反之，溶解速度小于沉积速度，即 $\overleftarrow{i_a} < \overrightarrow{i_c}$，则电位将向负方向移动。

若铁片上除了上述反应外，还存在着第二个电极反应：

$$2H^+ + 2e^- \rightleftharpoons H_2$$

如果只有这个反应存在，则它也能够建立热力学平衡。但当两个反应共同存在时，由于溶液中氢离子吸收铁的电子被还原时，铁电极的平衡状态被打破，铁的溶解与沉积速度将不再相等，同理氢电极反应也不能保持原有的平衡状态。

当铁产生腐蚀时，阳极电位将偏离其平衡电位向正的方向移动，而氢电极反应的电极电位也将偏离其平衡电位向负的方向移动，也就是说此时实测到铁的电位既不是铁的平衡电位，也不等于氢电极的平衡电位，而是这两个平衡电位之间的某个值。平衡电位较低的电极将主要进行阳极氧化反应，电位因而向正方向移动；而平衡电位较高的电极则主要进行阴极还原反应，电位因而向负方向移动。上例中由于 $E_{H^+/H_2} > E_{Fe^{2+}/Fe}$，所以反应 Fe-

$2e^- \rightleftharpoons Fe^{2+}$ 向阳极方向进行，电位正移；而反应 $2H^+ + 2e^- \rightleftharpoons H_2$ 向阴极方向进行，电位负移。假设内外电路电阻为零，则阳、阴极极化曲线必然相交于一点，具有共同的电位。此时意味着阳极反应放出的电子恰好全部被阴极反应所吸收，即交点 S 的电位是整个金属电极的非平衡稳定电位，称之为混合电位；当金属腐蚀时，则称之为腐蚀电位 (E_{corr}) 或自然腐蚀电位。对应于腐蚀电位的电流密度称为腐蚀电流密度 (i_{corr}) 或自然腐蚀电流密度。图 3-16 为铁在稀硫酸中腐蚀行为的示意图。

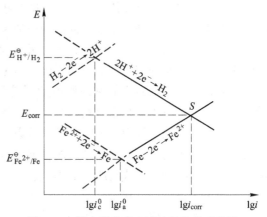

图 3-16 铁在稀硫酸中腐蚀行为的示意图

著名腐蚀学家瓦格纳提出了混合电位理论，对于孤立金属电极的腐蚀现象进行了较完善的解释，该理论包括如下两项简单的观点：

（1）任何电化学反应都能分成两个或更多的局部氧化反应和局部还原反应；

（2）在电化学反应过程中不可能有净电荷积累。

第一个观点表明了电化学反应是由两个或更多的氧化或还原分反应组成的；第二个观点讲述了电荷守恒定律。这就是说，一块金属浸入一种电解质溶液中时，其总的氧化反应速度必定等于总的还原速度，阳极反应的电流密度一定等于阴极反应的电流密度。混合电位理论指明了腐蚀反应是由两个或多个氧化和还原分反应组成，并且其氧化总速度和还原总速度相等，亦即阳极反应的电流密度与阴极反应的电流密度相等。因此，当一种金属发生腐蚀时，金属表面至少同时发生两个不同的、共轭的电极反应，一个是金属腐蚀的阳极反应，另一个是腐蚀介质中去极化剂在金属表面进行的还原反应。由于两个电极反应的平衡电位不同，它们将彼此相互极化，低电位的阳极向正方向极化，高电位的阴极向负方向极化，最终达到一个共同的混合电位（稳定电位或自腐蚀电位）。由于没有接入外电路，则认为净电流为零，因此可以推论 $i_{a1} + i_{a2} = i_{c1} + i_{c2}$。这一体系相当于一个短路的原电池：平衡电位较高的电极反应按阴极方向进行，平衡电位较低的电极反应按阳极方向进行。两个电极反应互相作用的总结果就是构成了一个氧化还原的反应，这个反应的推动力来源于两个电极反应平衡电位之差；两个电极反应以相同速度进行，反应能转化为热量，不对外做有用功。

在一个孤立的电极上同时以相同的速度进行着一个阳极反应和一个阴极反应的现象叫做电极反应的耦合。这两个耦合的反应又称共轭反应，相应的体系称共轭体系。如果阳极反应的平衡电位是 E_a，阴极反应的平衡电位是 E_c，则耦合的结果将得到新的电极电位 E，如果进行的共轭反应是金属的溶解及氧化剂的还原，其混合电位称为腐蚀电位。例如，铁在 0.1mol/L 的盐酸中，铁片同时作为铁电极和氢电极发生了两个电极反应，铁的平衡电位为 -0.5V（设 Fe^{2+} 浓度为 10^{-2} mol/L），氢电极平衡电位为 0.06V，而自腐蚀电位为 -0.25V。

在所接触的腐蚀介质中发生腐蚀的金属或合金称为腐蚀金属电极。腐蚀金属电极作为孤立电极时本身就是一个短路的原电池，尽管没有外电流，但是电极上同时进行着阳极反应和阴极反应，且总的阴极反应电流绝对值等于阳极反应电流绝对值。在腐蚀电位下，腐蚀反应的阳极电流等于在该电位下进行的去极化剂的还原电流的绝对值之和。这些电极反应除了极少数之外，都处于不可逆的同一方向进行的状态，所以腐蚀电位不是平衡电位，不是一个热力学参数。另外腐蚀金属电极表面状态不是绝对均匀的，只可能近似把腐蚀金属电极表面看做是均匀的，认为阴阳极电流密度相等。

由两种以上金属组成的腐蚀原电池系统称为多电极腐蚀原电池系统。从腐蚀观点上看，工程上许多不均匀合金以及多金属组合体系与腐蚀介质接触都是典型的多电极腐蚀原电池系统。判断该系统中各个电极的极性以及腐蚀电流的大小，不仅有理论意义，而且还有很大的实际价值。一般使用图解法对多电极腐蚀电池系统进行分析，具体过程是以多电极腐蚀极化曲线图的形式将所有的阳极和阴极的极化曲线分别加和和比较，通过计算确定每一个电极的极性（阳极或阴极）及其腐蚀电流的大小。多电极腐蚀电池的图解的方法同样利用了混合电位理论，具体如下。

（1）短路的多电极系统中各个电极的极化电位都等于该系统的总腐蚀电位。多电极体系的混合电位是处于各个电极反应中最高的电极电位与最低的电极电位之间，对每一个反应来说，如果其初始电极电位高于混合电位，将作为阴极，而低于混合电位将作为阳极。

（2）当多电极系统处于稳定状态时，系统中总的阳极电流等于总的阴极电流。应满足 $\sum_j i_{aj} = \sum_j i_{cj}$ 的关系，j 代表体系中电极反应数目。

3.5   腐蚀金属电极的极化行为

处于自腐蚀状态下，腐蚀金属电极虽然没有外电流通过，但它已经是极化的电极了。腐蚀金属电极上由于金属阳极溶解过程和去极化剂的阴极还原过程的发生而互相极化，金属作为阳极被去极化剂的还原反应阳极极化，而去极化剂在阴极上由于金属氧化为离子而产生阴极方向的极化。对处于自腐蚀状态的腐蚀金属电极还可以通过对其施加外部电流的方式使它发生相应的阴极极化和阳极极化，如施加外部的阳极极化电流则腐蚀金属电极发生阳极极化，这时外加阳极极化电流应等于金属的阳极氧化方向的溶解电流与去极化剂的阴极还原方向的电流之差；如施加外部的阴极极化电流，则腐蚀金属电极发生阴极极化且外加的阴极极化电流等于去极化剂的阴极还原方向的电流和金属的阳极氧化方向的溶解电流之差。由于金属的阳极溶解反应一般都是由活化极化控制的，浓度极化的影响并不显著，因而可以认为金属的阳极溶解过程总是由活化极化控制，而去极化剂的阴极还原过程既可以由活化极化控制，如氢离子的还原过程，也可以由浓差极化所控制，如氧气的还原过程。下面分别讨论阳极反应和阴极反应都在由活化极化控制腐蚀的情况下以及阳极反应由活化极化控制而阴极反应在由浓度极化控制的情况下腐蚀金属电极的极化行为。

3.5.1   活化极化控制的腐蚀体系的极化行为

腐蚀速度由电化学步骤控制的体系称为活化极化控制的腐蚀体系。例如，金属在不含溶解氧及其他去极化剂的非氧化性酸溶液中，其阴、阳极反应都由活化极化所控制。现在来考虑简单情况下的腐蚀金属电极的表观极化曲线的数学表达式。在最简单的情况下，一块腐蚀着的金属电极上只进行两个电极反应，即金属的阳极溶解反应和去极化剂的阴极还原反应，并且这两个电极反应的速度都是由活化极化控制的，溶液中传质过程很快，浓度极化可以忽略。再一个简化条件是自腐蚀电位离这两个电极反应的平衡电位都比较远，因而这两个电极反应都处于强极化的条件下，相应的逆过程可以忽略，在这样简单化的条件下，每个电极反应的动力学都可用塔菲尔方程式来表示，即

$$i_{\mathrm{a}} = i_{\mathrm{a}}^0 \exp \frac{E - E_{\mathrm{e,a}}}{\overleftarrow{\beta_1}} \tag{3-28}$$

$$i_{\mathrm{c}} = i_{\mathrm{c}}^0 \exp \frac{E_{\mathrm{e,c}} - E}{\overrightarrow{\beta_2}} \tag{3-29}$$

式中，i_{a} 为金属阳极溶解的阳极方向的电流密度；i_{c} 为去极化剂阴极还原的阴极方向的电流密度；$\overleftarrow{\beta_1} = \dfrac{(1 - \alpha_1) n_1 F}{RT}$；$\overrightarrow{\beta_2} = \dfrac{\alpha_2 n_2 F}{RT}$。当腐蚀金属电极处于自腐蚀电位时，即在外测电流为零时，腐蚀金属电极的电位就是它的腐蚀电位，此时金属电极上阳极反应的电流密度的绝对值等于阴极反应的电流密度的绝对值，并等于金属的平均腐蚀电流密度 i_{corr}。

$$i_{\mathrm{a}}^0 \exp \frac{E_{\mathrm{corr}} - E_{\mathrm{e,a}}}{\overleftarrow{\beta_1}} = i_{\mathrm{c}}^0 \exp \frac{E_{\mathrm{e,c}} - E_{\mathrm{corr}}}{\overrightarrow{\beta_2}} = i_{\mathrm{corr}} \tag{3-30}$$

以自腐蚀电位为起点，可用外部电源对其施加阳极极化电流和阴极极化电流。外加的阳极极化电流应等于金属的阳极溶解电流与去极化剂的阴极还原电流之差。外加的阴极极化电流等于去极化剂的阴极还原电流和金属的阳极溶解电流之差。腐蚀金属电极的外测电流密度与电位的关系应为

$$i_{\mathrm{A}} = i_{\mathrm{a}} - i_{\mathrm{c}} = i_{\mathrm{a}}^0 \exp \frac{E - E_{\mathrm{e,a}}}{\overleftarrow{\beta_1}} - i_{\mathrm{c}}^0 \exp \frac{E_{\mathrm{e,c}} - E}{\overrightarrow{\beta_2}} \tag{3-31}$$

$$i_{\mathrm{C}} = i_{\mathrm{c}} - i_{\mathrm{a}} = i_{\mathrm{c}}^0 \exp \frac{E_{\mathrm{e,c}} - E}{\overrightarrow{\beta_2}} - i_{\mathrm{a}}^0 \exp \frac{E - E_{\mathrm{e,a}}}{\overleftarrow{\beta_1}} \tag{3-32}$$

将式（3-30）代入上两个式中，得到

$$i_{\mathrm{A}} = i_{\mathrm{corr}} \left(\exp \frac{E - E_{\mathrm{corr}}}{\overleftarrow{\beta_1}} - \exp \frac{E_{\mathrm{corr}} - E}{\overrightarrow{\beta_2}} \right) \tag{3-33}$$

$$i_{\mathrm{C}} = i_{\mathrm{corr}} \left(\exp \frac{E_{\mathrm{corr}} - E}{\overrightarrow{\beta_2}} - \exp \frac{E - E_{\mathrm{corr}}}{\overleftarrow{\beta_1}} \right) \tag{3-34}$$

式（3-33）和式（3-34）即为腐蚀金属电极的 E-i 曲线方程。如以 E_{corr} 作为 E 轴的原点，则 E 轴的坐标就可改为 $\Delta E = E - E_{\mathrm{corr}}$，$\Delta E$ 就叫做腐蚀金属电极的极化值。在 $\Delta E = 0$ 时，$i = 0$，在 $\Delta E > 0$ 时，腐蚀金属电极进行阳极极化；在 $\Delta E < 0$ 时，腐蚀金属电极进行阴极极化。曲线的方程式可表示为

$$i_{\mathrm{A}} = i_{\mathrm{corr}} \left(\exp \frac{\Delta E}{\overleftarrow{\beta_1}} - \exp \frac{-\Delta E}{\overrightarrow{\beta_2}} \right) \tag{3-35}$$

$$i_{\mathrm{C}} = i_{\mathrm{corr}} \left(\exp \frac{-\Delta E}{\overrightarrow{\beta_2}} - \exp \frac{\Delta E}{\overleftarrow{\beta_1}} \right) \tag{3-36}$$

图 3-17 是将 ΔE 对 $\lg i$ 所做出的活化极化控制的腐蚀金属电极的极化曲线，图中两条虚线分别表示腐蚀金属电极的阳极和阴极的 E-$\lg i$ 曲线。在 ΔE 轴上方的实线表示实测的阳极极化曲线，在 ΔE 轴下方的实线表示的是实测的阴极极化曲线。

腐蚀金属电极的极化方程式与单电极的 B-V 方程的形式是类似的，同样也可以根据极化电位和极化电流密度的关系特点分成如下三个区域：微极化时极化电位与极化电流密度成线性关系的线性极化区；强极化时极化电位与极化电流密度的对数呈线性关系的塔菲尔强极化区；处于线性极化区和塔菲尔区之间的过渡区，称为弱极化区。

在确定极化曲线时，如果不考虑浓差极化和电阻的影响，通常在极化电位偏离腐蚀电位约 120mV 以上，即外加电流较大时，在

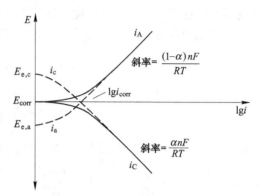

图 3-17　活化极化控制的腐蚀金属电极极化曲线

极化曲线上会有服从塔菲尔方程式的直线段。将实测的阴、阳极极化曲线的直线部分延长到交点，或者当阳极极化曲线不易测量时，可以把阴极极化曲线的直线部分外延与稳定电位的水平线相交，此交点所对应的电流即是金属的腐蚀电流。因此，可将实测得到的阴极或阳极极化曲线中的塔菲尔直线段外延，以预测腐蚀电流和腐蚀电位。但是这种做图的方法数据分散性较大时，所连直线的斜率稍有偏差，将会影响到测量准确性，因此用此法所计算出的腐蚀速度不够准确，只能对该金属腐蚀速度提供一个参考值。

例 3-1　铁在 25℃ 无氧的盐酸中（pH＝3）中的腐蚀 $v_- = 30\text{mg}/(\text{dm}^2 \cdot \text{d})$，已知铁上氢过电位常数 $a = 0.1\text{V}$，交换电流密度 $i^0 = 0.01\text{A}/\text{m}^2$。计算铁在此介质中的自腐蚀电位 E_{corr}（设 $S_a/S_c = 1$）。

解：由失重腐蚀速率计算自腐蚀电流密度

$$i_{\text{corr}} = v_- \frac{nF}{M} = 30\text{mg}/(\text{dm}^2 \cdot \text{d}) \times \dfrac{2 \times 26.8\text{A} \cdot \dfrac{\text{h}}{\text{mol}}}{\dfrac{55.84\text{g}}{\text{mol}}} = 0.122\text{A}/\text{m}^2$$

由 Nernst 方程计算 E_e，Tafel 方程计算 η_c。

（1）$E_e = 0.059\lg c_{\text{H}^+} = -0.177\text{V}$。

（2）$\eta_c = a - b\lg i^0 = 0$

$b = \dfrac{a}{\lg i^0} = -0.05\text{V}$。

由于 $S_a = S_c$，$i_{\text{corr}} = i_a = i_c$，则 $\eta_c = a + b\lg i_c = 0.146\text{V}$。

所以 $E_{\text{corr}} = E_e - \eta_c = -0.323\text{V}$。

3.5.2　阴极过程由浓差极化控制时腐蚀金属电极的极化

当腐蚀过程的阴极反应的速度不仅取决于去极化剂在金属电极表面的还原步骤，而且还受溶液中去极化剂扩散过程影响时，阴极电流密度与电极电位的关系为

$$i_c = \left(1 - \frac{i_c}{i_d}\right) i_c^0 \exp \frac{E_{e,c} - E}{\overrightarrow{\beta_2}} \tag{3-37}$$

式中，i_d 为阴极反应的极限扩散电流密度。将 $E = E_{corr}$ 时的 $i_c = i_{corr}$ 关系代入式（3-37），并以 ΔE 代替 $E - E_{corr}$，就得到

$$i_c = \frac{i_{corr} \exp \dfrac{-\Delta E}{\overrightarrow{\beta_2}}}{1 - \dfrac{i_{corr}}{i_d}\left(1 - \exp \dfrac{\Delta E}{\overrightarrow{\beta_2}}\right)} \tag{3-38}$$

从而得到腐蚀金属电极的极化曲线方程式：

$$i_C = i_{corr}\left[\frac{\exp \dfrac{-\Delta E}{\overrightarrow{\beta_2}}}{1 - \dfrac{i_{corr}}{i_d}\left(1 - \exp \dfrac{-\Delta E}{\overrightarrow{\beta_2}}\right)} - \exp \frac{\Delta E}{\overleftarrow{\beta_1}}\right] \tag{3-39}$$

$$i_A = i_{corr}\left[\exp \frac{\Delta E}{\overleftarrow{\beta_1}} - \frac{\exp \dfrac{-\Delta E}{\overrightarrow{\beta_2}}}{1 - \dfrac{i_{corr}}{i_d}\left(1 - \exp \dfrac{-\Delta E}{\overrightarrow{\beta_2}}\right)}\right] \tag{3-40}$$

当 $i_{corr} \ll i_d$，以至于 $1 - \dfrac{i_{corr}}{i_d}\left(1 - \exp \dfrac{-\Delta E}{\overrightarrow{\beta_2}}\right) \approx 1$ 时，可以忽略阴极反应的浓差极化，可通过式（3-39）得到式（3-36）。

另一个极端情况是 $i_{corr} \approx i_d$，腐蚀受阴极反应的扩散过程控制，腐蚀电流密度等于阴极反应的极限扩散电流密度，此时通过式（3-40）就得到

$$i_A = i_{corr}\left(\exp \frac{\Delta E}{\overleftarrow{\beta_1}} - 1\right) \tag{3-41}$$

图 3-18 是腐蚀过程的速度受阴极反应的扩散过程控制时腐蚀金属电极的极化曲线。

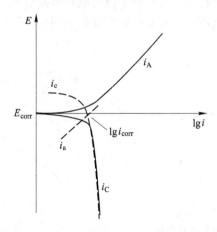

图 3-18　腐蚀过程的速度受阴极反应的扩散过程控制时腐蚀金属电极的极化曲线

例 3-2　碳钢在某一流速的海水中，其 $i_{1,c} = 8.0 \times 10^{-2} A/m^2$。试问：若增大流速，使氧扩散层厚度减至普通流速的 $1/2$，此时 i_a 有何变化？（设 $S_a/S_c = 1$）。

解：因此腐蚀过程由阴极扩散过程控制，故自然腐蚀状态下，$i_a = i_{1,c} = \dfrac{nFD}{\delta}C$。

当 δ 下降至 $\delta/2$ 时，$i'_{1,c} = 2i_{1,c}$。

$i'_a = i'_{1,c} = 0.16 A/m^2$。

3.6　伊文思极化图及其应用

3.6.1　伊文思腐蚀极化图

在最简单的微观腐蚀电池中。例如，铁处于非氧化性稀酸中构成的微观腐蚀原电池，铁表面既作为阴极也作为阳极，阳极反应为铁的阳极溶解，阴极反应为氢离子的还原，测得的电位是自腐蚀电流，铁以自腐蚀电流密度进行阳极溶解，氢离子以自腐蚀电流密度进行阴极还原。实际上铁放入介质中就已经是极化的电极了，但可以设想在铁的表面只发生铁的电极反应，另有一个钝性的金属电极，在这个电极表面上只发生氢离子的还原反应，用一个可变化的电阻连接，初始时电阻为无穷大，逐渐调小，则流经电路的电流将发生变化，分别用电位表监测这两个电极的极化曲线，则能够得到铁的理想阳极极化曲线和氢的理想阴极极化曲线，如图 3-19 所示。

在研究金属腐蚀时，经常要使用腐蚀极化图来分析腐蚀过程的影响因素和腐蚀速度的相对大小。腐蚀极化图又称伊文思腐蚀极化图，是一种电位-电流图，它把表征腐蚀电池特征的阴、阳极极化曲线画在同一张图上，忽略电位随电流变化的细节，将极化曲线画成直线的形式。图 3-20 就是将图 3-19 的极化曲线用腐蚀极化曲线表示的图形。其中，阴极、阳极的起始电位为阴极反应和阳极反应的平衡电位，若忽略溶液的欧姆电阻，简化的极化曲线将可交于一点，交点对应的电位即为这一对共轭反应的腐蚀电位，与此电位对应的电流即为腐蚀电流。如果不能忽略金属表面膜电阻或溶液电阻，则极化曲线不能相交，对应的电流就是金属实际的腐蚀电流，它要小于没有欧姆电阻时的电流 I_{max}。一般情况下，腐蚀电池中阴极和阳极的面积是不相等的，故而横轴使用电流强度，而不使用电流密度。伊

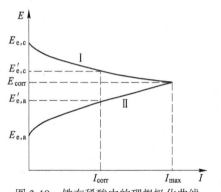

图 3-19　铁在稀酸中的理想极化曲线

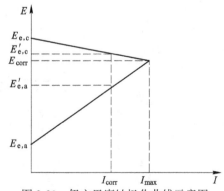

图 3-20　伊文思腐蚀极化曲线示意图

Ⅰ—氢的理想阴极极化曲线；Ⅱ—铁的理想阳极极化曲线

文思腐蚀极化图主要由直线代替理想极化曲线，用电流强度代替电流密度，具有更大的广泛性、实用性和易用性，在研究腐蚀问题及解释电化学腐蚀现象时，使用和分析十分方便。

腐蚀过程中阴极和阳极极化性能是不一样的，可采用极化图中极化曲线的斜率分别表示它们的极化程度，这个斜率也就是电极的极化率 P。从图 3-20 中可得到，当体系的欧姆电阻等于 0 时有

$$I_{max} = \frac{E_{e,c} - E_{e,a}}{P_c + P_a} \tag{3-42}$$

当体系的欧姆电阻为 R 时有

$$I_{corr} = \frac{E_{e,c} - E_{e,a}}{P_c + P_a + R} \tag{3-43}$$

将上式变形，得

$$E_{e,c} - E_{e,a} = P_c I + P_a I + RI = |\Delta E_c| + |\Delta E_a| + |\Delta E_r| \tag{3-44}$$

由式（3-44）可以看出，起始电位的差值等于阴极和阳极的极化值加上体系的欧姆极化值，这个电位差就用来克服体系中的这三个阻力。

3.6.2 伊文思腐蚀极化图的应用

在腐蚀过程中，如果某一步骤比较起来阻力最大，则这一步骤对于腐蚀的速度就起主要的影响。从式（3-43）可以看出，腐蚀电池的腐蚀电流大小在很大程度上为 P_c、P_a 和 R 所控制，所有这些参数都可能成为腐蚀的控制因素。利用腐蚀极化图，可以定性地说明腐蚀电流受哪一个因素所控制。各个控制因素的控制程度，可用各控制因素的阻力与整个控制因素的总阻力之比的百分率来表示，如果以 C_c、C_a 和 C_r 分别表示阴极、阳极和欧姆电阻控制程度，将各项阻力对于整个过程总阻力比值（%）称为各项对总的控制程度，其中控制程度最大的因素成为腐蚀过程的主要控制因素，它对腐蚀速度有决定性的影响。

$$C_c = \frac{P_c}{P_c + P_a + R} \times 100\%$$

$$= \frac{|\Delta E_c|}{|\Delta E_c| + |\Delta E_a| + |\Delta E_r|} \times 100\%$$

若欧姆电阻可忽略，则

$$C_c = \frac{P_c}{P_c + P_a + R} \times 100\% = \frac{|\Delta E_c|}{E_c^0 - E_a^0} \times 100\% \tag{3-45}$$

$$C_a = \frac{P_a}{P_c + P_a + R} \times 100\% = \frac{|\Delta E_a|}{E_c^0 - E_a^0} \times 100\% \tag{3-46}$$

$$C_r = \frac{P_c}{P_c + P_a + R} \times 100\% = \frac{|\Delta E_r|}{E_c^0 - E_a^0} \times 100\% \tag{3-47}$$

式中，C_a、C_c、C_r 分别为阳极、阴极和欧姆极化控制程度。

根据不同极化值的大小，腐蚀控制的基本形式有四种。当 R 非常小时，如 $P_c \gg P_a$，则 i_{corr} 基本上由 P_c 的大小决定，即取决于阴极极化性能，称为阴极控制，如图 3-21a 所示；反之，如 $P_c \ll P_a$，i_{corr} 主要由阳极极化性能所决定，称为阳极控制，如图 3-21b 所示；如果 P_a 和 P_c 同时

对腐蚀电流产生影响，则称为混合控制，如图 3-21c 所示；如果系统中的电阻极化较大，则 i_{corr} 就主要由电阻所控制，又称欧姆控制，如图 3-21d。从式（3-39）和腐蚀极化图中，不仅可以判断各个控制因素，而且还可以判断各因素对腐蚀过程的控制程度，并做出相应的计算。

在腐蚀电化学研究中，确定某一因素的控制程度有很重要的意义。为减少腐蚀程度，最有效的办法就是，采取措施影响其控制因素，其中控制程度最大的因素成为腐蚀过程的主要控制因素，它对腐蚀速率有决定性的影响。对于阴极控制的腐蚀，若改变阴极极化曲线的斜率可使腐蚀速度发生明显的变化。例如：Fe 在中性或碱性电解液中的腐蚀速率就是由氧的阴极还原过程控制，若除去溶液中的氧，可使腐蚀速率明显降低。这种情况下采用缓蚀剂的效果就不明显。对于阳极控制的腐蚀，腐蚀速率主要由阳极极化率 P_c 决定，增大阳极极化率的因素，都可以明显地阻滞腐蚀。例如，向溶液中加入少量能促使阳极极化的缓蚀剂，可大大降低腐蚀速率。

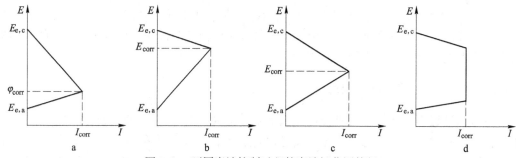

图 3-21　不同腐蚀控制过程的腐蚀极化图特征
a—阴极控制；b—阳极控制；c—混合控制；d—欧姆电阻控制

例 3-3　25℃时，铁在 pH = 7，质量分数为 3% 的 NaCl 溶液中发生腐蚀，测腐蚀电位 $E_{corr} = -0.350V$，体系欧姆电阻可忽略不计，试计算该腐蚀体系中阴、阳极的控制程度（已知：$E_{Fe^{2+}/Fe}^{\ominus} = -0.440V$，$E_{O_2/OH^-}^{\ominus} = -0.410V$，$K_{sp}(Fe(OH)_2) = 1.65 \times 10^{-15}$，氧气的分压为 $2.13 \times 10^4 Pa$）。

解：腐蚀电池的阳极：$Fe \rightarrow Fe^{2+} + 2e^-$。

$$a_{Fe^{2+}} = \frac{K_{sp}}{(a_{OH^-})^2} = \frac{1.65 \times 10^{-15}}{(10^{-7})^2} = 0.165 mol/L$$

$$E_{Fe} = E_{Fe}^{\ominus} + \frac{RT}{2F} \ln a_{Fe^{2+}}$$

$$= -0.440 + \frac{0.0591}{2} \ln 0.165$$

$$= -0.464V$$

腐蚀电池的阴极：$O_2 + 2H_2O + 4e^- \rightarrow 4OH^-$。

$$E_{O_2} = E_{O_2}^{\ominus} + \frac{RT}{4F} \ln \frac{p_{O_2}}{(a_{OH^-})^4}$$

$$= 0.401 + \frac{0.0591}{4} \ln \frac{0.213}{(10^{-7})^4}$$

$$= 0.805V$$

阴、阳极的极化超电势：

$$\eta_c = \left| E_{corr} - E_{O_2} \right| = \left| -0.350 - 0.805 \right| = 1.155V$$

$$\eta_a = E_{corr} - E_{Fe} = -0.350 - (-0.464) = 0.113V$$

$$C_c = \frac{\Delta\phi_c}{\Delta\phi_c + \Delta\phi_a} \times 100\% = \frac{1.155}{1.155 + 0.113} \times 100\% = 91\%$$

$$C_a = \frac{\Delta\phi_a}{\Delta\phi_c + \Delta\phi_a} \times 100\% = \frac{0.113}{1.155 + 0.113} \times 100\% = 9\%$$

因 $C_c \gg C_a$，故该腐蚀过程由阴极氧扩散去极化控制。

3.7 电化学腐蚀的阴极过程

3.7.1 概述

金属及合金材料在腐蚀介质中发生电化学腐蚀的根本原因在于腐蚀介质中去极化剂的存在，它和金属构成了不稳定的腐蚀原电池体系，去极化剂的阴极还原过程消耗金属溶解产生的电子，使金属不断地遭受腐蚀，故而在金属腐蚀过程中，总是存在与金属阳极溶解共轭的阴极过程，若没有相应的阴极过程发生，则金属腐蚀的阳极过程也就不可能发生。因此金属材料的阳极腐蚀过程必然也要受到阴极过程动力学行为的影响，研究金属腐蚀中构成腐蚀原电池中可能出现的各类阴极反应以及它们在腐蚀过程中起的作用，对于了解金属腐蚀过程是十分重要的。

由阴极极化本质可知，凡能在阴极上进行得电子阴极还原反应的物质都能起到去极化剂的作用，一般在理论和实际的电化学腐蚀中有如下两个最重要的阴极过程。

（1）H^+还原过程是金属在酸性介质中发生腐蚀常见的共轭阴极过程。金属锌、铁、铝等的电极电位低于氢的电极电位，因此这些金属在酸性介质中发生腐蚀的阴极过程一般是 H^+还原过程，以 H^+还原为 H_2 作为腐蚀电池阴极过程的金属腐蚀过程一般被称为析氢腐蚀。

$$2H^+ + 2e^- \longrightarrow H_2$$

（2）溶液中溶解 O_2 还原过程在金属腐蚀中是最普遍存在的，主要是因为这个电极反应具有很高的稳定电极电位，能够在大多数情况下和金属构成腐蚀电池体系。大多数的金属在大气、土壤、海水和碱性溶液以及中性盐溶液中的腐蚀都是溶解 O_2 还原反应，又称为吸氧腐蚀，其腐蚀速度受到氧去极化过程控制。

$$O_2 + 2H_2O + 4e^- \longrightarrow 4OH^-$$

除了氢的析出反应和氧的还原反应外，将还可能有的去极化剂归纳如下。

（1）溶液中阴离子还原反应主要是氧化性酸根的还原反应。例如，浓硝酸和铬酸盐中硝酸根和重铬酸根可以充当去极化剂发生还原反应。

$$NO_3^- + 4H^+ + 3e^- \longrightarrow NO + H_2O$$

$$Cr_2O_7^{2-} + 14H^+ + 6e^- \longrightarrow 2Cr^{3+} + 7H_2O$$

（2）溶液中某些阳离子——金属离子的沉积反应或者某些高价金属离子还原为低价金属离子的反应都具有较高的稳定电极电位，因而金属离子也能成为金属腐蚀的阴极去极化剂。

$$Cu^{2+} + 2e^- \longrightarrow Cu$$

$$Fe^{3+} + e^- \longrightarrow Fe^{2+}$$

（3）不溶性产物的还原反应如铁锈蚀产物 $Fe(OH)_3$ 的还原反应：

$$Fe(OH)_3 + e^- \longrightarrow Fe(OH)_2 + OH^-$$

（4）溶液中的某些有机化合物可能的阴极还原反应：

$$RO + 4H^+ + 4e^- \longrightarrow RH_2 + H_2O$$

$$R + 2H^+ + 2e^- \longrightarrow RH_2$$

上述反应中，H^+ 和 O_2 还原反应是最为常见和重要的两个阴极去极化过程。下面着重介绍由两个阴极还原反应过程作为去极化过程的腐蚀。

3.7.2　析氢腐蚀

以 H^+ 还原反应为阴极过程的腐蚀，称为氢去极化腐蚀或析氢腐蚀。如果金属的电位比 $E_{e,\ H^+/H_2}$ 更负时，两电极间存在着一定电位差，金属就与氢电极组成腐蚀原电池，阳极反应放出的电子不断地送到阴极，造成金属的腐蚀，同时不断地析出氢气。

3.7.2.1　析氢腐蚀的机理

H^+ 阴极还原的反应式为

$$2H^+ + 2e^- \longrightarrow H_2$$

有关这个反应的机理很早就被研究得很透彻了，一般认为氢离子阴极还原过程中要经过生成吸附氢的中间步骤，因而氢去极化电极反应是由下述几个连续单元步骤（或基元反应）组成的。

（1）H^+ 离子在电极表面放电形成吸附在电极界面的吸附氢原子 H_{ad}。

$$H^+ + e^- \longrightarrow H_{ad}$$

（2）H_{ad} 复合，氢分子可按下面两种方式进行复合。

1）两个 H_{ad} 复合成一个氢分子 H_2，这个反应称为化学脱附反应。

$$2H_{ad} \longrightarrow H_2$$

2）由一个 H^+ 与一个 H_{ad} 进行电化学反应而形成一个氢分子，该反应叫电化学脱附反应。

$$H^+ + H_{ad} + e^- \longrightarrow H_2$$

（3）氢分子形成气泡离开电极表面。

在上述连续步骤中，步骤（1）和步骤（2）决定着析氢反应动力学途径，由于反应途径的不同和控制步骤的不同，其反应动力学机理也会不同。对于大多数金属来说，第二个步骤，即 H^+ 与电子结合放电的电化学步骤最缓慢，成为速度控制步骤，称为迟缓放电机理。但对于某些氢过电位很低的金属（如 Pt）来说，复合脱附步骤进行得最缓慢，成为速度控制步骤，称为迟缓复合机理。析氢反应机制对于研究均匀腐蚀，如铁在酸溶液中的腐蚀是很重要的，因为析氢反应作为唯一的去极化反应，其反应电流密度的大小和阴极极化程度的高低直接决定了均匀腐蚀速度的大小。

3.7.2.2　析氢腐蚀的极化及析氢过电位

图 3-22 是典型的氢去极化的阴极极化曲线。当处于平衡电位时，没有氢析出，电流

为零；当通过一定的阴极电流密度后，则有氢析出。在一定电流密度下，$E_{e, H^+/H_2}$ 和析氢电位之间的差值，就是该电流密度下的析氢过电位。电流密度越大，氢过电位越大，当电流密度 i 达到一定程度，氢过电位与电流密度的对数之间成直线关系，服从塔菲尔关系，即

$$\eta = a + b\lg i \qquad (3\text{-}48)$$

式中，a 为单位电流密度下的过电位，它与电极材料性质、表面状态、溶液的成分及其温度有关。在一定电流密度下，a 越大，过电位越大，a 一般在 0.1~1.6V 之间。根据 a 值的大小，可将金属大致分为 3 类，可看出金属材料对氢析出

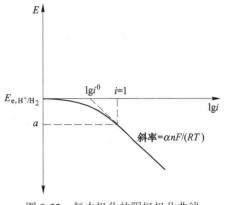

图 3-22　氢去极化的阴极极化曲线

过电位的影响。(1) 高氢过电位金属，如 Pb，Hg，Cd，Zn，Sn 等，a 值在 1.0~16V 之间。(2) 中氢过电位金属，如 Fe，Co，Ni，Cu，Ag 等，a 值在 0.5~1.0V 之间。(3) 低氢过电位金属，如 Pt，Pd，Au 等，a 值在 0.1~0.5V 之间。b 为塔菲尔斜率，被认为是与电极反应机理有关的参数，对于大多数金属，$b \approx 118$mV。

当超电势 $\eta \leqslant 10$mV 时，η_H 与 i_c 成直线：

$$\eta_H = R_f i_c \qquad (3\text{-}49)$$

$$R_f = \frac{RT}{nF} \times \frac{1}{i_H^0} \qquad (3\text{-}50)$$

电极材料对氢电极反应有重大影响，不同的金属析氢过电位差别很大，这一点对氢去极化腐蚀的腐蚀速度尤其重要。i_H^0 反映了金属上析氢反应进行的难易程度。i_H^0 越大，η_H 越小，析氢越容易，金属越易腐蚀；i_H^0 越小，η_H 越大，析氢越难，金属耐蚀性越好。例如，铂电极极化很小，过电位也很小，而在锌、汞等金属表面过电位很大。

当金属中杂质的电位较基体金属的电位更正时，构成的腐蚀电池中杂质成为阴极，此时杂质金属的氢过电位的大小将对基体金属的腐蚀速度产生很大影响。图 3-23 是含有杂质的锌在稀硫酸中的腐蚀速度影响曲线，从该图可以看到，汞作为阴极性的杂质，不但没有加速锌的腐蚀，反而使含有汞的锌比纯锌的腐蚀速度还要慢，而铜作为阴极性杂质却大大加速了基体锌的腐蚀。

氢在汞上的析出过电位高，汞在锌基体中作为阴极相存在，使得氢在其上不易析出，因而加大了阴极反应的极化率。从图 3-24 中可以看出，腐蚀电流从纯锌的 I_0 降为 I_1，基体锌的腐蚀速度大大降低，而铜的析氢过电位比锌的析氢过电位低得多，它在锌基体中作为阴极有利于氢的析出，降低了阴极极化率，因此腐蚀电流从纯锌的 I_0 升高到 I_2，使基体锌的腐蚀速度加快。

除了材料本身会影响氢析出过电位以外，表面状态，溶液 pH 值和溶液组成都会影响氢析出过电位。如粗糙表面因具有更大的比表面积而比光滑表面具有更小的析氢过电位，因而更容易析出 H_2。酸性溶液，pH 值增加 1，η_H 增加 59mV；碱性溶液，pH 值增加 1，η_H 减小 59mV。

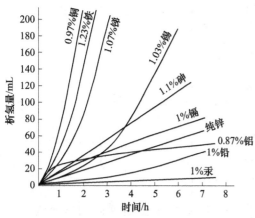
图 3-23　杂质对锌的腐蚀速度影响曲线

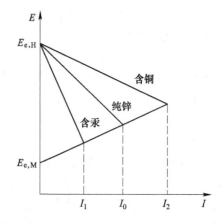
图 3-24　锌和含有杂质的锌在酸中的腐蚀极化曲线

3.7.2.3　控制氢去极化腐蚀的措施

析氢腐蚀多数为阴极控制或阴、阳极混合控制的腐蚀过程，腐蚀速率主要取决于氢析出过电位的大小。因此为了减小或防止析氢腐蚀，应设法减小阴极面积，提高析氢过电位。对于阳极钝化的析氢腐蚀，则应加强其钝化，防止其活化。减小和防止析氢腐蚀的主要途径如下。

（1）消除或减少杂质金属中的有害杂质，特别是析氢过电位小的阴极性杂质，提高金属材料的纯度。

（2）加入氢过电位（超电势）大的组分，如 Hg、Zn、Pb、Sb。

（3）加缓蚀剂，减少阴极有效面积，增加氢过电位。

（4）降低活性阴离子成分，如 Cl^-、S^{2-} 等。

在中性和碱性溶液中，由于 H^+ 的浓度较小，析氢反应的电位较负，一般金属腐蚀过程的阴极反应往往不是析氢反应，而是溶解在溶液中的氧的还原反应。

例 3-4　已知 Fe 和纯 Pb 在 25℃、0.5mol/L HCl 溶液中的动力学参数 $i_{H^+/H_2}^{\ominus}(Fe) = 10^{-6} A/cm^2$，$\beta_{H^+/H_2}(Fe) = 100mV$；$i_{H^+/H_2}^{\ominus}(Pb) = 10^{-12} A/cm^2$，$\beta_{H^+/H_2}(Pb) = 100mV$。试问在相同极化条件下，在哪种金属上的析氢反应速度大？

解：$\eta_H = \beta \lg \dfrac{i}{i^0}$。

对于 Fe，$\eta_H = 100 \lg \dfrac{i}{10^{-6}}$；对于 Pb，$\eta_H = 100 \lg \dfrac{i}{10^{-12}}$。

Fe 的 η_H 小于 Pb 的，更容易析氢，即在相同极化条件下，Fe 上的析氢反应速度更大，更容易被腐蚀。

3.7.3　吸氧腐蚀

在含氧溶液中，在电极表面将发生氧去极化反应。由于氧分子阴极还原总反应包含 4 个电子，通常都伴有中间态粒子或氧化物的形成，反应机理十分复杂。

3.7.3.1　吸氧腐蚀的形式及机理

在酸性溶液中，氧分子还原的总反应为

$$O_2 + 4H^+ + 4e^- \longrightarrow 2H_2O$$

其可能的反应机制由如下步骤组成：

$$O_2 + e^- \longrightarrow O_2^-$$

$$O_2^- + H^+ \longrightarrow HO_2$$

$$HO_2 + e^- \longrightarrow HO_2^-$$

$$HO_2^- + H^+ \longrightarrow H_2O_2$$

$$H_2O_2 + H^+ + e^- \longrightarrow H_2O + HO$$

$$HO + H^+ + e^- \longrightarrow H_2O$$

其中，第一步可能是控制步骤。在中性和碱性溶液中，氧分子还原的总反应为

$$O_2 + 2H_2O + 4e^- \longrightarrow 4OH^-$$

其可能的反应机制为

$$O_2 + e^- \longrightarrow O_2^-$$

$$O_2^- + H_2O + e^- \longrightarrow HO_2^- + OH^-$$

$$HO_2^- + H_2O + 2e^- \longrightarrow 3OH^-$$

以氧的还原反应为阴极过程的腐蚀，叫做吸氧腐蚀，与 H^+ 还原反应相比，氧还原反应可以在正得多的电位下进行，因此氧去极化腐蚀比氢去极化腐蚀更为普遍。大多数金属在中性和碱性溶液中，少数电位较正的金属在含氧的弱酸中，金属在土壤、海水、大气中的腐蚀都属于吸氧腐蚀或氧去极化腐蚀。

3.7.3.2 吸氧腐蚀极化曲线及控制步骤

图 3-25 是氧去极化反应曲线，极化曲线大致可分为如下四段。

（1）当阴极极化电流 i_c 不太大且供氧充分时，则得到氧离子化过电位（η_{O_2}）与阴极极化电流密度间的关系为

$$\eta_{O_2} = a' + b' \lg i_c \tag{3-51}$$

式中，a' 为与阴极材料及其表面状态和温度有关的常数；$b' = \dfrac{2.303RT}{\alpha nF}$，为与电极材料无关的常数。25℃时，当 $\alpha = 0.5$、$n = 1$ 时，$b' \approx 0.118V$。

这种情况下，电极过程进行的速度主要取决于氧的离子化反应速度，氧离子化的过电位越小，表示氧离子化反应越易于进行，腐蚀速率越快。

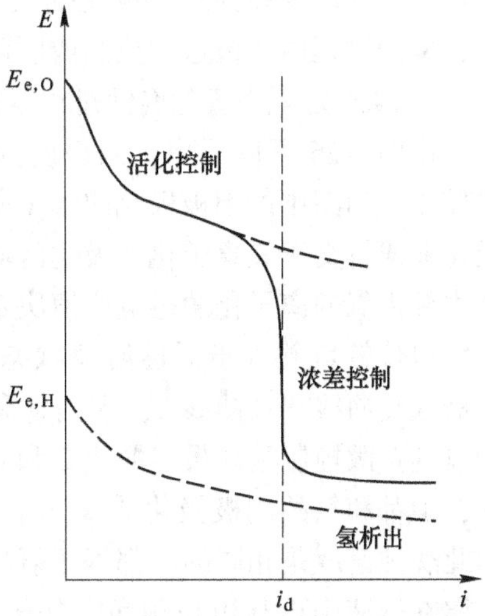

（2）当阴极电流 i_c 增大，一般在 $\dfrac{i_d}{2} < i_c < i_d$ 时，浓差极化已经很明显，电极的极化将由电化学过程和扩散过程共同控制，此时过电位 η_{O_2} 与电流密度 i_c 间的关系为

$$\eta_{O_2} = a' + b' \lg i_c - b' \lg \left(1 - \frac{i_c}{i_d}\right) \tag{3-52}$$

（3）当随着极化电流密度 i_c 的增加，由氧扩散控制而引起的氧浓差极化不断加强，

图 3-25 氧还原过程的阴极极化曲线

使极化曲线更陡地上升，此时，电极过程将由扩散过程控制，此时的氧浓差过电位与阴极电流密度的关系为

$$\eta_{O_2} = -\frac{RT}{n'F}\ln\left(1 - \frac{i_c}{i_d}\right) \tag{3-53}$$

式中，$n' = 1$，表示参与一个氧分子放电过程中的电子数。

此时，氧的极限扩散电流密度 $i_d = \frac{nFD}{\delta}c^0$ 是个定值。常温下氧在水中的溶解度很小，如 20℃海水中氧溶解度大约为 $0.96g/L$（约 $0.3mol/m^3$）。如此低的溶解度意味着氧的极限扩散电流密度很小。典型情况下，取扩散层有效厚度 $\delta = 0.1mm$，氧在海水中的扩散系数 $D = 10^{-9}m^2/s$，氧在海水中的溶解度为 $0.3mol/m^3$，氧还原反应的电子数取 4，代入上式可算出氧的极限扩散电流密度约为 $1.16A/m^2$，换算为深度指标约为 1mm/a。也就是说，这种条件下，不管腐蚀电池电动势如何，腐蚀速度都会被限制在 1mm/a 之内。若有搅拌或溶液流速发生变化，腐蚀速度才会随之变化。

（4）当 $i_c = i_d$ 时，阴极电位→∞，实际上不会发生这种情况，当阴极电位朝负向移动适当电位后，除了氧离子化之外，已可以开始进行某种新的电极过程了。一般都是水溶液中的析氢过程，即当达到氢的平衡电位之后，氢的去极化过程就开始与氧的去极化过程同时进行，两条相应的极化曲线互相加和构成总的阴极去极化过程。

氧气成分是中性的氧分子，只能以对流和扩散方式在溶液中传质，扩散系数较小，在水中的溶解度也较小，例如在室温和标准大气压下，在中性水中的饱和浓度约为 $10^{-4}mol/L$，随温度升高和盐浓度增加，溶解度会进一步下降，因此氧电极过程很容易进入扩散控制的区域，此时氧向电极表面的扩散决定了整个吸氧腐蚀过程的速度。由于氧电极的这一特点，使它作为腐蚀的去极化剂发生的阴极过程常常处于浓度扩散控制，阴极极化率较大，腐蚀过程由阴极过程控制或阴阳极混合控制。

图 3-26 是氧去极化腐蚀过程示意图。

由图 3-26 可以看出，如果腐蚀金属在溶液中电位较正，如图中的阳极极化曲线 1 所示，则它与氧的极化曲线将交于氧离子化的极化区域，金属腐蚀的速度主要由氧的离子化的过电位值决定。如果金属在溶液中电位较负并处于活性溶解状态，如图 3-26 中的阳极极化曲线 2 和曲线 3，它们将和氧的极化曲线交于氧的扩散控制区，虽然曲线 2 和曲线 3 的极化率不同，但都和氧的阴极极化曲线交于氧的扩散控制区，因此腐蚀速度是相同的，都等于氧的还原速度。如果金属在溶液中电极电位很负，如图 3-26 中的极化曲线 4 所示，则它们的腐蚀速度和腐蚀电位是由吸氧反应和析氢反应共同确定的。例如镁及镁合金，即使在中性溶液中，也可以发生析氢的反应。

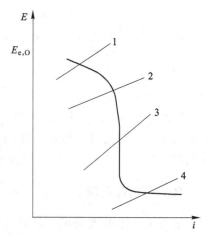

图 3-26   氧去极化腐蚀过程示意图
1~4—四条不同的阳极极化曲线

3.7.3.3   吸氧腐蚀的影响因素

大多数情况下，氧扩散速度有限，吸氧腐蚀过程大多都受氧扩散过程控制，金属腐蚀

速度就等于氧极限扩散电流密度。氧极限扩散电流密度由氧扩散系数、溶液中的溶解氧浓度以及扩散层厚度等因素决定，因此，凡影响溶解氧扩散系数、溶液中的溶解氧浓度以及扩散层厚度的因素都将影响腐蚀速度。能够影响氧去极化腐蚀的因素如下。

（1）溶液温度。溶液的温度升高，使溶液黏度降低，从而使溶解氧的扩散系数增加，故温度升高会加速腐蚀过程。但是，温度升高的另一相反的作用是能使溶解氧的溶解度降低，特别是在接近沸点时，氧的溶解度已急剧降低，从而使腐蚀速度进一步减缓。

（2）溶液盐浓度。溶解氧增加，极限电流密度增大。但是，氧的溶解度又随溶液浓度的增加而减少。由于盐浓度增加，使溶液导电性增加，腐蚀迅速加快，当盐浓度超过某一值时，由于氧溶解度降低及扩散速度减小，腐蚀速度反而下降，当海水中 NaCl 浓度为 3% 时，腐蚀速度有一最大值。

（3）溶液流速。吸氧腐蚀与浓差极化的关系极为密切，而溶液的流动条件又强烈地影响着扩散及浓差极化。随着流速的增加，金属界面上的扩散层厚度随之压缩，从而使氧的传递更容易，使极限电流密度升高。因此，当层流向湍流转变时，腐蚀速度增大。在层流区内，腐蚀速度随流速的增大而缓慢上升。当进入湍流区后，腐蚀速度则迅速上升。当流速上升到某一定值后，随着极限电流密度的增大，阳极极化曲线不再与吸氧反应极化曲线的浓差极化部分相交，而与活化极化部分相交，出现不同类型的腐蚀。在不同流速下，腐蚀呈现不同的特点，即层流区为全面腐蚀，湍流区为湍流腐蚀，而高速区为空泡腐蚀。

（4）搅拌作用。搅拌能使扩散层变薄，从而加速腐蚀。这就是说，在层流条件下，加强搅拌，腐蚀速度加快。但对于易钝化的金属而言，如不锈钢，适当增加流速或给予搅拌，反而会降低其腐蚀速度，这是因为增大流速或加以搅拌，可使金属表面的供氧充分，有利于金属的钝化。

3.7.4 析氢腐蚀和吸氧腐蚀比较

通过上面的分析可以得出结论：析氢腐蚀多数为阴极控制或阴、阳极混合控制的腐蚀过程；吸氧腐蚀大多属于氧扩散控制的腐蚀过程，但也有一部分属于氧离子化反应（活化）控制或阳极钝化控制。下面将析氢腐蚀和吸氧腐蚀的主要特点进行简单的比较（表3-2）。

表 3-2 析氢腐蚀和吸氧腐蚀的比较

比较项目	析 氢 腐 蚀	吸 氧 腐 蚀
去极化剂性质	H^+ 可以对流、扩散和电迁移三种方式传质，扩散系数大	中性氧分子只能以对流和扩散传质，扩散系数较小
去极化剂浓度	在酸性溶液中 H^+ 作为去极化剂，在中性、碱性溶液中水分子作为去极化剂	浓度较小，在室温及常压下，氧在水中的饱和浓度约为 0.0005mol/L，其溶解度随温度或盐浓度增加而下降
阴极反应产物	以氢气泡逸出，使得金属表面的溶液得到附加搅拌	水分子或产物只能靠对流、扩散和电迁移离开，没有气泡逸出，得不到附加搅拌
腐蚀控制类型	阴极、阳极、混合控制，并以阴极控制居多，且主要是阴极的活化极化控制	阴极控制较多，并主要是氧扩散浓差极化控制，少部分属于氧离子化（活化）控制或阳极钝化控制

续表 3-2

比较项目	析氢腐蚀	吸氧腐蚀
腐蚀速率的大小	在不发生钝化现象时在不发生钝化现象时，因 H^+ 浓度和扩散系数都较大，所以单纯的氢去极化速度较大	在不发生钝化现象时，因氧的溶解度和扩散系数都很小，所以单纯的吸氧腐蚀速率都很小
合金元素或杂质的影响	影响显著	影响较小

习　题

3-1　什么是极化？什么是阳极极化？什么是阴极极化？电极的去极化是什么含义？

3-2　什么是电化学极化与浓差极化？欧姆极化是真正的极化吗？为什么？

3-3　电池极化与电极极化有何不同？它们之间有什么关系？

3-4　稳态极化曲线测量时常用三电极体系，包括哪三个电极？分别起何作用？

3-5　稳态扩散的含义是什么？为什么扩散控制的电极过程会出现极限电流密度？

3-6　混合电位理论有什么观点？以铁在稀酸中腐蚀为例，说明混合电位的建立过程。

3-7　举例说明有哪些可能的阴极去极化剂？当有几种阴极去极化剂同时存在时，如何判断哪一种发生还原的可能性最大？

3-8　画出活化控制的腐蚀金属电极的极化曲线，并进行解释，当阴极过程由扩散控制时，则腐蚀金属电极的极化曲线有何不同？

3-9　表观极化曲线和真实极化曲线有何区别和联系？这两种极化曲线各自在何种场合下使用？

3-10　如何运用腐蚀极化图解释电化学腐蚀？腐蚀极化图和伊文思极化图各解决什么问题？腐蚀极化图在研究电化学腐蚀中有何应用？

3-11　什么是析氢腐蚀？画出氢电极阴极极化曲线。影响氢过电位有哪些因素？划分高、中、低氢过电位金属的根据是什么？

3-12　什么是吸氧腐蚀？在什么条件下产生？具有哪些特征？画出氧去极化阴极极化曲线，并指出图中各特征线段表示的内容是什么，进行哪种反应，各线段的动力学表达式是什么。

3-13　简要比较氢去极化腐蚀和氧去极化腐蚀的规律。

3-14　测定 25℃时铁在 pH=5 的除气的 NaCl 溶液中的腐蚀速度时，已知铁的平衡电位 $\varphi_1^0 = -0.44V$，氢电极的标准平衡电位 $\varphi_2^0 = 0V$，阴极、阳极反应的塔菲尔斜率为 0.012V/a。计算该腐蚀过程的自腐蚀电位，并求出阴极、阳极对铁的腐蚀控制程度。设体系欧姆电阻可以忽略不计。

3-15　不锈钢在某一流速的海水中，其 $i_{1,c}=2.0\times10^{-6}A/cm^2$。试问：若增大流速，使氧扩散层厚度减至普通流速的 1/2，此时 i_a 有何变化？做出这两种情况下的伊文思腐蚀极化图（设 $S_a/S_c=1$）。

4 金属的钝化

铁、铝等金属在稀 HNO_3 或稀 H_2SO_4 中能很快腐蚀，但是在浓 HNO_3 或浓 H_2SO_4 中腐蚀几乎完全停止。1836 年斯柯比（Schobein）称金属在浓 HNO_3 或浓 H_2SO_4 中获得的耐蚀状态为钝态。自此，人们开始了对金属钝化行为研究，现今钝化在控制金属腐蚀和提高金属材料的耐蚀性方面占有十分重要的地位。

由某些氧化剂所引起的金属钝化称为化学钝化。如浓 HNO_3、浓 H_2SO_4、$HClO_3$、$K_2Cr_2O_7$、$KMnO_4$ 和 O_2 等氧化剂都可使金属钝化，有时又称为钝化剂。另外，用电化学方法也可使金属钝化，如将 Fe 置于稀 H_2SO_4 中作阳极，采用外加直流电流使铁的电位升高到一定数值（即阳极氧化），也能使铁的表面发生钝化。由阳极极化引起的金属钝化现象，叫电化学钝化或阳极钝化。

研究钝化现象有很大的实际意义。金属处于钝态能显著降低金属的自溶解和阳极溶解速度，降低或防止金属腐蚀，但有时为了保证金属能正常参与电极反应，又必须防止钝化，如化学电源中或电解池中电极的钝化常带来有害的后果，使活性物质或电能的利用率降低。

4.1　金属的钝化现象

某些金属在特定介质中，表面会发生耐腐蚀性能的突然转变，如某些性质活泼的金属会变得不活泼。例如，纯铝的标准电极电位为 $-1.66V$，从热力学的角度看，应该很不耐蚀，然而实际使用中，铝在大气和中性溶液中非常耐蚀。下面以铁在硝酸溶液中的腐蚀为例来说明钝化现象。当把一块铁片放在硝酸中，得到的铁片溶解速度与浓度的关系如图 4-1 所示。图中曲线说明铁在浓度较低的硝酸中剧烈地溶解，并且铁的溶解速度随着硝酸的浓度增加而迅速增大，但是铁在硝酸中的溶解速度并不是一直都随硝酸浓度上升而单

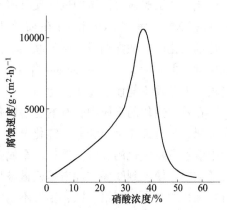

图 4-1　纯铁在硝酸中的腐蚀曲线

调上升的，当硝酸的浓度增加到 30%~40%时，铁的腐蚀速度达到最大值，若继续增加硝酸浓度，铁的溶解速度反而突然降得很低，甚至接近于停止。实验发现，经过浓硝酸处理过的铁放入浓度较小的稀硝酸中或硫酸中同样也不会再发生剧烈的腐蚀。这说明铁在浓硝酸中获得了某种表面性质，金属即使离开了原来的钝化环境，这种性质也得以保持，使得金属可以抵抗腐蚀介质的侵蚀。这种金属在特定环境中获得耐蚀性的现象被称为金属的钝化。不仅是铁，其他一些金属，如铬、镍、钼、钛等，在适当条件下都有钝化的现象。

4.1.1　钝化导致的变化

经过对钝化现象的研究，归纳出钝化的金属腐蚀过程有如下几个特点。

（1）金属处在钝化状态时，腐蚀速度非常低。在由活化态转入钝态时，腐蚀率一般将减少 $10^4 \sim 10^6$ 数量级，说明金属钝化后获得了比较高的耐蚀性。

（2）金属发生钝化都伴随着电位的较大范围的正移。金属钝化后的电极电位向正方向移动很大，几乎接近贵金属（如 Au、Pt）的电位，这是金属转变为钝态时出现的一个普遍现象。金属由原来的活性状态转变为钝化状态后，改变了金属表面的双电层结构，从而使电极电位发生了相应的变化。例如，Fe 的电位为 $-0.5 \sim 0.2V$，钝化后则升高到 $0.5 \sim 1.0V$；Cr 的电位为 $-0.6 \sim 0.4V$，钝化后则为 $0.8 \sim 1.0V$。但应该注意的是，钝性的增强和电位的正移没有必然的联系，不能认为具有较正电位的金属就处于更加稳定的钝化状态。

（3）金属的钝化现象只是金属表面性质的改变，是金属的界面现象。钝化不是金属本体的热力学性质发生了某种突变，而是金属表面形成了一层极薄的钝化膜，钝化膜的厚度一般在 $(1 \sim 10) \times 10^{-9}m$，金属的腐蚀速度等于钝化膜极小的化学溶解速度。

4.1.2　钝化的两种方式

4.1.2.1　化学钝化或自钝化

由金属与钝化剂的化学作用而产生的钝化现象，称为"化学钝化"或"自钝化"。纯铁在 HNO_3 溶液中的钝化就是典型的化学钝化。能够使金属发生钝化的物质称为钝化剂。除浓硝酸外，其他氧化剂，如 KNO_3、$K_2Cr_2O_7$、$KMnO_4$、$KClO_3$、$AgNO_3$ 等都能使金属发生钝化，甚至非氧化性试剂也能使某些金属钝化，例如氢氟酸可以使镁发生钝化，Mo 和 Nb 可在盐酸中钝化，Hg 和 Ag 在 Cl^- 作用下也能发生钝化。值得注意的是，钝化的发生与钝化剂氧化能力的强弱没有必然联系。例如，$KMnO_4$ 溶液比起 $K_2Cr_2O_7$ 溶液来说是更强的氧化剂，但实际上它对铁的钝化作用比 $K_2Cr_2O_7$ 差；$Na_2S_2O_8$ 的氧化还原电位比 $K_2Cr_2O_7$ 更正，但是并不能使铁发生钝化。

在发生钝化的金属中，有的容易钝化，有的较难钝化。根据钝化发生的难易程度可以将金属分为自钝化金属和非自钝化金属。自钝化金属是指那些在空气以及很多种含氧的溶液中能够自发钝化的金属。例如，金属铝放置在空气中表面很快生成一层氧化膜，而且这层钝化膜即使受到摩擦或冲击等机械破坏后还能迅速自动修复。在空气中，除铝之外，能自发钝化的金属还有铬、钛、钼及不锈钢。非自钝化金属是指那些在空气和含氧溶液中不能自发钝化的金属，金属铁、镍、钴等在空气中就不能自发钝化，必须在强氧化性钝化剂的作用下才能发生钝化。

除 Fe 外，Cr、Ni、Ti、Co、Nb、Ta、Mo、W 等都会被一些氧化剂钝化。Fe、Cr、Ni 相比，Cr 最易钝化，其次是 Ni，最后是 Fe。因此，通常在易生锈的碳钢中加入适量的 $Cr(\geqslant 12\%)$，Cr 与 Fe 形成合金就成为"不锈钢"了。

4.1.2.2　电化学钝化或阳极钝化

金属除了可用一些钝化剂处理使之钝化外，还可采用对其进行阳极极化的方式使它进入钝态。实验证明，在不含 Cl⁻等活性阴离子的电解质溶液中，可以由阳极极化而引起金属的钝化。例如，不锈钢在稀 H_2SO_4 中会剧烈溶解，如果采用外加阳极电流使之阳极极化，并使阳极极化至一定电位后，不锈钢的溶解速度会迅速下降，并且在一定的电位范围内能够一直保持高度的耐蚀性。这种采用外加阳极电流的方法，使金属由活性状态变为钝态的方法称为阳极钝化或电化学钝化。如 Fe、Ni、Cr、Mo 等金属在稀 H_2SO_4 中均可发生因阳极极化而引起的阳极钝化现象。

4.1.3 钝化的定义

阳极钝化和化学钝化之间并没有本质上的区别，在一定条件下，当金属的电位由于外加阳极电流或由于使用钝化剂使局部阳极电流向正方向移动而超过某一电位时，原先活泼地溶解着的金属表面状态会发生某种突变，这种突变使阳极溶解过程不再服从塔菲尔方程的动力学规律，阳极溶解速度急剧下降，使金属表面进入钝化状态。金属表面状态的突变使金属溶解速度急剧下降的过程称为金属的钝化，金属钝化后所获得的高耐蚀性质，被称为钝性，金属表面钝化后所处的非活化状态，被称为钝态。

4.1.4 钝化的实际意义

钝化现象在日常生产和生活中有着有利的一面，可以利用金属钝化后获得的耐蚀性。如不锈钢在强腐蚀氧化性介质中易钝化，可以用不锈钢制造与强腐蚀氧化性介质接触的化工设备；Fe、Ni 在碱性介质中易钝化，铁或镍可以用于碱性溶液中的不溶性阳极。然而，钝化也有其不利的一面。如电池和电镀中可溶性阳极的钝化会导致工作电流降低。

4.2 钝化的特性曲线

4.2.1 金属钝化的阳极极化曲线

金属在钝化现象出现之前，主要存在阳极的电化学极化和浓差极化，金属在活化状态下，阳极极化变化不大，但到达钝态时，主要是钝化膜电阻极化占优势，阳极极化很大。因此，阳极钝化的高电阻极化是金属钝态的特征之一。下面以金属在酸性溶液中阳极溶解时的特性阳极极化曲线来详细研究铁的钝化现象。图 4-2 是采用恒电位法测得的典型的具有钝化特性的金属电极的阳极极化线，Fe、Cr、Ni 等金属及其合金在一定的介质条件下，测得的阳极极化曲线都有类似的形状。图中的整条阳极极化曲线被四个特征电位即金属自腐蚀电位 E_{corr}、致钝电位

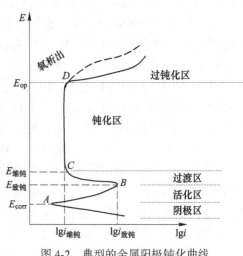

图 4-2 典型的金属阳极钝化曲线

$E_{致钝}$、维钝电位 $E_{维钝}$ 及过钝化电位 E_{op} 分成四个区域。

（1）$A \sim B$ 区。A 点为金属的自腐蚀电位，以此作为起始电位开始外加电流阳极极化，电流随着电位的升高而逐渐增大，此时金属处于活化溶解状态，故 $A \sim B$ 区称为金属的活化溶解区，金属按正常的阳极溶解规律进行，服从塔菲尔定律，金属阳极阻碍很小，金属以低价的形式溶解为水化离子。对铁来说，即为 $Fe \rightarrow Fe^{2+} + 2e^-$。

（2）$B \sim C$ 区。当电位继续变正时，到达某一临界值时，金属的表面状态发生突变，阳极过程偏离塔菲尔定律的形式，这时阳极过程按另一种规律沿着 BC 向 CD 过渡，电流密度急剧下降，金属表面开始发生钝化，从 $E_{致钝}$ 至 $E_{维钝}$，是金属从活化向钝态的过渡区，此时在金属表面可能生成二价或三价的过渡氧化物。此区的金属表面处于不稳定状态，从 $E_{致钝}$ 至 $E_{维钝}$ 电位区间，由于生成的氧化物不稳定，可能在腐蚀介质中发生溶解和钝化的交替过程，所以可能会出现电流密度剧烈振荡的现象。金属铁发生的反应为

$$3Fe + 4H_2O \longrightarrow Fe_3O_4 + 8H^+ + 8e^-$$

相应于 B 点的电位和电流密度，分别称为致钝电位 $E_{致钝}$ 和致钝电流密度 $i_{致钝}$，此点标志着金属钝化的开始，对金属建立钝态具有特殊意义。

（3）$C \sim D$ 区。$E_{维钝}$ 至 E_{op} 金属处于稳定钝态，故称为稳定钝化区，金属表面生成了一层耐蚀性好的钝化膜。铁的反应为

$$2Fe + 3H_2O \longrightarrow \gamma\text{-}Fe_2O_3 + 6H^+ + 6e^-$$

对应 C 点的电位是金属进入稳定钝态的电位，称为维钝电位 $E_{维钝}$，维钝电位可延伸到 E_{op}，从而形成 $E_{维钝} \sim E_{op}$ 的维钝电位区。这个电位区间对应着一个很小的基本不变的电流密度，称为维钝电流密度 $i_{维钝}$，金属就以 $i_{维钝}$ 的速度溶解着，它基本上与维钝电位区的电位变化无关，完全偏离金属腐蚀的动力学。金属处于钝态区域并不表明金属停止了腐蚀，只有腐蚀电流密度值很小，一般约为 $10\mu A/cm^2$ 时，才可以认为基本上不发生腐蚀。虽然金属表面已经生成了较高价的稳定的氧化膜，但钝化膜在介质作用下还是会在某些薄弱处发生轻微溶解而引起局部破坏，$i_{维钝}$ 正是通过金属的少量溶解来生成相应氧化物以修补被破坏的钝化膜。在这里金属氧化物的化学溶解速度决定金属的溶解速度，金属靠此电流来补充膜的溶解，故 $i_{维钝}$ 是金属为了维持稳定钝态所必需的。

（4）$D \sim E$ 区。对应于 D 点，金属氧化膜破坏的电位，称为过钝化电位 E_{op}。电位高于 E_{op} 的区域，称为过钝化区。$D \sim E$ 区为随着电极电位的进一步升高，电流再次随电位的升高而增大，金属又重新发生腐蚀的区域。在这个区间发生了某种新的阳极反应，或者是原来的钝化膜进一步氧化后成为不耐蚀的化合物，即金属氧化膜可能氧化生成高价的可溶性氧化膜。钝化膜被破坏后，腐蚀又重新加剧，这种现象称为过钝化。对于铁在酸性溶液中的钝化，当到达氧的析出电位时，则会有氧气析出：

$$2H_2O \longrightarrow O_2 + 4H^+ + 4e^-$$

如果 Fe 处于碱性的溶液中，Fe_2O_3 将继续氧化生成无保护作用的可溶性铁的高价离子（$HFeO_2^-$）。如果 D 点以后的电流密度增大，纯粹是 OH^- 放电引起的，则不称为过钝化，只有金属的高价溶解（或和氧的析出同时进行）才叫做过钝化。

通过以上的分析说明，阳极钝化的特性曲线至少存在以下两个特点。

（1）整个阳极钝化曲线存在着四个特性电位（E_{corr}、$E_{致钝}$、$E_{维钝}$ 及 E_{op}），四个特性

区（活化溶解区、活化钝化过渡区 $E_{致钝}\sim E_{维钝}$、稳定钝化区 $E_{维钝}\sim E_{op}$、过钝化区）和两个特性电流密度（$i_{致钝}$、$i_{维钝}$），它们都是研究金属或合金钝化的重要参数，在金属钝化研究中具有重要意义。

（2）金属能够发生钝化现象也说明可以采用使金属钝化来对金属进行防护，金属在整个阳极过程中，由于它们的电极电位所处的范围不同，其电极反应不同，腐蚀速度也各不一样。如果金属的电极电位保持在钝化区内，即可极大地降低金属腐蚀速度，否则如果处于其他区域，腐蚀速度就会很大。

4.2.2 弗拉德（Flade）电位与金属钝态的稳定性

对于采用阳极极化法而使金属处于钝态的非自钝化金属，如果中断外加的阳极电流，则金属的钝态会遭到破坏，并从钝态又变回到原来的活化溶解状态。

图 4-3 为测量金属活化过程中阳极电位随时间变化的曲线，即弗拉德（Flade）电位示意图。图中曲线表明，阳极钝化电位开始迅速从正值向负值方向变化，然后在一段时间内缓慢地变化，最后电位又快速衰减到金属原来的活化电位。在电位衰减曲线中出现了一个接近于致钝电位 $E_{致钝}$ 的活化电位，也就是说，在金属刚好回到活化状态之前存在一个特征电位，称为弗拉德电位，用 E_F 表示。E_F 电位数值接近维钝电位 $E_{维钝}$，但并不相等，一般比 $E_{维钝}$ 略正。如果钝化膜形成过程的过电位很小或膜的化学溶解速度不大时，E_F 可能与 $E_{维钝}$ 重合。显然，E_F 越正，则表明金属丧失钝态的倾向越大；反之，

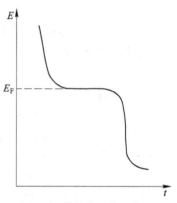

图 4-3 弗拉德电位示意图

E_F 值越负，则该金属越容易保持钝态。因此，E_F 是用来衡量金属钝态稳定性的特征电位。弗拉德电位相当于氧化膜在介质中的平衡电位，因此与溶液的 pH 值之间存在着某种线性关系，可由能斯特方程做出简单计算。例如对二价的金属氧化物有

$$M + H_2O \longrightarrow MO + 2H^+ + 2e^-$$

则弗拉德电位可以写成

$$E_F = E_F^{\ominus} - \left(\frac{RT}{nF}\right) pH$$

例如，25℃时，在 0.5mol/L 的硫酸溶液中，铁、镍、钴三种金属的 $E_{F(vs.SHE)}$（V）分别为

$$Fe: E_F = 0.58 - 0.059pH$$
$$Ni: E_F = 0.48 - 0.059pH$$
$$Cr: E_F = -0.22 - 0.116pH$$

由 E_F 和 pH 值的表达式可以看出，溶液的 pH 值越大或 $E_F^{\ominus}$ 越低，则 E_F 电位越负，金属越容易进入钝态。在标准状态下（25℃，pH=0），Fe 的 $E_F^{\ominus} = 0.58V$，电位较正，表示该金属的钝化膜有明显的活化倾向，而同样条件下，Cr 的 $E_F^{\ominus} = -0.22V$，电位较负，表示其钝化膜有良好的稳定性，Ni 的 $E_F^{\ominus} = 0.48V$，其钝化膜的稳定性介于 Fe 与 Cr 之间。

对于 Fe-Cr 合金，E_F 的变化范围是 $-0.22\sim0.63V$。随着合金中 Cr 含量的升高，E_F 的

数值向负方向移动，使合金钝态稳定性增大。一般不锈钢中 Cr 的含量要大于 12%，这是因为加入足量的 Cr 可使 Fe-Cr 合金的 $E_F^\ominus$ 发生明显负移，而只需要很小的致钝电流密度，就可使合金进入钝态，并且钝化后易保持钝态的稳定性。

4.2.3 腐蚀金属的自钝化

腐蚀过程中，不依靠外加阳极极化电流就能够促使金属发生钝化，称为金属的自钝化。

4.2.3.1 金属发生自钝化的介质条件

为了产生并实现金属表面的自钝化现象，介质中的氧化剂必须满足以下两个条件：(1) 氧化剂的氧化还原平衡电位要高于该金属的阳极维钝电位，即 $E_{e,c} > E_{维钝}$；(2) 氧化剂的还原反应的阴极电流密度或阴极极限扩散电流密度必须大于金属的致钝电流密度，即 $i(i_d) > i_{致钝}$。

因为金属腐蚀是腐蚀体系中阴极、阳极共轭反应的结果，只有满足了这两个条件，才能使金属进入钝化状态。这两个条件也表明，金属自钝化的发生不仅与金属的本性有关，还与氧化剂的性质和浓度有关，结合金属钝化过程的阳极极化曲线不难看出，金属的 $E_{维钝}$ 和 $i_{致钝}$ 越低，金属越容易进入钝化状态；金属的钝化区间越大，金属的钝化态越稳定。表 4-1 列出了一些金属在 0.5mol/L H_2SO_4 溶液中的钝化参数。

表 4-1   一些金属在 0.5mol/L H_2SO_4 溶液中的钝化参数

金属	$E_{致钝}$/V	$E_{维钝}$/V	E_{op}/V	$i_{致钝}$/mA·cm^{-2}	$i_{维钝}$/mA·cm^{-2}	钝化区间宽度/V
Fe	+0.46	+0.50	—	200	7	1.40
Cr	-0.35	-0.08	1.1	32	0.05	1.18
Ni	+0.15	-0.40	1.1	10	2.5	0.70

4.2.3.2 易钝化金属在不同介质中的钝化行为

对于一个可能钝化的金属腐蚀体系，金属的腐蚀电位能否落在钝化区，不仅取决于阳极极化曲线上钝化区范围的大小，还取决于阴极极化曲线的形状。金属在腐蚀介质中自钝化的难易程度，不仅与金属本性有关，同时受金属电极上还原过程的条件所控制，较常见的有电化学反应控制的还原过程引起的自钝化和扩散控制的还原过程引起的自钝化。利用腐蚀极化图可以方便地分析易钝化金属在不同介质中的钝化行为。图 4-4 为金属在腐蚀介质中的钝化行为曲线，随着介质的氧化性和浓度的不同可有如下几种情况。

(1) 氧化剂的氧化性很弱。如铁在稀硫酸

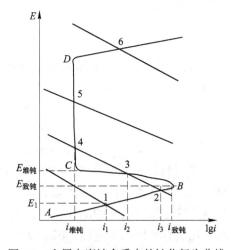

图 4-4   金属在腐蚀介质中的钝化行为曲线

中发生的腐蚀情况,阴极、阳极极化曲线只能相交于一点 1,该点处于活化溶解区,因此金属不能进入钝态。1 点对应着该金属的腐蚀电位为 E_1,腐蚀电流为 i_1。

（2）氧化剂的氧化性较弱或浓度不高。阴极、阳极极化曲线有三个交点。2 点位于活化溶解区,3 点位于活化钝化的过渡区,4 点位于稳态钝化区。在这三个点上都满足氧化速度和还原速度相等的条件,但它们对金属腐蚀的影响却大不相同。若金属原先处于 2 点的活化状态,则它在该介质中不会钝化,并以较大的速度进行腐蚀,如果金属原先处于 4 点的钝化状态,那么它也不会活化,将以相当于维钝电流密度 $i_{维钝}$ 的速度进行腐蚀,如果金属处于 3 点的活化钝化的过渡区,该点的电位是不稳定的,比 4 点电位更负的金属将自发活化,而比 4 点电位更正的金属将自发钝化,实际上金属不能在该点稳定存在。即使金属原来处于钝态的 4 点,但是一旦由于某种原因而阴极活化,则取消阴极极化后金属也不能恢复原来钝态。例如,不锈钢在不含氧的酸中,钝化膜在破坏后得不到及时的修复,将会导致严重的腐蚀。

（3）中等浓度的氧化剂。例如中等浓度的硝酸,含有 Fe^{3+}、Cu^{2+} 的 H_2SO_4 等,将会使阴极、阳极极化曲线交于 5 点,该点处于稳定的钝化区。只要将金属（或合金）浸入介质,它将与介质自然作用而成为钝态,金属在介质中能够发生自钝化。如果用阴极极化使金属活化,当取消外加阴极极化后,金属可以自动恢复钝态。对于金属腐蚀,并不是所有的氧化剂都能作为钝化剂。只有初始还原电位高于金属阳极维钝电位,其极化能力（阴极极化曲线斜率）较小,且同时满足金属自钝化两个条件的氧化剂,才有可能使金属产生自钝化。例如,铁在中等浓度的硝酸中以及不锈钢在含有 Fe^{3+} 的 H_2SO_4 中的耐蚀行为属于这种情况。

（4）强氧化剂。如浓 HNO_3,由于 HNO_3 浓度增加,NO_3^- 还原的平衡电位移向更正,阴极极化曲线的位置也更正,斜率更小,所以阴极、阳极极化曲线相交于 6 点的过钝化区。此时,钝化膜被溶解,故碳钢、不锈钢在极浓的硝酸中将发生严重腐蚀。

图 4-5 将上述几种情况的理想极化曲线和表观极化曲线进行了相对比较。实测极化曲线的起始电位对应于腐蚀金属的自腐蚀电位及理论极化曲线中的阴阳极极化曲线的交点位置。图 4-5c 中出现负电流,这显然是由于腐蚀金属电极上还原反应速度大于氧化反应速度。

例 4-1 某种碳钢在介质中的致钝电流密度为 $250\mu A/cm^2$,该介质中氧的溶解量为 $10^{-6}mol/L$,溶解氧的扩散系数 $D = 10^{-5}cm^2/s$,由于介质的流动使氧的扩散层厚度减薄到 0.001cm,该碳钢是否进入钝化状态?

解: 该腐蚀体系中,阴极反应:$O_2 + 2H_2O + 4e^- \rightarrow 4OH^-$。

当阴极为氧扩散控制时,阴极极限扩散电流密度为

$$i_d = \frac{nFD}{\delta}c^0 = \frac{4 \times 96500C/mol \times 10^{-5}cm^2/s}{0.001cm} \times \frac{10^{-6}mol}{10^3cm^3} = 3.86\mu A/cm^2$$

该极限扩散电流密度远小于致钝电流密度 $250\mu A/cm^2$,故该种碳钢不能进入钝化状态。

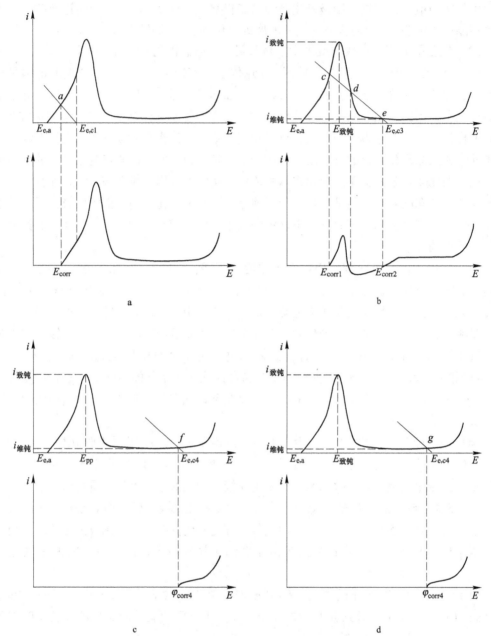

图 4-5 金属在介质中的理想极化曲线和表观极化曲线
a—氧化剂的氧化性很弱，阴极、阳极极化曲线交于 a 点；
b—氧化剂的氧化性较弱或浓度不高，阴极、阳极极化曲线交于 c、d、e 三点；
c—中等浓度的氧化剂，阴极、阳极极化曲线交于 f 点；
d—氧化剂的氧化性较强，阴极、阳极极化曲线交于 g 点

4.3 金属钝化理论

金属的钝化现象是金属表面由活化状态转变成为钝态的一个比较复杂的过程，直到现

在还没一个公认的完整理论能够解释所有的金属钝化现象。对于钝化现象产生的原因或机理，目前有两种理论可以解释大部分实验事实，且已得到大家的公认。第一种理论称为成相膜理论，第二种理论称为吸附理论，成相膜理论和吸附理论都只能解释部分钝化现象，不能解释全部钝化现象。

4.3.1　成相膜理论

大多数学者认为，金属的钝态是由于金属和介质作用时在金属表面上生成一种非常薄且致密的覆盖性良好的保护膜，这种表面膜是作为一个独立的相存在的，它能够把金属与腐蚀介质机械地隔离，从而使金属的溶解速度得以降低，使金属表面由活化状态转变为钝化状态，这种看法被称为钝化现象的"成相膜理论"。

金属表面的成相膜通常是金属的氧化物薄膜。在某些金属上可直接观察到这种成相氧化膜的存在，并可以测定其厚度和组成。例如，使用 I_2 和 KI 的甲醇溶液作溶剂，便可以分离出铁的钝化膜。可以使用比较灵敏的光学方法，如椭圆偏振仪，测定成相膜的厚度。近年来运用 X 光衍射仪、X 光电子能谱仪、电子显微镜等表面测试仪器对钝化膜的成分、结构、厚度进行了广泛的研究。研究表明，Fe 的钝化膜是 $\gamma\text{-}Fe_2O_3$、$\gamma\text{-}FeOOH$，Al 的钝化膜是无孔的 $\gamma\text{-}Al_2O_3$ 或多孔 $\beta\text{-}Al_2O_3$。钝化膜的厚度一般为 $1\sim10nm$，与金属材料种类有关。如，Al 在空气中氧化生成的钝化膜厚度为 $2\sim3nm$，Fe 在浓 HNO_3 中钝化膜的厚度为 $2.5\sim3.0nm$。

金属由于成相膜的覆盖，处于稳定的钝态，但并不等于它已经完全停止了溶解，只是溶解速度大大降低而已。有研究者认为是由于钝化膜具有微孔，钝化后金属的溶解速度由微孔内金属的溶解速度所决定。也有研究者认为，金属的溶解过程是透过完整膜而进行的。由于膜的溶解是一个纯粹的化学过程，其进行速度与电极电位无关，因此在金属稳定钝化区域会出现与电位无关的维钝电流。

曹楚南在《腐蚀电化学原理》一书中认为，钝化膜应该仅限于电子导体膜。同时还认为，能够阻止阳极溶解的表面膜有两种，一种是电子导体膜，另一种是非电子导体膜。如果金属由于同介质作用在表面上形成能够阻抑金属溶解过程的电子导体膜，而膜本身在介质中的溶解速度又很小，以致它能够使金属的阳极溶解速度保持在很小的数值，则称这层膜为钝化膜，显然这是一种半导体的成相膜。对于金属表面上由于同介质作用而形成的非电子导体膜，称之为化学转化膜。但是，若金属表面被厚的保护层遮盖，如金属的腐蚀产物、氧化层、磷化层或涂漆层等所遮盖，则不能认为是金属薄膜钝化。在一定条件下，铬酸盐、磷酸盐、硅酸盐及难溶的硫酸盐和氯化物、氮化物也能构成化学转化膜。如，Pb 在硫酸中生成 $PbSO_4$，Fe 在氢氟酸中生成 FeF_2 等。铝及铝合金的表面在空气中会形成厚度约为几纳米的氧化膜，可以称为钝化膜，但如果由阳极氧化而生成的厚度达微米级的氧化膜，则不能够称为钝化膜了。

看来钝化膜理论的核心就是在电极反应中要能够生成固态反应产物。这可利用电位-pH 图来估计简单溶液中会生成固态产物的可能性。大多数金属在强酸性溶液中会生成溶解度很大的金属离子，部分金属在碱性溶液中也可生成具有一定溶解度的酸根离子（如 ZnO_2^-、$HFeO_2^-$、PbO_2^{2-} 等），而在近中性溶液中阳极产物的溶解度一般很小，实际上是不溶的。

4.3.2　吸附理论

吸附理论首先由塔曼（Tamman）提出，后由尤利格（Uhlig）等加以发展。该吸附理论认为，金属钝化并不需要在金属表面生成成相膜，而只需要在金属表面或部分表面生成氧或含氧的粒子吸附层就可以使金属表面进入钝态。至于金属表面吸附的含氧粒子究竟是哪一种，这与腐蚀体系中的介质条件有关，可能是 OH^-，也可能是 O_2^- 或氧原子。这些粒子吸附在金属表面上，能够改变金属/溶液界面的结构，并使阳极的活化能显著提高而发生钝化。吸附理论认为，金属呈现钝化现象是由于金属表面本身反应能力的降低，而不是由于膜的机械阻隔作用。

吸附理论的主要实验依据是界面电容的实验测量结果。界面电容的大小可以证明界面上是否存在成相膜，这是因为哪怕界面上生成很薄的膜，其界面电容也应比自由表面上双电层电容小很多。实验测量结果证明，在 Ni 和 18-8 型不锈钢上相应于金属阳极溶解速度大幅度降低的那一段电位内，界面电容值的改变并不大，说明表面并不存在氧化膜。另外根据测量电量的结果，表明在某些情况下为了使金属钝化，只需要在每平方厘米电极表面上通过十分之几毫库仑的电量，甚至这些电量不足以生成氧的单分子吸附层。例如，在 0.05mol/L NaOH 中用 $1×10^{-5} A/cm^2$ 的电流密度极化铁电极时，只需要通过相当于 $3mC/cm^2$ 的电量就能使铁电极钝化。又如 Pt 在盐酸中，只要有 6% 的表面充氧，就可使 Pt 的溶解速度降低为原来的 1/6，若有 12% 的 Pt 表面充氧，则其溶解速度会降低为原来的 1/16。

以上实验事实都证明了金属表面的单分子吸附层不一定将金属表面完全覆盖，甚至可以是不连续的。因此，吸附理论认为，只要在金属表面最活泼、最先溶解的表面区域上，例如金属晶格的顶角、边缘或者晶格的缺陷、畸变处，被含氧粒子吸附，便可能抑制阳极过程，促使金属进入钝态。关于氧吸附层的作用有几种说法。

（1）从化学角度看，金属原子的未饱和键在吸附了 OH^-、O_2^- 或氧原子以后便饱和了，使金属表面原子失去了原有的活性，使金属原子不再从其晶格中移出，从而进入钝态。特别对于过渡金属，如 Fe、Ni、Cr 等，由于它们的原子都具有未充满的 d 电子层，能够和具有未配对电子的氧形成强的化学吸附键，导致氧或含氧粒子的吸附。这样的氧吸附膜是化学吸附膜。

（2）从电化学角度看，金属表面吸附氧之后改变了金属与溶液界面双电层结构，所以吸附的氧原子可能被金属上的电子诱导生成氧偶极子，使得它带正电荷的一端在金属中，而带负电荷的一端在溶液中，形成了双电层。这样原先的金属离子平衡电位将部分地被氧吸附后的电位所代替，结果使金属总的电位朝正向移动，并使金属氧化后的离子化作用减小，阻滞了金属溶解的离子化过程，使金属溶解速度急剧下降。

也应该承认，某些粒子（如体积较大、水化程度较低的含氧阴离子 SO_4^{2-}、PO_4^{3-} 等）在金属表面吸附后，确实能降低交换电流密度，阻止金属溶解。若通过足够大的阳极极化电流，可以在通过的电量少于形成反应物单层所需电量时出现电位大幅正移，当电位开始大幅正移时，金属表面上可能确实不存在成相的反应物膜。

从吸附理论出发可以较好解释为什么 Fe、Cr、Ni 等金属及由它们所组成的合金表面上，当继续增大阳极极化电位时会出现金属溶解速度再次增大现象——过钝化现象。若根据成相膜理论，钝态金属的溶解速度取决于膜的化学溶解，那就不能用来解释过钝化现象的出现。然而，根据吸附理论，增大阳极电极电位可能产生两种后果：一方面造成含氧粒子表面吸附作用的增大，并因而加强了阻滞阳极溶解的进行；另一方面由于电位变正还能增加界面电场对阳极反应的活化作用。这两个互相对立的作用可以在一定电位范围内基本互相抵消，从而使钝态金属的溶解速率几乎不随电位的改变而变化。但在过钝化的电位范围内，则主要是后一因素起作用。如果电极电位达到可能生成可溶高价含氧离子（CrO_4^{2-}），则氧的吸附不但不阻滞电极反应，反而能促进高价离子的形成。因此出现了金属溶解速率再次增大的过钝化现象。

总之，两种钝化理论都能较好解释部分实验事实，但又都有不足之处。金属钝化膜确具有成相膜结构，但同时也存在着单分子层的吸附性膜。目前尚不清楚在什么条件下形成成相膜，在什么条件下形成吸附膜。两种理论相互结合还缺乏直接的实验证据，因而钝化理论还有待研究者进一步深入研究。

4.4 影响金属钝化的因素

4.4.1 金属及合金成分的影响

不同金属具有不同的钝化趋势。容易被氧钝化的金属称为自钝化金属，最具有代表性的是钛、铝、铬等，它们能在空气中或者含氧的溶液中自发钝化。这类金属有着稳定的钝态，这是因为钝化膜被破坏时可以重新恢复钝态。某些金属的钝化趋势按下列顺序依次减小：Ti、Al、Cr、Mo、Fe、Co、Zn、Pb、Cu，这个顺序并不表明上述金属的耐蚀性也是依次减小，仅表示阳极过程由钝化所引起的阻滞腐蚀的稳定程度。

合金化是使金属提高耐蚀性的有效方法。提高合金耐蚀性的合金元素通常是一些稳定性组分元素（如贵金属或自钝化金属）。例如铁中加入铬或铝，可以提高铁的抗氧性；铁中加入少量的铜或铬可以抗大气腐蚀。不锈钢是使用最为广泛的耐蚀合金，铬是不锈钢的基本合金元素。一般来说，两种金属组成的耐蚀合金都是单相固溶体合金，在一定的介质条件下，具有较高的化学稳定性和耐蚀性。在一定的介质条件下，合金的耐蚀性与合金元素的种类和含量有直接影响。塔曼（Tamman）研究并发现，所加入的合金元素含量必须达到某一个临界值时，才有显著的耐蚀性。例如，Fe-Cr 合金中，只有当 Cr 的质量分数大于 11.8% 时，合金才会发生自钝化，其耐蚀性才有显著的提高。而 Cr 含量低于此临界值时，它的表面难以生成具有保护作用的完整钝化膜，耐蚀性也无法提高。临界组成代表了合金耐蚀性的突跃，每一种耐蚀合金都有其相应的临界组成。

耐蚀合金上的钝化膜结构也可用成相膜理论和吸附理论解释。成相膜理论认为，只有当耐蚀合金达到临界组成后，金属表面才能形成完整的致密钝化膜，若低于合金的临界组分，则生成的氧化膜没有保护作用。

吸附理论认为，耐蚀合金达到合金临界组成时，氧在合金表面的化学吸附会导致钝化，而低于临界组成时，氧立即反应生成无保护性的氧化物或其他形式的膜。对于这种现象，尤利格曾提出临界组成的电子排布假说，并进行了解释。

4.4.2　钝化剂的性质、浓度影响

金属在介质中发生钝化，主要是因为有相应的钝化剂存在。钝化剂的性质、浓度对金属钝化会产生很大的影响。因此，一般钝化介质分为氧化性介质和非氧化性介质。氧化性介质中，除 HNO_3 和浓 H_2SO_4 外，$AgNO_3$、$HClO_4$、$K_2Cr_2O_7$、K_2MnO_4 等氧化剂都容易使金属钝化。不过钝化的发生不能简单地取决于钝化剂氧化性的强弱，同时还与阴离子特性有关。

各种金属在不同介质中发生钝化的临界浓度是不同的。此外还应该注意获得钝化的浓度与保持钝化的浓度之间的区别，如钢在硝酸中浓度达到 40%~50% 时发生钝化，再将酸的浓度降低到 30%，钝态可较长时间不受破坏。

4.4.3　活性离子对钝化膜的破坏作用

介质中若有活性离子（如 Cl^-、Br^-、I^- 等卤素离子），对自钝化金属如 Cr、Al 以及不锈钢等，在远未达到过钝化电位前，已出现了显著的阳极溶解电流。Cl^- 对钝化的影响曲线见图 4-6。在含 Cl^- 介质中，金属钝态开始破坏的电位称为点蚀电位，用 E_{pit} 表示。大量实验表明，Cl^- 离子对钝化膜的破坏作用并不是发生在整个金属表面上，而是带有局部点状腐蚀的性质。

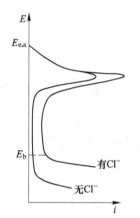

图 4-6　Cl^- 对钝化的影响曲线

对于 Cl^- 破坏钝化膜的原因，成相膜理论和吸附理论有不同的解释。成相膜理论认为，Cl^- 半径小，穿透能力强，比其他离子更容易在扩散或电场作用下透过薄膜中原有的小孔或缺陷，与金属作用生成可溶性化合物。同时，Cl^- 又易于分散在氧化膜中形成胶态，这种掺杂作用能显著改变氧化膜的电子和离子导电性，破坏膜的保护作用。成相膜理论认为，这是由于 Cl^- 穿过氧化膜与 Fe^{3+} 发生了如下反应：

$$Fe^{3+}（钝化膜中）+ 3Cl^- \longrightarrow FeCl_3$$

$$FeCl_3 \longrightarrow Fe^{3+}（电解质中）+ 3Cl^-$$

该反应诱导时间为 200min 左右，这说明 Cl^- 通过钝化膜时还伴随着某种物质的迁移过程。

吸附理论认为，Cl^- 破坏钝化膜的根本原因是由于它具有很强的可被金属表面吸附的能力。从化学吸附具有选择性这个特点出发，对于过渡金属 Fe、Ni、Cr 等，金属表面吸附 Cl^- 比吸附氧更容易，因而 Cl^- 优先吸附，并在金属表面把氧排挤掉，从而导致金属钝态遭到局部破坏。由于氯化物和金属反应的速度快，吸附的 Cl^- 并不稳定，所以形成了活性物质，这种反应导致了小孔腐蚀的加速。Cl^- 对不同金属钝化膜的破坏作用是不同的，主要作用在 Fe、Ni、Co 和不锈钢上。

4.4.4　介质温度的影响

温度越低，金属越易钝化。反之，升高温度会使金属难以钝化或使钝化受到破坏。温

度越高，钝化作用越易减弱，而降低温度则有利于钝化膜的形成。温度的影响也可以用钝化理论进行解释，化学吸附及氧化反应一般都是放热反应，因此根据化学平衡原理，降低温度对于吸附过程及氧化反应都是有利的，因而有利于钝化。

习　题

4-1　画出金属典型的阳极钝化曲线，标出曲线上的特定区间和特定点，并说明它们的含义。

4-2　什么是金属的自钝化？为实现金属的自钝化，氧化剂必须满足什么条件？试举例分析说明，随着介质的氧化性和浓度的不同，易钝化金属可能腐蚀的情况，并做出相应的实测极化曲线。

4-3　什么是 Flade 电位？如何利用 Flade 电位判断金属的钝化稳定性？

4-4　金属钝化的两种理论分别是什么？各自以什么论点和论据解释金属的钝化？

4-5　试用两种钝化理论解释活性氯离子对钝化膜的破坏作用。

4-6　用腐蚀极化曲线图说明溶液中氧浓度对易钝化金属和非钝化金属腐蚀速度的不同影响。

4-7　某种不锈钢在介质中的致钝电流密度为 $200\mu A/cm^2$，该介质中氧的溶解量为 $10^{-6}mol/L$，溶解氧的扩散系数 $D = 10^{-5}cm^2/s$，由于介质的流动使氧的扩散层厚度减薄到 $0.005cm$，不锈钢是否进入钝化状态？

4-8　不搅拌的 HNO_3 的还原极限扩散电流密度可近似由下式表示：$i_d = 15\,m^{\frac{5}{3}}$，式中，$m$ 为 HNO_3 的质量摩尔浓度。如果 Ti 和 Fe 在此酸中的致钝电流密度 $i_{致钝}$ 分别为 $5A/m^2$ 和 $2000A/m^2$，钝化这两种金属各需多大浓度的硝酸？

5 典型局部腐蚀

　　按腐蚀形态分类，腐蚀可分为全面腐蚀和局部腐蚀两大类。全面腐蚀是指整个金属表面均发生腐蚀，它可以是均匀的，也可以是不均匀的。钢铁件在大气、海水及稀的还原性介质中的腐蚀、金属的高温氧化都属于全面腐蚀。全面腐蚀具有以下几个特征：（1）各部位腐蚀速率接近；（2）金属的表面比较均匀地减薄，无明显的腐蚀形态差别；（3）允许具有一定程度的不均匀性。局部腐蚀是指金属表面各部分之间的腐蚀速度存在明显差异的一种腐蚀形态，特别是在金属表面微小区域的腐蚀速度及腐蚀深度远远大于整个表面的平均腐蚀速度和腐蚀深度。局面腐蚀也具有以下几个特征：（1）腐蚀往往发生在金属的某一特定部位；（2）阳极区和阴极区可以截然分开，其位置可以用肉眼或微观观察加以区分；（3）次生腐蚀产物又可在阴、阳极交界的第三地点形成。局部腐蚀的类型很多，主要有电偶腐蚀、点腐蚀（小孔腐蚀）、缝隙腐蚀、晶间腐蚀、选择性腐蚀、应力腐蚀、腐蚀疲劳和磨损腐蚀等。

　　从腐蚀类型造成的危害来看，全面腐蚀相对于局部腐蚀危险性要小些，全面腐蚀可以根据平均腐蚀速度设计和留出腐蚀余量，可以预先进行腐蚀失效周期的判断，但是对于局部腐蚀来说，很难做到这一点，因而局部腐蚀危险性极大，往往在没有什么预兆的情况下，金属设备、构件等就突然发生断裂，甚至造成严重的事故。根据各类腐蚀事故统计的数据：全面腐蚀约占 17.8%，而局部腐蚀约占 82.2%，其中在局部腐蚀中应力腐蚀断裂约为 38%，点蚀约为 25%，缝隙腐蚀约为 2.2%，晶间腐蚀约为 11.5%，选择性腐蚀约为 2%，焊缝腐蚀约为 0.4%，磨蚀等其他腐蚀形式约为 3.1%。由此可见，局部腐蚀相对全面腐蚀来说具有更严重的危害性。

5.1　电　偶　腐　蚀

5.1.1　电偶腐蚀定义

　　当两种金属或合金在腐蚀介质中相互接触时，电位较负的金属或合金比它单独处于腐蚀介质中时的腐蚀速度增大，而电位较正的金属或合金的腐蚀速度反而减小，得到一定程度的保护，这种腐蚀现象称为电偶腐蚀，又称为接触腐蚀或异金属腐蚀。在电偶腐蚀现象中，电位较负的阳极性金属腐蚀速度加大的效应，称为电偶腐蚀效应；而电位较正的阴极性金属腐蚀速度减小的效应，称为阴极保护效应。在实际工程应用中，采用不同的金属、不同的合金、不同的金属与合金的组合是不可避免的，因而发生电偶腐蚀也是不可避免的，同时也是一种常见的局部腐蚀形态。例如，加固金属结构的铆钉与金属结构之间、镀层金属与基体之间都会发生电偶腐蚀。另外需要注意的是，电偶腐蚀不单单指两种金属造成的腐蚀，某些金属（如碳钢）与某些非金属的电子导体（如石墨材料）相互接触时，也会造成电偶腐蚀。

5.1.2 电偶腐蚀原理

两种或两种以上的金属、金属与非金属的电子导体、同一金属的不同部位，在腐蚀介质中相互接触时会构成宏观腐蚀电池，成为腐蚀电池的两个电极，电子可以在两个电极间直接转移，而这两个电极上进行的电池反应也将进行必要的调整，以满足电极界面电荷的平衡关系。

以金属在酸性溶液中的电偶腐蚀为例，当金属 M_1 和 M_2 在酸性溶液中没有相互接触时，阴极过程都是氢去极化过程，腐蚀金属电极上进行的相应电极反应如下。

金属 M_1：
$$M_1 \longrightarrow M_1{}^{n+} + ne^-$$
$$2H^+ + 2e^- \longrightarrow H_2$$

金属 M_2：
$$M_2 \longrightarrow M_2{}^{n+} + ne^-$$
$$2H^+ + 2e^- \longrightarrow H_2$$

设金属 M_1 的自腐蚀电位为 E_{corr1}，自腐蚀电流密度为 i_{corr1}，金属 M_2 的自腐蚀电位为 E_{corr2}，自腐蚀电流密度为 i_{corr2}。它们都处于极化控制，服从塔菲尔关系，不妨设 M_1 和 M_2 两种金属面积相等，M_1 的腐蚀电位比 M_2 的腐蚀电位低，即 $E_{corr1} < E_{corr2}$。当 M_1 和 M_2 在腐蚀介质中直接接触时，由于两者电极电位不相同，便构成一个宏观腐蚀电池。设这个宏观电池中溶液的欧姆电位降可以忽略，则直接接触的两个金属由于电子的直接流动，在稳定的状态下，必然共轭耦合达到同一个电位，金属 M_1 电位由 E_{corr1} 向正方向移动，发生阳极极化，成为电偶腐蚀电池的阳极，金属 M_2 电位由 E_{corr2} 向负方向移动，发生阴极极化，成为腐蚀电偶电池的阴极。当这个极化达到稳态时，两条极化曲线的交点对应的电位是金属的共同混合电位 E_g，E_g 处于 E_{corr1} 和 E_{corr2} 之间，M_1 和 M_2 之间相互极化的电流称为电偶电流密度，用 i_g 表示。图 5-1 为金属 M_1 和 M_2 组成腐蚀电偶后的动力学极化示意图，此处假设腐蚀电偶的阴极面积等于阳极面积。由图可见，金属 M_1 的腐蚀速度从 i_{corr1} 增加到 i_1，而金属 M_2 的腐蚀速度从 i_{corr2} 降到 i_2。也就是说，组成电偶的两种金属由于电偶效应的结果，使电位较正的金属因阴极极化腐蚀速度减慢，从而得到保护；而对于电位较负的金属，反而腐蚀速度加快。

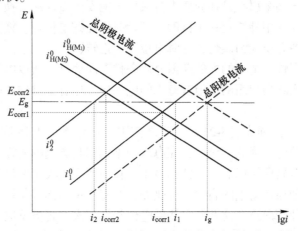

图 5-1 金属 M_1 和 M_2 组成腐蚀电偶后的动力学极化示意图

M_1 和 M_2 两种金属偶接后，阳极性金属 M_1 的腐蚀电流 I_1 与未偶合时该金属的自腐蚀电流 I_{corr1} 之比，称为电偶腐蚀效应系数，用 γ 表示。

$$\gamma = \frac{I_1}{I_{corr1}} = \frac{I_g + I_{corr1}}{I_{corr1}} \approx \frac{I_g}{I_{corr1}} \tag{5-1}$$

该公式表示相接后阳极金属溶解速度比金属单独存在时的腐蚀速度增加的倍数。γ 越大，则电偶腐蚀越严重。

5.1.3 影响电偶腐蚀的因素

电偶腐蚀速度的大小与电偶电流成正比，可以用下式表示：

$$I_g = \frac{E_c - E_a}{\dfrac{P_c}{S_c} + \dfrac{P_a}{S_a} + R} \tag{5-2}$$

式中，I_g 为构成电偶后两个电极之间通过的净电流，称为电偶腐蚀电流；E_c、E_a 为阴极、阳极金属相应的稳定电位；P_c、P_a 为阴极、阳极平均极化率；S_c、S_a 为阴极、阳极面积；R 为欧姆电阻。

从式（5-2）可以看出，形成腐蚀电偶后原有金属的腐蚀速度增加均与电偶金属间电位差、阴阳极极化率、阴阳极面积以及腐蚀体系的欧姆电阻等因素有关。下面针对这几个因素分别加以说明。

（1）金属材料的电位差值。电偶腐蚀与相互接触的金属在溶液中的电位有关，因此构成了宏观腐蚀电池，组成电偶的两个金属的电位差是电偶腐蚀的推动力。如果稳定电位起始电位差越大，则电偶腐蚀倾向也越大，即 I_g 越大，阳极腐蚀加速也越大。

常用电偶序来判断不同金属材料接触后的电偶腐蚀倾向。电偶序是指在具体使用腐蚀介质中，金属和合金稳定电位的排列次序表。表 5-1 为海水中金属与合金的电偶序。由表 5-1 可知，如电位高的金属材料（表上部的金属或合金）与低电位金属材料（表下部的金属或合金）互相接触，则低电位的成为阳极，被加速腐蚀，且两者之间电位差越大（在电偶序中相距越远），则低电位的金属腐蚀速度加速越快。

无论是前面讲的标准电位序还是电偶序都只能反映一个腐蚀倾向，不能表示金属的实际腐蚀速度。有时某些金属在具体介质中接触后可能发生极性的转换，双方电位可以发生逆转。例如，铝和镁在中性氯化钠中接触，开始时铝比镁电位正，镁为阳极发生溶解，之后由于镁的溶解而使介质变为碱性，这时电位发生逆转，铝变成了阳极，所以电位序与电偶序都有一定的局限性。金属的电偶序因介质条件不同而异，所以电偶序总是要规定在什么环境中才适用，实践中应用的不但有海水的电偶序，还有土壤中的电偶序以及某些化工介质中的电偶序等。

（2）极化作用。根据式（5-2），不论是使阳极极化率增大还是使阴极极化率增大，都有利于使电偶腐蚀电流降低。例如，在海水中不锈钢与碳钢的阴极反应都是受氧的扩散控制的，当这两种金属偶接以后，不锈钢由于钝化使得阳极极化率比碳钢高得多，所以偶接后不锈钢能够强烈加速碳钢的腐蚀。再比如，在海水中不锈钢与铝组成的电偶对比铜与铝组成的电偶对腐蚀倾向小，这两对电偶的电位相差不多，阴极反应都是氧分子的去极化过程，但是因为不锈钢有良好的钝化膜，阴极反应只能在膜的薄弱处进行，阴极极化率

表 5-1　常见工业金属和合金在海水中的电偶序

稳定电位较高的金属或合金	高 ↑	铂
		金
		石墨
		钛
		银
		Chlorimet 3 (62Ni, 18Cr, 18Mo)
		Hastelloy C (62Ni, 17Cr, 15Mo)
		18-8Mo 不锈钢 (钝态)
		18-8 不锈钢 (钝态)
		11%~30%Cr 不锈钢 (钝态)
		Inconel (80Ni, 13Cr, 7Fe) (钝态)
		镍 (钝态)
		银焊药
		Monel (70Ni, 32Cu)
		铜镍合金 (60%~90%Cu, 40%~11%Ni)
		青铜
		铜
		黄铜
		Chlorimet 2 (66Ni, 32Mo, 1Fe)
		Hastelloy B (60Ni, 30Mo, 6Fe, 1Mn)
		Inconel (活态)
		镍 (活态)
		锡
		铅
稳定电位较低的金属或合金		铅-锡焊药
		18-8 钼不锈钢 (活态)
		18-8 不锈钢 (活态)
		高镍铸铁
		13%Cr 不锈钢
		铸铁
		钢或铁
		2024 铝 (4.5Cu, 1.5Mg, 0.6Mn)
		镉
		工业纯铝 (1100)
	↓ 低	锌
		镁和镁合金

高，阴极反应相对难以进行，而铜铝组成的电偶对的铜表面氧化物能被阴极还原，阴极反应容易进行，阴极极化率小，故而电偶腐蚀效应严重得多。

根据式 (5-2)，电偶体系的欧姆电阻也会对电偶电流产生影响，电阻越大，电偶腐蚀速度越小。实际中观察到，电偶腐蚀主要发生在两种不同金属或金属与非金属导体相互接触的边线附近，而在远离边缘的区域，其腐蚀程度要轻得多。这就是因为由于电流流动要克服电阻的作用，距离电偶的接合部越远，相应的腐蚀电流密度越小，所以溶液电阻大小影响电偶的"有效作用距离"，电阻越大则"有效作用距离"越小，因而阳极金属腐蚀电流呈不均匀的分布。例如，在蒸馏水中，腐蚀电流有效距离只有几厘米，使阳极金属在接合部附近形成深的腐蚀沟，而在海水中，电流的有效距离可达几十厘米，阳极电流的分布就比较均匀，不会发生特别严重的阴阳极接触部位的腐蚀。

(3) 阴阳极面积比。从式 (5-2) 来看，阴、阳极面积变大，使得电偶腐蚀电流变大，但实际中更重要的因素是阴、阳极之间的面积比。电偶腐蚀电池的阳极面积减小，阴极面积增大，将导致阳极金属腐蚀加剧，这是因为电偶腐蚀电池工作时阳极电流总是等于阴极电流，阳极面积越小，则阳极上电流密度就越大，即金属的腐蚀速度越大。在局部腐蚀过程中，由于阳极电流和阴极电流的不平衡，使得金属表面一些局部区域具有较高的阳极溶解电流，而其余表面的区域则具有较大的阴极还原电流，阳极反应和阴极反应发生在不同的部位，因此腐蚀金属表面的阴阳极面积比对所观测到的局部腐蚀速率有较大的影响。

5.1.4　防止电偶腐蚀的措施

防止电偶腐蚀的措施有：

（1）组装构建应尽量选择在电偶序表中位置相近的金属。由于对于特定的使用介质不一定有现成的电偶序，所以应该预先进行必要的电偶腐蚀实验。

（2）对于不同金属构成的结构部件应该尽量避免形成大阴极小阳极的接触结构。

（3）采用绝缘材料或保护性阻挡涂层分隔电偶腐蚀的接触部位。不同金属部件之间绝缘，可以有效地防止电偶腐蚀。

（4）采用电化学保护。即可以使用外加电源对整个设备实行阴极保护，使两种金属都变为阴极，也可以安装一块电极电位比两种金属更负的第三种金属作为牺牲阳极。

5.2　点　腐　蚀

5.2.1　概述

5.2.1.1　点腐蚀定义和特点

金属材料在腐蚀介质中经过一定的时间后，在整个暴露于腐蚀介质中的表面上个别的点或微小区域内出现腐蚀小孔，而其他大部分表面不发生腐蚀或腐蚀很轻微，且随着时间的推移，蚀孔不断向纵深方向发展，形成小孔状腐蚀坑，这种腐蚀形态称为点腐蚀，简称点蚀，也叫做小孔腐蚀或孔蚀。从腐蚀的外观形貌上看，孔蚀的直径很小，仅数十微米，但深度一般远远大于直径。

点蚀通常发生在易钝化金属或合金表面上，同时往往在腐蚀介质中存在侵蚀性阴离子及氧化剂。例如不锈钢、铝及其合金、铁及其合金等在近中性的氯离子的水溶液或其他特定腐蚀介质中，易于遭受点蚀。点蚀在具有其他保护膜的金属表面上也易于发生。另外，点蚀也是破坏性和隐患最大的腐蚀形态之一。

5.2.1.2　点蚀孔的形态

点蚀的形貌多种多样，如图 5-2 所示，有窄深形、椭圆形、宽浅形、皮下形、底切形、水平形、垂直形，有的蚀坑大而浅，有的蚀坑小（一般直径只有数十微米）而深（深度等于或大于孔径）等多种腐蚀形态。它在金属表面有些比较分散，有些较密集。蚀坑口多数有腐蚀产物覆盖，少数呈开放式。通常蚀坑的形貌与孔内腐蚀介质的组成有关，也与金属的性质、组织结构有关。

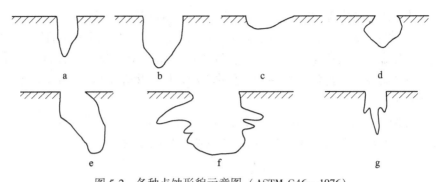

图 5-2 各种点蚀形貌示意图 （ASTM G46—1976）

a—窄深形；b—椭圆形；c—宽浅形；d—皮下形；e—底切形；f—水平形；g—垂直形

5.2.1.3 点蚀发生的条件

一般而言，点蚀发生要满足材料、介质和电化学三个方面的条件。

（1）点蚀多发生在表面容易钝化的金属材料（如不锈钢、Al 及 Al 合金）或表面有阴极性镀层（如镀 Sn、Cu 或 Ni）的碳钢表面。

（2）点蚀发生于有特殊离子的腐蚀介质中，即有氧化剂（如空气中的氧气）和同时有活性阴离子存在的钝化液中。如不锈钢对卤素离子特别敏感，其作用顺序大小：$Cl^- >Br^- > I^-$。

（3）点蚀发生在特定临界电位以上（点蚀电位或破裂电位 E_{br}）。图 5-3 为可钝化金属典型的"环形"阳极极化曲线示意图。图中，E_{br} 为点蚀电位，E_p 为保护电位。这两个电位是表征金属材料点蚀敏感性的基本电化学参数。它把具有活化-钝化转变行为的阳极极化曲线划分为三个电位区：当 $E>E_{br}$ 时，将形成新的点蚀孔（点蚀形核），已有的点蚀孔继续长大；当 $E_{br}>E>E_p$ 时，不会形成新的点蚀孔，但原有的点蚀孔将继续扩展长大；当 $E \leqslant E_p$ 时，原有点蚀孔全部钝化，不会形成新的点蚀孔。所以 E_{br} 值越正耐点蚀性能越好。E_p 与 E_{br} 越接近，说明钝化膜修复能力越强。

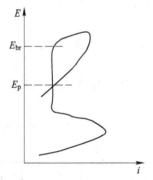

图 5-3 可钝化金属典型的"环形"
阳极极化曲线示意图

5.2.2 点蚀发生的机理

5.2.2.1 点蚀成核（萌生）阶段

点蚀从发生到成核之前有一段很长的孕育期，有的长达几个月甚至几年时间。孕育期是从金属与溶液接触到点蚀产生的这段时间，所以点蚀的初始阶段又称孕育期阶段。

（1）点蚀形核理论。关于点蚀成核的理论有两种：

1）钝化膜破坏理论。点蚀坑蚀由腐蚀性离子在钝化膜表面吸附，并穿过钝化膜而形成可溶性化合物（如氯化物）所致。

2）吸附理论。点蚀的发生是由活性氯离子和氧的竞争吸附造成的。当金属表面上氧的吸附点被氯离子所取代后，氯离子和钝化膜中的阳离子结合形成可溶性氯化物，结果在新露出的基体金属的特定部位产生小蚀坑，这些小蚀坑就是点蚀核。

（2）点蚀敏感位置。理论上，点蚀萌生的位置可在金属的光滑表面的任何位置产生。但实际上，因为金属表面存在划痕、晶界、位错露头 MnS 等夹杂物，以及晶界上沉积的碳化物等。当金属表面层包含有这些化学上的不均匀性或物理缺陷时，局部腐蚀就容易在这些薄弱点上萌生。

（3）孕育期。孕育期长短取决于介质中氯离子的浓度、pH 值及金属纯度，一般时间较长，Engell 等认为，孕育期的倒数与氯离子的浓度呈线性关系：

$$\frac{1}{\tau} = K[\,Cl^-\,] \tag{5-3}$$

Cl^- 浓度在一定临界值以下不发生点蚀。

5.2.2.2 点蚀的生长

关于点蚀生长机制众说纷纭，较公认的是孔蚀内的酸化自催化机制，即闭塞电池作用。现在以不锈钢在充气的含 Cl^- 离子的中性介质中的腐蚀过程为例，讨论点蚀孔生长过程。

如图 5-4 所示，蚀孔一旦形成，孔内金属处于活化状态（电位较负），蚀孔外的金属表面仍处于钝态（电位较正），于是蚀孔内外构成了膜-孔电池。孔内金属发生阳极溶解形成 Fe^{2+}（Cr^{3+}、Ni^{2+} 等）离子。

孔内发生阳极反应：

$$Fe \longrightarrow Fe^{2+} + 2e^-$$

孔外发生阴极反应：

$$O_2 + 2H_2O + 4e^- \longrightarrow 4OH^-$$

孔口处 pH 值升高，产生二次反应：

$$Fe^{2+} + 2OH^- \longrightarrow Fe(OH)_2$$

$$4Fe(OH)_2 + 2H_2O + O_2 \longrightarrow 4Fe(OH)_3 \downarrow$$

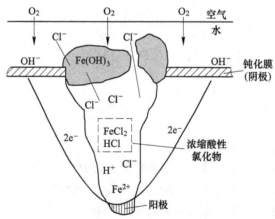

图 5-4　不锈钢在充气含 Cl^- 介质中的点蚀示意图

$Fe(OH)_3$ 沉积在孔口形成多孔的蘑菇状壳层，使孔内外物质交换困难，孔内介质相对孔外介质呈滞留状态。孔内 O_2 浓度继续下降，孔外富氧，形成氧浓差电池。其作用加速了孔内不断离子化，孔内 Fe^{2+} 浓度不断增加，为保持电中性，孔外 Cl^- 向孔内迁移，并

与孔内 Fe^{2+} 形成可溶性盐（$FeCl_2$）。孔内氯化物浓缩、水解等使孔内 pH 值下降，pH 值可达 2~3，点蚀以自催化过程不断发展下去。

由于孔内的酸化，H^+ 去极化的发生及孔外氧化去极化的综合作用，加速了孔底金属的溶解速度，从而使孔不断向纵深迅速发展，严重时可蚀穿金属断面。

5.2.2.3　点蚀程度

点蚀程度可用点蚀系数或点蚀因子来表示：

$$\text{点蚀系数} = \frac{\text{最大腐蚀深度}}{\text{平均腐蚀深度}} \text{ 或点蚀因子} = \frac{P}{d} \tag{5-4}$$

式中，P 为最大腐蚀深度；d 为平均腐蚀深度。

图 5-5 示出了最深点蚀和平均腐蚀深度的关系。

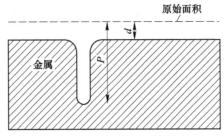

图 5-5　最深点蚀和平均腐蚀深度示意图

5.2.3　影响点蚀的因素

5.2.3.1　材料因素

A　合金元素的影响

研究表明，对不锈钢在氯化物溶液中的抗点蚀性能，Cr、Mo、Ni、V、Si、N、Ag、Re 等是有益元素，Mn、S、Ti、Nb、Te、Se、稀土等是有害元素。提高不锈钢抗点蚀能力最有效的元素是 Cr 和 Mo，其次是 N 和 Ni 等。Cr 和 Mo 是构成在氯化物水溶液中耐点蚀不锈钢的最基本元素，它们不仅能降低点蚀中点蚀核生成的能力，也能减小孔蚀生长的速度。

B　冷加工与热处理

冷加工对于点蚀的影响与金属组织结构的变化、非金属夹杂物的第二相沉积物的分布、钝化膜的性能等因素有关，因而对不同材料而言，影响途径也不一样。一般来说，冷加工对点蚀电位影响不大，但冷加工通常使点蚀密度增加，这是因为冷加工使表面的位错密度增加，因而容易生成点蚀坑。

C　显微组织

金属的显微组织对其点蚀敏感性有很大的影响，如硫化物、δ 铁素体、σ 相、沉淀硬化不锈钢中的强化沉淀相、敏化的晶界以及焊接区等，都可能使钢的抗点蚀性降低。例如，非金属夹杂物 MnS 可成为点蚀的起源点，在硫化物表面或硫化物与基体的界面上的钝化膜受到破坏，奥氏体不锈钢中的 δ 铁素体对点蚀抗力有害。

D　表面状态

对同一材料/介质体系，采用表面精整处理可以降低点蚀敏感性。如将铁放入 20% 硝酸中浸泡以清洁表面的化学处理方法，有改善耐点蚀性能的作用。这种处理的主要作用是去除不锈钢表面的夹杂物或沾污物，如可将机械加工时嵌入表面的铁和钢质点溶解，从而达到清洁表面的目的。

5.2.3.2　环境因素

A　卤素离子因素

不锈钢的点蚀是在特定的腐蚀介质中发生的。在含卤素离子的介质中，点蚀敏感性增强，其作用大小顺序为：$Cl^->Br^->I^-$。一般认为，点蚀发生与介质浓度有关，而临界浓度又因材料的成分和状态不同而异。

B　溶液中其他离子的作用

溶液中若存在 Fe^{3+}、Cu^{2+}、Hg^{2+} 等离子可以加速点蚀发生。工业上，常用 $FeCl_3$ 作为不锈钢点蚀的试验剂，而 OH^-、SO_4^{2-}、NO_3^- 等含氧阴离子能抑制点蚀。

C　溶液 pH 值的影响

在质量分数 3% 的 NaCl 溶液中，随着 pH 值升高，点蚀电位显著地正移。而在酸性介质中，pH 值对点蚀电位的影响，目前并没有一致的说法。

D　温度的影响

在 NaCl 溶液中，温度升高能显著地降低不锈钢点蚀电位，使点蚀坑数目急剧增多。点蚀坑数目的急剧增多，被认为与 Cl^- 反应能力增加有关。

E　介质流动的影响

介质处于流动状态，金属的点蚀速度比介质处于静止状态时小。实践表明，一台不锈钢泵经常运转，点蚀程度较轻，长期不运转很快出现蚀坑。

5.2.4　点蚀的控制

5.2.4.1　加入抗点蚀的合金元素

含高 Cr、Mo 或含少量 N 及低 C 的不锈钢抗点蚀效果最好。如双相不锈钢及超纯铁素体不锈钢抗点蚀性能非常好。

5.2.4.2　电化学保护

防止点蚀的较好方法是对金属设备采用恰当的电化学保护。在外加电流作用下，将金属的极化电位控制在保护电位 E_p 以下。

5.2.4.3　使用缓蚀剂

对于循环体系，加入缓蚀剂可抑制点蚀，常用的缓蚀剂有硝酸盐、亚硝酸盐、铬酸盐、磷酸盐等。

5.3　缝　隙　腐　蚀

5.3.1　概述

5.3.1.1　缝隙腐蚀的定义

金属材料在使用中，由于金属与金属或非金属间形成缝隙结构，当缝隙足够小（一般在 0.025~0.1mm）的时候，缝隙内介质处于滞留状态从而引起缝隙内金属的加速腐蚀，这种局部腐蚀称为缝隙腐蚀。

5.3.1.2 缝隙腐蚀发生的部位

不同结构件之间的连接容易发生缝隙腐蚀，如金属和金属之间的铆接、搭焊、螺纹连接，法兰盘衬垫等金属和非金属之间的接触等。在金属表面的沉积物、附着物、涂膜等处也是缝隙腐蚀容易发生的部位。

5.3.1.3 缝隙腐蚀的特征

一般认为，几乎所有的金属和合金都能够发生缝隙腐蚀。具有自钝化特性的金属或合金更容易发生缝隙腐蚀，而不具有自钝化能力的金属或合金对缝隙腐蚀的敏感性较低。与点蚀相比，同一金属或合金在相同的介质中更容易发生缝隙腐蚀。几乎所有的腐蚀性介质，包括酸性、中性或碱性的溶液都有可能引起金属的缝隙腐蚀。当金属在发生缝隙腐蚀时，缝口常常因为有腐蚀产物覆盖而具有一定的隐蔽性，会造成金属的突然失效，具有相当大的危害。

5.3.2 缝隙腐蚀的机理

缝隙腐蚀最经典的机理是氧浓差电池机制，大量实验已经证明缝内外确实存在金属离子和氧的浓度差异，并在此基础上提出了自催化的闭塞电池理论。该理论认为，由于缝隙内 Cl^- 和 H^+ 浓度升高，使缝隙内钝态破坏，形成活性溶解，而缝外则受到了阴极保护，构成了缝内金属（活性区）-电解质-缝外金属（钝化区）的宏观电池。尽管经典的闭塞电池腐蚀机理能解释很多现象，但是缝隙内溶液化学成分的测定结果又使得这种理论遇到了一些麻烦，比如有研究观察到在缝隙腐蚀发生初期缝内溶液的化学成分变化并不大。因此有许多研究者根据各自的实验事实提出了新的缝隙腐蚀机理。

5.3.2.1 自催化的闭塞电池理论

图 5-6 为缝隙腐蚀自催化的闭塞电池理论示意图。在初始阶段（图 5-6a），阳极发生金属的溶解：

$$M \longrightarrow M^+ + e^-$$

阴极发生溶解氧的还原：

$$O_2 + 2H_2O + 4e^- \longrightarrow 4OH^-$$

阴阳极反应均匀地发生在整个金属表面，包括缝隙内部。当缝内氧消耗完后（图 5-6b），缝内金属成为阳极，缝内的维钝电流由缝外氧的还原来平衡。由于缝内金属离子难以扩散到缝外，而为了保持缝内溶液的电中性，Cl^- 向缝内迁移造成缝内 Cl^- 聚集。金属离子的水解导致了缝内溶液逐渐酸化，当缝内化学环境达到金属去钝化的临界溶液成分时，缝内金属由钝态转向活化态，发生缝隙腐蚀。

5.3.2.2 IR 降理论

IR 降机理认为闭塞区内的电位降是去钝化和加速溶解的主要原因。图 5-7 为缝隙腐蚀的 *IR* 降机理示意图。当缝内的阳极电流通过极窄的通道流向缝外时，缝隙内大的溶液电阻引起较大的 *IR* 降，而 *IR* 降又迫使缝内金属的电位从钝化区进入活性溶解区，并引发缝内腐蚀。

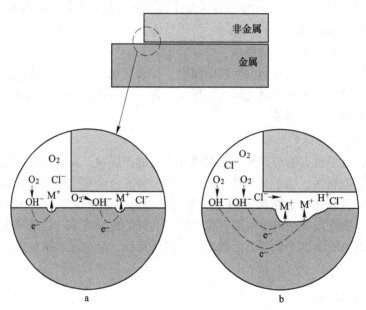

图 5-6　缝隙腐蚀自催化的闭塞电池理论示意图

a—缝隙腐蚀初始阶段；b—缝隙腐蚀发展阶段

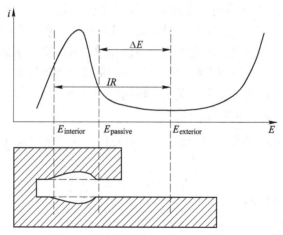

图 5-7　缝隙腐蚀的 *IR* 降机理示意图

IR 降机理的一大成功之处在于合理地解释了缝内腐蚀的形貌。由图 5-7 可见，缝内金属的电位向着活性溶解电位的方向移动，缝内对应于极化曲线的电流为缝隙深度的函数，在缝口及缝隙深处，腐蚀比较轻微。*IR* 降机理合理地解释了在缝内没有明显酸化和侵蚀性离子存在的情况下，缝隙腐蚀能够稳定发展的情况。

5.3.3　缝隙腐蚀的影响因素

缝隙腐蚀的影响因素具体如下。

（1）缝隙的几何因素。缝隙的尺寸对缝隙腐蚀的发生、发展有着重要的影响。缝隙的高度、深度控制着氧气往缝内的扩散并影响着缝内的浓度梯度、电位分布等。当缝隙宽度足够大以至于氧气往缝内的扩散以及缝内外溶液的交换比较容易进行的时候，酸化便不容易发生。而在缝高很小的缝隙内，浓度梯度非常大使得靠近缝口处的金属的钝化膜被破坏。在这种情况下，缝隙深处的金属将不会受到严重的腐蚀。

（2）环境因素。温度升高使阳极反应加快，在敞开系统的海水中，80℃达到最大腐蚀速度，高于80℃则由于溶液中溶解氧下降而相应使腐蚀速度下降。在含氯介质中，各种不锈钢都存在临界腐蚀温度，达到这一温度发生缝隙腐蚀的概率增大，随温度进一步升高，更容易产生并更趋严重。溶解氧浓度增加，缝内外氧浓度差异更大，有利于引发缝隙腐蚀，在缝隙腐蚀加速阶段，由于缝外阴极还原更易进行，也会使缝隙腐蚀加速。

（3）材料因素。不同材料耐缝隙腐蚀的能力不同。不锈钢中 Cr、Ni、Mo、N、Cu、Si 等是提高耐缝隙腐蚀性能的有效元素，这与合金元素对点蚀的影响相似，它们能够增加钝化膜的稳定性和改善钝化、再钝化能力。

5.3.4 防止缝隙腐蚀的措施

防止缝隙腐蚀的措施具体如下。

（1）合理设计与施工。在多数情况下，设备上都会有造成缝隙的可能，因此须用合理的设计来减轻缝隙腐蚀。例如，施工时要尽量采用焊接，而不采用铆接或螺钉连接。如果采用螺钉结构则应使用绝缘的垫片，或者在接合面上涂覆环氧等，以保护连接处。

（2）选择耐缝隙腐蚀的材料。可以采取在合金中加入贵金属合金成分的方式提高合金的耐缝隙腐蚀能力。选择耐缝隙腐蚀的材料应考虑它们在缝隙条件下的耐蚀性能，黑色金属材料应含有 Cr、Mo、Ni、N 等有效元素，主要是高铬、高钼的不锈钢和镍基合金等，钛和钛合金及某些铜合金耐缝隙腐蚀性能也较好。应该综合考虑应用耐蚀材料，对不同介质应综合考虑选用不同材料。

（3）阴极保护。阴极保护可采用外加电流法或牺牲阳极法。将金属极化到低于 E_p 和高于 E_F 的区间，既不产生点蚀，也不至于引起缝隙腐蚀。阴极极化可以使缝隙内金属从腐蚀区进入免蚀区。但由于缝隙的闭塞区较小，溶液量少，电阻大，电流不易达到，因此阴极保护的关键就是是否有足够电流达到缝内，使其产生必需的保护电位。

（4）应用缓蚀剂。应用磷酸盐、铬酸盐、亚硝酸盐等缓蚀剂，可以大大降低钢铁的腐蚀。另外也可在连接结构的结合面上涂有缓蚀剂的油漆，对防止缝隙腐蚀有一定的效果。

5.4 晶 间 腐 蚀

5.4.1 概述

5.4.1.1 晶间腐蚀的定义

晶间腐蚀是指金属材料在特定的腐蚀介质中沿着材料的晶粒边界或晶界附近发生腐蚀，使晶粒之间丧失结合力的一种局部破坏的腐蚀现象。

5.4.1.2 晶间腐蚀的特征

发生晶间腐蚀的金属由于晶界破坏而完全丧失强度，在表面还看不出破坏时，实际晶粒间已失去了结合力，会造成金属结构突发性破坏，因此这是一种危害性很大的局部腐蚀。晶间腐蚀可能发展为沿晶应力腐蚀开裂，成为应力腐蚀裂纹的起源。但另一方面，可以合理利用材料的晶间腐蚀过程制造合金粉末。

5.4.1.3　晶间腐蚀的原因

A　组织因素

金属或合金本身晶粒与晶界在化学成分、晶界结构、元素的固溶性质、沉淀析出过程、固态扩散等方面存在差异，导致电化学性质的不均匀，引发局部腐蚀电池作用。晶界一般作为阳极被加速腐蚀，由于晶界的面积很小，构成"小阳极-大阴极"的腐蚀电池。

B　环境因素

尽管金属或合金本身晶粒与晶界电化学性质的不均匀，但是在不同的介质中电化学性质的不均匀程度不同。某些特定介质会增加晶粒与晶界电化学性质的差异，从而加速晶间腐蚀。

5.4.2　晶间腐蚀的机理

在腐蚀介质中，金属及合金的晶粒与晶界显示出明显的电化学不均一性，这种变化可能是由金属或合金在不正确的热处理时产生的金相组织变化引起的，也可能是由晶界区存在的杂质或沉淀相引起的，还有可能是杂质原子在晶界吸附所导致的。有关晶间腐蚀的理论主要有以下三种。

（1）贫化理论。贫化理论认为，晶间腐蚀是由于晶界析出新相，造成晶界附近某一成分的贫乏化。如奥氏体不锈钢回火过程中（400~800℃）过饱和碳部分或全部以 $Cr_{23}C_6$ 形式在晶界析出，见图 5-8。$Cr_{23}C_6$ 析出后，碳化物附近的碳与铬的浓度急剧下降。由于 $Cr_{23}C_6$ 的生成所需的碳来自晶粒内部，铬主要由碳化物附近的晶界区提供，而铬沿晶粒扩散的速度要比晶粒内部扩散速度快得多。晶界附近区域的 Cr 很快消耗尽，而晶粒内铬扩散速度慢，补充不上，因此出现贫铬区。当贫铬区的含铬量远低于钝化所需的临界浓

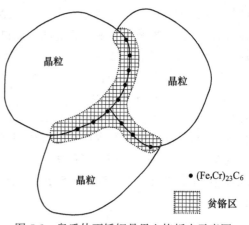

图 5-8　奥氏体不锈钢晶界上铬析出示意图

度（原子数分数为 12.5%）时，在晶界上就形成了贫铬区，一般贫铬区约 10^{-5} cm 宽。当处于适宜的介质条件下，就会形成腐蚀原电池，$Cr_{23}C_6$ 及晶粒为阴极，贫铬区为阳极而遭受腐蚀。

（2）第二相析出理论。对于低碳和超低碳不锈钢来说，不存在碳化物在晶界析出引起贫铬的条件。但一些实验表明，低碳，甚至超低碳不锈钢，特别是高铬、钼钢，在 650~850℃受热时，在强氧化性介质中，或其电位处于过钝化区时，也发生晶间腐蚀。认为这种晶间腐蚀与 σ 相在晶界析出有关。σ 相是铁、铬金属间化合物，还可能溶解部分合金元素钼，它的形成温度为 650~850℃。若奥氏体不锈钢在此温度区内长时间受热，会产生

由 σ 相析出引起的晶间腐蚀。有人测定了 σ 相的阳极极化曲线，如图 5-9 所示。可以看出，在过钝化电位下，发生 σ 相选择性溶解。由此说明，这类晶间腐蚀是由晶界分布的 σ 相选择性溶解引起的。

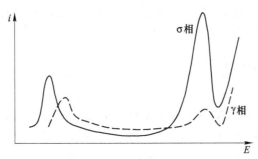

图 5-9 不锈钢中 σ 相和 γ 相的阳极极化曲线示意图

（3）吸附理论。超低碳 18Cr-9Ni 不锈钢在 1050℃固溶处理后，在强氧化性介质中（如硝酸加重铬酸盐）中也会出现晶间腐蚀，这是由于 P 和 Si 等在晶界发生吸附，使得晶界的电化学特性发生了改变，从而发生了晶间腐蚀。

5.4.3 晶间腐蚀的影响因素

影响晶间腐蚀的因素有加热温度与时间、合金成分等。

（1）加热温度与时间的影响。图 5-10 为 Cr18Ni9 钢晶界 $Cr_{23}C_6$ 沉淀与晶界腐蚀之间的关系。由图可知，晶间腐蚀的曲线呈 C 形。这是由于在高温下，铬的扩散速度增大，或者回火时间长，铬的扩散最终能够使其在晶粒和晶界上浓度平均化，这样都可消除晶间腐蚀敏感性。晶界沉淀和晶界腐蚀曲线并不重合，在低温下两者重合较好，在高温时则有较大差异。这是由于在高温时析出的碳化物是孤立的颗粒，而且高温下 Cr 也较易扩散，即使有碳化物沉淀也不易产生晶界腐蚀倾向。在中间的敏化温度范围内，则容易析出连续的、网状的碳化物，故晶间腐蚀敏感性大。而低于敏化温度时，Cr 与 C 的扩散速度随温度的降低而变慢，需要更长的时间才能产生碳化物而析出，故而敏感性较低。

晶间腐蚀倾向于加热温度和时间关系的曲线，也叫做温度-时间-敏化图（TTS 曲线）。利用 TTS 曲线，对制定正确的不锈钢热处理制度及焊接工艺、避免产生晶间腐蚀倾向、研究冶金因素对晶间腐蚀倾向的影响等有很大帮助。

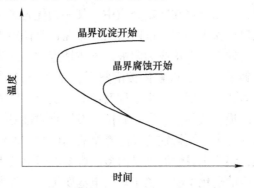

图 5-10 Cr18Ni9 钢晶界 $Cr_{23}C_6$ 沉淀与晶界腐蚀之间的关系

（2）合金成分的影响。奥氏体不锈钢中含碳量越高，晶间腐蚀倾向越严重，不仅产生晶间腐蚀倾向，而且使 TTS 曲线中的温度和时间范围扩大，增加晶间腐蚀敏感性；Cr、Mo 含量增高，有利于减弱晶间腐蚀倾向；Ni、Si 等不形成碳化物的元素可促进碳的扩散及碳化物析出；Ti 和 Nb 可在高温时形成稳定的碳化物 TiC 和 NbC，从而大大降低了钢中的固溶碳量，使铬的碳化物难以析出。

5.4.4　防止晶间腐蚀的措施

防止晶间腐蚀的措施具体如下。

（1）降低碳含量。降低固溶体的碳含量，可以减少碳化铬的形成和沿晶界的析出，从根本上降低晶界腐蚀的敏感性，如采用超低碳不锈钢（碳含量小于 0.03%）。

（2）添加合金元素。加入与碳亲和力大的元素，如 Ti、Nb 等，它们能够和钢中的碳生成 TiC 及 NbC，极其稳定，能够抑制固溶体中碳相晶界的扩散。但需要经过稳定化处理，即把含 Ti、Nb 的钢加热到 850~900℃，保温数小时，使 $Cr_{23}C_6$ 沉淀中的碳充分转变成 TiC 和 NbC。

（3）进行合理的热处理。对奥氏体不锈钢，要在 1050~1100℃进行固溶处理，使析出的碳化物溶解，快速冷却，能够使碳化物不析出或少析出。对于铁素体不锈钢，可以在 700~800℃进行退火处理，对含 Ti、Nb 的钢要进行稳定化处理。

（4）调整钢的成分。改变化学成分，使奥氏体钢中存在少量的铁素体，构成双相钢，能够有效抵抗晶间腐蚀。由于铁素体在钢中大多数沿晶界形成，含铬量高，因而在敏化温度区间不至于产生严重的贫化。

5.5　选择性腐蚀

合金中某一成分或某一组织优先腐蚀，另一成分或组织不腐蚀或很少腐蚀，这种现象叫做选择性腐蚀。最典型的例子是黄铜脱锌和石墨化腐蚀。类似的腐蚀过程还有铝青铜脱铝、磷青铜脱锡、硅青铜脱硅以及钴钨合金脱钨腐蚀等。选择性腐蚀依据机理分为组织选择性腐蚀和成分选择性腐蚀。

5.5.1　组织选择性腐蚀

组织选择性腐蚀是指多相合金在特定介质中，某一相优先发生腐蚀的现象，例如灰口铸铁的石墨化腐蚀。灰口铸铁中的石墨以网格状分布在铁素体组织内，在盐水、土壤或极稀的酸性溶液介质中，铸铁中的石墨成为阴极，基体铁素体组织为阳极，铁素体发生选择性腐蚀，而石墨沉积在铸铁表面。铁素体被溶解后，基体中只剩下石墨和铁锈，成为石墨、孔隙和铁锈构成的多孔体。因此产生这种腐蚀时，灰口铸铁外形虽未变，但已经失去金属强度，很容易发生破损，故称为石墨化腐蚀。石墨化腐蚀是一个缓慢的过程。如果处于能使金属迅速腐蚀的环境中，则铸铁将发生整个表面的均匀腐蚀，而不是石墨化腐蚀。

从电化学原理来说，组织选择性腐蚀是由多相合金在恒电位下腐蚀时两相的溶解电流相差悬殊所致。多相合金的电化学腐蚀属于短路电池腐蚀，可看做完全极化体系，腐蚀时各相均极化到同一电位，故可以认为是恒电位下的腐蚀过程。

5.5.2 成分选择性腐蚀

成分选择性腐蚀是指,单相合金腐蚀时固溶体中各成分不是按照合金成分的比例溶解,即相对不耐蚀的成分优先溶解。黄铜脱锌就是这类腐蚀的典型例子。

黄铜是 Cu 与 Zn 的合金。锌含量少于 15% 的黄铜称红铜,一般不产生脱锌腐蚀;锌含量 30%~33% 的黄铜多用于制造弹壳。这两类黄铜都是 Zn 在 Cu 中的固溶体合金,因其含锌量较低称作 α 黄铜。加锌可提高铜的强度及耐腐蚀磨损的性能,但随着锌含量的增加,脱锌腐蚀及应力腐蚀破裂将变得严重。黄铜脱锌有三种形态,第一种为均匀的层状脱锌腐蚀,腐蚀沿表面发展,但较均匀,多发生在处于酸性介质的含锌量较高的合金中;第二种是带状脱锌,腐蚀沿表面发展,但不均匀,呈条状;第三种为栓塞状脱锌,腐蚀在局部地点发生,向深处发展,易发生在处于中性、弱酸性介质的含锌量较低的黄铜中。

脱锌过程是一个复杂的电化学过程,而不是一个简单的活泼金属分离现象。研究者对脱锌机理的认识尚不一致,一般认为黄铜脱锌分为三步:(1)黄铜溶解;(2)锌离子留在溶液中;(3)铜重新沉积到基体上。

脱锌的阳极反应为

$$Zn \longrightarrow Zn^{2+} + 2e^-$$
$$Cu \longrightarrow Cu^+ + e^-$$

阴极反应为

$$O_2 + 2H_2O + 4e^- \longrightarrow 4OH^-$$

Zn^{2+} 留在溶液中,而 Cu^+ 迅速与溶液中的氯化物作用,形成 Cu_2Cl_2,接着 Cu_2Cl_2 分解:

$$Cu_2Cl_2 \longrightarrow Cu + CuCl_2$$

这里的 Cu^{2+} 的析出电位比合金腐蚀电位高,所以 Cu^{2+} 参加阴极还原反应:

$$Cu^{2+} + 2e^- \longrightarrow Cu$$

因此 Cu 又沉积到基体上,总的效果是黄铜中的锌发生了选择性溶解,而多孔状的铜则残留在基体中。

5.5.3 选择性腐蚀的影响因素与控制措施

选择性腐蚀的影响因素与控制措施具体如下。

(1)材料成分影响。对于化学成分选择性腐蚀可以通过调整和添加合金元素来控制。如防止黄铜脱锌常用两种方法:一是采用脱锌不敏感的合金。含锌量在 15% 的黄铜几乎不脱锌。在容易发生脱锌腐蚀的环境下,关键部件常采用锡镍合金(铜含量 70%~90%,镍含量 10%~30%)来制造。二是加入某些合金元素,改善黄铜耐选择性腐蚀的能力。例如在黄铜中加入少量砷(0.04%),可有效地防止黄铜脱锌。

(2)热处理工艺影响。对于组织选择性腐蚀可以通过设计适当的热处理工艺,改变组织组成和比例来控制,如铝铜合金脱铝。

(3)介质的影响。选择性腐蚀对腐蚀介质比较敏感,可以通过改善介质环境,如脱氧或阴极保护,但不经济。

5.6　应　力　腐　蚀

5.6.1　应力腐蚀定义

应力腐蚀开裂是指受固定拉伸应力作用的金属材料在某些特定介质中，由于腐蚀介质与应力的协同作用而发生的脆性断裂现象，英文简称 SCC（Stress Corrosion Cracking）。一般情况下，金属的大多数表面未受到破坏，但一些细小的裂纹已贯穿到材料的内部，因为这种细微裂纹检测非常困难，而且其破坏也很难被预测，往往在整体材料全面腐蚀量极小的情况下，发生不可预见的突然开裂，因此 SCC 被归为灾难性的局部腐蚀类型。

5.6.2　应力腐蚀发生的条件

通过对黄铜的氨脆、锅炉钢的碱脆、低碳钢的硝脆、奥氏体不锈钢的氯脆等应力腐蚀开裂现象的研究，总结出产生应力腐蚀开裂需具备三个基本条件，即敏感材料、特定环境和拉伸应力，三者协同作用才能发生 SCC，如图 5-11 所示。

（1）敏感材料。几乎所有的金属或合金在特定的介质中都有一定的 SCC 敏感性，合金和含有杂质的金属比纯金属更容易产生 SCC。

（2）特定的腐蚀介质。每种合金的应力腐蚀开裂只是对某些特定的介质敏感，而在其他的介质中可能就不会发生应力腐蚀开裂的现象。表 5-2 列出了一些发生 SCC 的合金环境体系组合。

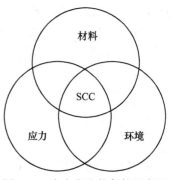

图 5-11　应力发生的条件示意图

表 5-2　发生 SCC 的合金环境体系组合

合金	腐　蚀　介　质
低碳钢	热硝酸盐溶液、碳酸盐溶液、过氧化氢
碳钢和低合金钢	氢氧化钠、三氯化铁溶液、氢氰酸、沸腾的42%氯化镁溶液、海水
高强度钢	蒸馏水、湿大气、氯化物溶液、硫化氢
奥氏体不锈钢	氯化物溶液、高温高压含氧高纯水、海水、F^-、Br^-、$NaOH$-H_2S 水溶液
铜合金	氨蒸汽、汞盐溶液、含 SO_2 大气、氨溶液、三氯化铁、硝酸溶液
镍合金	氢氧化钠溶液、高纯水蒸气
铝合金	氯化钠水溶液、海水、水蒸气、含 SO_2 大气、熔融氯化钠
镁合金	硝酸、氢氧化钠、氢氟酸溶液、蒸馏水、海洋大气、SO_2-CO_2 湿空气
钛合金	含 Cl^-、Br^-、I^- 水溶液、N_2O_4，甲醇，三氯乙烯，有机酸

（3）足够大的拉伸应力。应力腐蚀的发生必须要有足够大的特别是拉伸应力。拉伸应力越大，则断裂所需时间越短。断裂所需应力一般都低于材料的屈服强度。轧制、喷丸、球磨等工艺引起的压应力的作用反而可能降低应力腐蚀敏感性，但也有研究者认为，

在某些情况下压应力也能产生应力腐蚀裂纹，但发生的应力腐蚀开裂绝大多数都是由拉应力造成的。引起应力腐蚀开裂的应力来源有以下几个方面。首先是工作应力，是设备或结构在使用条件下外加载荷引起的应力。其次是残余应力，即金属设备或结构在生产、制造、加工过程中材料内残留的应力，如铸造、热处理、冷加工变形、焊接、切削加工、安装与装配、表面处理以及电镀等工艺导致的热应力、相变应力、形变应力等。再次是闭塞的裂纹内的腐蚀产物因其体积效应，可在垂直裂纹面方向产生很大的楔入应力。这些类型的应力是可以代数叠加的，总的净应力便是应力腐蚀的推动力。另外还有可能是阴极反应产生的氢压造成的。

5.6.3 应力腐蚀特征

5.6.3.1 典型的滞后破坏

应力腐蚀开裂的发生发展过程一般是：构件表面产生裂纹源，并随着时间延长做缓慢的亚临界扩展，经过较长时间，当裂纹扩大到临界尺寸时产生快速断裂，具有裂纹形成较慢、断裂较快的特点，这种类型的断裂一般被称为延滞断裂。腐蚀裂纹要在固定拉伸应力与环境介质共同作用下，并经过一定的时间才能形成、发展和断裂。整个破坏过程可分为孕育期、裂纹扩展期、快速断裂期三个阶段。孕育期——裂纹萌生阶段，是裂纹源成核所需的时间，约占整个时间的90%；裂纹扩展期——裂纹成核后直至发展到临界尺寸所经历的时间；快速断裂期——裂纹达到临界尺寸后，由于纯力学作用，裂纹失稳瞬间断裂。

随着金属或合金所承受张应力的增加，由应力腐蚀开裂引起的断裂时间通常会缩短。整个断裂时间与材料、环境、应力有关，短的几分钟，长的可达数年之久。在材料、环境一定的条件下，随应力降低，断裂时间延长，外加应力与破裂时间的关系见图5-12。在大多数腐蚀体系中存在一个门槛应力或临界应力，低于这一临界值，则不发生应力腐蚀开裂，在有裂纹和蚀坑的条件下，应力腐蚀破裂过程只有裂纹扩展和失稳快速断裂两个阶段。

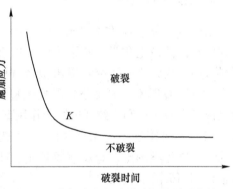

图 5-12 外加应力与破裂时间的关系曲线

5.6.3.2 应力腐蚀裂纹扩展速度

应力腐蚀裂纹扩展速度一般为 $10^{-8} \sim 10^{-6} \, \mathrm{m/s}$，远大于没有应力时的均匀腐蚀速度，但又远远小于单纯机械断裂速度。

5.6.3.3 裂纹扩展模式

应力腐蚀裂纹一般起源于表面；裂纹的长宽不成比例，相差几个数量级；裂纹扩展方向一般垂直于主拉伸应力的方向，有沿晶扩展、穿晶扩展和混合型扩展三种模式。断口的裂纹源及亚临界扩展区因介质的腐蚀作用呈黑色或灰黑色。

5.6.3.4 低应力下的脆性断裂

应力腐蚀开裂是低应力下的脆性断裂。在微观组织上，沿晶应力腐蚀断口具有冰糖状形貌（图 5-13），还能观察到二次沿晶裂纹特征，在晶界有较多腐蚀坑。穿晶应力腐蚀断口上常可观察到河流花样和羽毛状花样（图 5-14），也可观察到腐蚀坑。

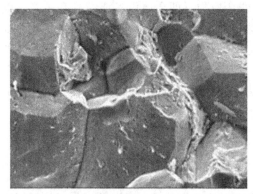 

图 5-13　沿晶应力腐蚀开裂裂纹扩展断口　　　图 5-14　穿晶应力腐蚀开裂裂纹扩展断口

5.6.3.5　电化学作用下的裂纹形核

材料与环境的交互作用反映在电位上就是 SCC 一般发生在活化-钝化或钝化-过钝化的过渡区电位范围（图 5-15），即钝化膜不完整的电位区间。

5.6.4　应力腐蚀机理

由于金属发生应力腐蚀开裂的因素非常复杂，研究的理论涉及电化学、断裂力学、冶金学等几个学科方向，因此诸多研究者提出很多种机理来解释应力腐蚀开裂现象，主要分为阳极溶解型、氢致开裂型以及阳极溶解和氢致开裂综合作用型三大类。

（1）阳极溶解型（AD）机理。该机理包括以下几种：电化学理论、金属溶解理论、闭塞电池腐蚀理论和阳极溶解新机理。

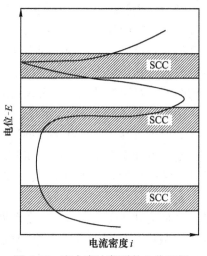

图 5-15　应力腐蚀断裂的电位区间

1）电化学理论。这个理论指出在合金中存在一条易于腐蚀的大致连续的活性通路。活性通路可能由以下原因引起的，例如合金成分和微结构的差异，多相合金和晶界的析出物等。在电化学环境中，此通路为阳极，电化学反应就沿着这条通道进行，有许多实例都证明活性通路的存在。

2）表面膜破裂—金属溶解理论。该理论实际是由电化学理论衍生出来的，该理论认为裂纹尖端由于连续的塑性变形，表面膜破裂，得到的裸露金属形成了一个非常小的和范围有限的阳极区，在腐蚀介质中发生裂纹尖端（阳极）快速溶解（图 5-16），金属的其他部位，特别是裂纹的两侧作为阴极。在腐蚀介质和拉应力的共同作用下，合金局部区域表面膜反复破裂和形成，最终导致应力腐蚀裂纹的产生。在这一过程中，裂纹再钝化速度很重要，只有膜的修复速度在一定范围时才能产生应力腐蚀开裂。这个理论能够说明钝化体系 SCC 的原因，但不能解释一些非钝化体系也能产生 SCC。

根据膜破裂的细节不同，又可以有滑移溶解机理、蠕变使膜破裂机理和隧道腐蚀机

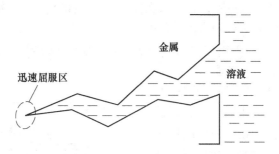

图 5-16　裂纹端部金属阳极溶解引起裂纹扩展的模型图

理。滑移溶解模型强调应力使位错滑移，滑移使表面膜破裂。该模型可以成功解释应力腐蚀的穿晶扩展、开裂敏感性与应变速率的关系等，但在解释断裂面对晶体学取向方向方面遇到困难。另外，还可解释合金与特定化学物质组合产生 SCC 这一事实。图 5-17 为滑移—溶解机理模型示意图。

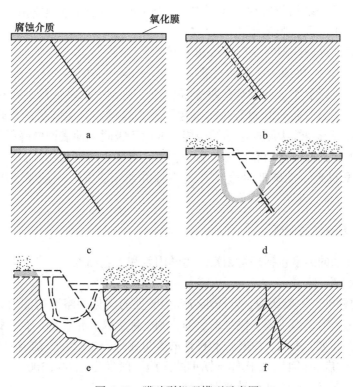

图 5-17　膜破裂机理模型示意图

图 5-17a 表示膜没有破裂的情况，由于应力小，氧化膜完整。若膜较完整，即使外加应力增大，只能造成位错在滑移面上塞积，也不会暴露金属基体，如图 5-17b 所示。当外力达到一定程度时，位错开动后膜破裂，如图 5-17c 所示，基体金属与介质相接触发生阳极快速溶解，当阳极溶解遇到障碍便形成"隧洞"。如由于 O_2 的吸附、活性离子的转换、形成薄的钝化膜等。此时位错停止移动，造成位错重新开始塞积，如图 5-17d 所示。在应力或活性离子的作用下，位错再次开动，表面钝化膜破裂，又开始形成无膜区，暴露金属

又产生快速溶解。重复上述步骤，膜一次次修复（再钝化），一次次破裂溶解，最终导致穿晶应力腐蚀破裂，如图 5-17e 所示。重复上述步骤，直至产生穿晶应力腐蚀开裂，如图 5-17f 所示。不锈钢在热浓的 $MgCl_2$ 溶液中的穿晶应力腐蚀断裂、铜合金在氨溶液中的沿晶应力腐蚀开裂都属于这类机理。

3）闭塞电池腐蚀理论。该理论认为，在已存在的阳极溶解的活化通道上，腐蚀优先沿着这些通道进行，在应力协同作用下，闭塞电池腐蚀所引发的孔蚀扩展为裂纹，产生 SCC，如图 5-18 所示。这种闭塞电池作用与前面的孔蚀相似，也是一个自催化的腐蚀过程，在拉应力作用下不断扩展，直至断裂。

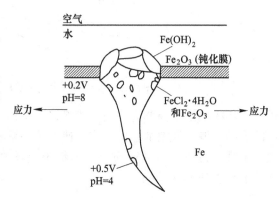

图 5-18 由闭塞电池腐蚀引起的 SCC 示意图

4）阳极溶解新机理。近年来，人们从微观角度提出了一系列新机理。如应力集中提高表面原子活性，膜或疏松层导致应力腐蚀，溶解促进局部塑性变形导致 SCC 等。

（2）氢脆（HE）机理。这个理论最早是由 Evans 和 Edeldanu 提出，认为在腐蚀过程中阴极产生氢，氢原子扩散到裂缝尖端金属内部，使这一区域变脆，在拉应力下发生脆断。目前几乎都认为，在 SCC 过程中，氢起了重要作用。有关氢脆的机理有许多，如氢进入金属内部将降低裂缝尖端原子间结合能，或由于吸附氢使表面能降低，或生成的氢分子造成内压增加促进位错运动和发射。另外，还有可能生成氢化物等。

（3）混合型机理。低碳低合金钢在近中性介质中，SCC 一般是 AD＋HE 综合作用结果。

5.6.5 影响应力腐蚀的因素

影响应力腐蚀的因素包括环境因素、力学因素和冶金因素。

（1）环境因素。

1）氯化物种类。一般认为，凡遇水分解为酸性的氯化物溶液均能引起奥氏体不锈钢的 SCC，例如镁、钙、钡、锌、镉、汞、锂、钠、钾、铁、钴、锰、铜、铵的氯化物。此外，有机氯化物（如 CH_3Cl、CCl_4）和稀盐酸等也比较容易引起不锈钢的 SCC。

2）氯化物浓度和温度。奥氏体不锈钢的氯脆一般发生在 50～300℃，且同一温度下，溶液浓度增大，沸点增高，SCC 敏感性增大。

3）溶液 pH 值。溶液 pH 值越低，断裂时间越短；溶液 pH 值过低，全面腐蚀，不发生 SCC。

（2）氧化性离子。Fe^{3+}、NO_3^-、NO_2^-、$Cr_2O_7^{2-}$，若还原作用，加速 SCC；若选择性吸附，排斥 Cl^-，延缓 SCC。

（3）溶解氧。SCC 不一定需要氧存在，一定条件下氧可以加速 SCC。

（4）电位。SCC 容易在活化-钝化或钝化-过钝化过渡电位区发生。外加电流阳极极化，加速 SCC 发生；外加电流阴极极化，抑制 SCC 发生。

5.6.6 防止应力腐蚀的措施

防止应力腐蚀的措施有：

（1）改善材质。首先是合理选材。在满足性能、成本等的要求下，结合具体的使用环境，尽量选择在该环境中尚未发生过应力腐蚀开裂的材料，或对现有可供选择的材料进行试验筛选，应避免金属或合金在易发生应力腐蚀的环境介质中使用。其次开发新型耐应力腐蚀合金。还可以采用冶金新工艺减少材料中的杂质、提高纯度或通过热处理改变组织、消除有害物质的偏析、晶粒细化等方法，减少材料的应力腐蚀敏感性。

（2）控制应力。首先应该改进结构设计。在设计时应按照断裂力学进行结构设计，避免或减小局部应力集中结构形式；其次进行消除应力处理。在加工、制造、装配中应尽量避免产生较大的残余应力，并可采取热处理、低温应力松弛法、过变形法、喷丸处理等方法消除应力。

（3）控制环境。每种合金都具有其敏感的腐蚀介质，尽量减少和控制这些有害介质的数量；控制环境温度，如降低温度有利于减轻应力腐蚀；降低介质的氧含量及升高 pH 值；添加适当的缓蚀剂，如在油气田中可以加入吡啶；使用有机涂层可将材料表面与环境隔离，或使用对环境不敏感的金属作为敏感材料的镀层等。

（4）电化学保护。金属或合金发生 SCC 和电位有关，有的金属/腐蚀体系存在临界破裂电位，有的存在敏感电位范围。例如，对于发生在两个敏感的电位区间的 SCC，可以进行阴极或阳极保护防止应力腐蚀。但应注意的是，某些合金的 SCC 与氢脆相关，阴极保护电位不能低于析氢电位。

（5）涂层。好的涂层可使金属表面和环境隔离开，从而避免产生 SCC。如输送热溶液不锈钢管子外表面用石棉层隔热，由于石棉层有 Cl⁻渗出，可引起不锈钢表面破裂，当不锈钢外表面涂上有机硅涂料后就不再破裂了。

5.7 腐蚀疲劳

5.7.1 概述

5.7.1.1 腐蚀疲劳的定义

机械部件在使用过程都会遇到疲劳的问题，若是由腐蚀介质而引起的疲劳性能降低，则称为腐蚀疲劳。它是指在循环应力与腐蚀介质联合作用下发生的开裂现象，是疲劳的一种特例。

5.7.1.2 腐蚀疲劳的特点

腐蚀疲劳的特点具体如下。

（1）腐蚀疲劳的疲劳曲线（S-N 曲线）与一般力学疲劳的疲劳曲线形状有所不同，如图 5-19 所示，腐蚀疲劳曲线比纯力学疲劳曲线的位置低，尤其在低应力、高循环次数下曲线的位置更低。纯的力学疲劳有疲劳极限，只有在疲劳极限以上的应力才产生疲劳破裂，而在腐蚀介质中很难找到真正的疲劳极限，只要循环次数足够大，腐蚀疲劳将会在任何应力下发生。在循环应力作用下通常能起阻滞作用的腐蚀产物膜很容易遭受破坏，使新

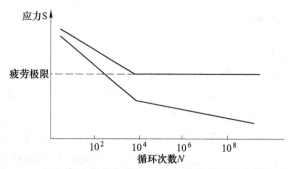

图 5-19　钢的腐蚀疲劳曲线与一般力学疲劳极限曲线的区别

鲜金属表面不断暴露。

（2）腐蚀疲劳和应力腐蚀开裂所产生的破坏有许多相似之处，但也有不同之处。腐蚀疲劳裂纹虽也多呈穿晶形式，但除主干外，一般很少再有明显的分支。此外，这两种腐蚀破坏在产生条件上也很不同。例如，纯金属一般很少发生应力腐蚀，但是会发生腐蚀疲劳，应力腐蚀开裂只有在特定的介质中才出现，而引起腐蚀疲劳的环境是多种多样的，不受介质中特定离子的限制。应力腐蚀开裂需要在临界值以上的静拉伸应力或低交变速度的动应力下才能产生，而腐蚀疲劳在交变应力下发生，在净应力下却不能发生。在腐蚀电化学行为上两者差别更大，应力腐蚀开裂大多发生在钝化-活化过渡区或钝化-过钝化区，在活化区则难以发生，但腐蚀疲劳在活化区和钝化区都能发生。

（3）纯力学疲劳破坏的特征为断面大部分是光滑的，少部分是粗糙面，断面呈现出一些结晶形状，部分呈脆性断裂，裂纹两侧断面相互摩擦而呈光亮状。腐蚀疲劳破坏的金属内表面，大部分面积被腐蚀所覆盖，少部分呈粗糙碎裂区，裂纹两侧断口由于有腐蚀产物而发暗。其断面常常带有纯力学疲劳的某些特点，断口多呈贝壳状态或有疲劳纹，除了最终造成断裂的一条裂纹外，还存在着大量的裂纹。除铅和锡外，其他金属的腐蚀疲劳裂纹都贯穿晶粒，而且只有主干，没有分支，裂纹尖端较钝。

5.7.2　腐蚀疲劳机理

腐蚀疲劳的全过程包括疲劳源的形成、疲劳裂纹的扩展和断裂破坏。关于腐蚀疲劳的机理已建立起多种模型。下面简要地介绍两种模型。

（1）蚀孔应力集中模型。在循环应力作用下，金属内部晶粒发生相对滑移，腐蚀环境使滑移台阶处金属发生活性溶解，促使塑性变形。图 5-20 是腐蚀疲劳裂纹形成过程示意图。在腐蚀介质中预先生成点蚀坑（疲劳源）是发生腐蚀疲劳的必要条件，在应力作用下点蚀坑处优先发生滑移，形成滑移台阶，滑移台阶上发生金属阳极溶解，在反向应力的作用下金属表面上形成初始裂纹。腐蚀疲劳裂纹的扩展速度随疲劳应力强度因子的变化而越来越快，当最大交变应力强度因子接近材料的断裂韧性值时，裂纹的扩展速度随应力强度因子的增高而迅速

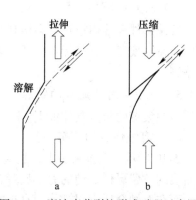

图 5-20　腐蚀疲劳裂纹形成过程示意图
a—滑移台阶；b—初始裂纹

增大，直至失稳断裂。

（2）堆积位错的优先溶解模型。该模型认为腐蚀集中在滑移线处，溶解向位错堆积处发展，释放了位错，促进滑移粗大化，在交变应力作用下，使裂纹扩展直至断裂。

5.7.3　影响腐蚀疲劳的因素

影响腐蚀疲劳的因素有力学因素、材料因素、环境因素和外加极化因素。

（1）力学因素的影响。应力交变速度越大，则裂纹的扩展速度越慢，金属可以经受更长时间的应力循环。当应力交变速度降低时，一般裂纹扩展速度加快，因为在较低频率裂纹与腐蚀介质接触的时间变长。当应力交变速度极低时，则要看是否存在应力腐蚀开裂的敏感性，此时腐蚀疲劳和应力腐蚀开裂可能共同作用。另外应力的波形也对腐蚀疲劳有影响，正脉冲波和负锯齿波对耐腐蚀疲劳影响小，而三角波、正弦波和正锯齿波对耐腐蚀疲劳性能有害。

（2）材料因素的影响。耐蚀性较高的金属对腐蚀疲劳的敏感性较小，耐蚀性较差的金属对腐蚀疲劳的敏感性较大。因而，如果添加的合金元素能提高材料耐蚀性，则对耐腐蚀疲劳有益处。

（3）环境因素的影响。一般来说，随温度升高，材料的耐腐蚀疲劳性能下降，而对纯疲劳性能影响较小。介质的腐蚀性越强，腐蚀疲劳强度越低，但腐蚀性过强时，形成疲劳裂纹的可能性减小，反而使裂纹扩展速度下降。对于 pH 值的影响，一般在较低 pH 值时，疲劳寿命低，随 pH 值加大，疲劳寿命逐渐增加，当 pH>12 时，则已与纯疲劳寿命相同。对于可钝化金属，添加氧化剂可以提高腐蚀疲劳强度；对于非可钝化金属，则在水溶液中除氧处理可以提高金属的腐蚀疲劳强度。

（4）外加极化因素的影响。阴极极化后可使裂纹扩展速度明显降低，甚至接近空气中的疲劳强度，但阴极极化进入析氢电位区后，对高强钢的疲劳性能会产生有害作用。对处于活化态的碳钢而言，阳极极化加速疲劳腐蚀，但对于能够钝化的不锈钢来说，阳极极化可提高腐蚀疲劳强度。

5.7.4　防止腐蚀疲劳的措施

防止腐蚀疲劳的措施具体如下。

（1）选用较耐蚀材料，提高表面光洁度，避免形成缝隙。例如，选用蒙尔乃合金以及不锈钢等。

（2）通过表面涂层和镀层改善材料的耐腐蚀性，可以改善材料的耐腐蚀疲劳性能。例如镀锌钢材在海水中的疲劳寿命显著延长。

（3）电化学保护。例如，对碳钢可实行阴极保护，对不锈钢可实行阳极保护。

（4）通过氮化、喷丸和表面淬火等表面硬化处理，使压应力作用于材料表面，对提高材料抗腐蚀疲劳性能有益。

（5）使用缓蚀剂进行保护。例如，添加重铝酸盐可以提高碳钢在盐水中的耐腐蚀疲劳能力。

5.8　磨损腐蚀

5.8.1　概述

5.8.1.1　磨损腐蚀的定义

磨损腐蚀是指，在腐蚀介质的电化学腐蚀作用以及电解质与腐蚀表面间的相对运动的力学作用的共同作用下，造成腐蚀加速的现象。

5.8.1.2　磨损腐蚀的特征

磨损腐蚀的特征具体如下。

（1）由于电解质和腐蚀金属表面存在机械磨损和磨耗作用的高速运动，因此能够使金属比处于单独的电化学腐蚀时的腐蚀严重得多。工业生产中的设备和构件，如船舶的螺旋桨推进器，磷肥生产中的料浆泵叶轮，热交换器的入口管、弯管、弯头及其他的管道系统等，都会在工作过程中遭受不同程度的磨损腐蚀。

（2）磨损腐蚀特别容易发生在诸如管道（特别是弯头和接口）、阀、泵、喷嘴、热交换器、涡轮机叶片、挡板和粉碎机等部位。

（3）冲击腐蚀和空泡腐蚀是磨损腐蚀的特殊形式。造成冲击磨蚀损坏的流动介质包括气体、水溶液体系（特别是含有固体颗粒、气泡的液体）。当流体的运动速度加快，同时又存在机械磨耗或磨损的作用下，金属以水化离子的形式溶解进入溶液，这与纯机械力的破坏作用下，金属以粉末形式脱落是不同的。

5.8.2　几种磨损腐蚀的形式

常见的磨损腐蚀有湍流腐蚀、空泡腐蚀和摩振腐蚀三种腐蚀形式。

（1）湍流腐蚀。许多磨损腐蚀的产生是由流体从层流转为湍流造成的，湍流使金属表面液体的搅动比层流时更为剧烈，结果使金属与介质的接触更为频繁，湍流不仅加速了腐蚀剂的供应和腐蚀产物的迁移，而且也附加了一个液体对金属表面的切应力。这个切应力很容易将腐蚀产生的腐蚀介质从金属表面剥离，并让流体带走，露出新鲜的活性金属基体表面，在腐蚀介质的电化学腐蚀作用下，腐蚀加剧。磨损腐蚀的外表特征是光滑的金属表面上呈现出带有方向性的槽、沟和山谷形，而且一般按流体的流动方向切入金属表面层，湍流腐蚀示意图中的腐蚀形态如图 5-21 所示。如果流体中含有气泡或固体颗粒，还会使切应力的力矩得到加强，使金属表面磨损腐蚀更加严重。

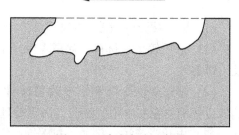

介质流动方向 ←

图 5-21　湍流腐蚀示意图

湍流腐蚀大都发生在设备或部件的特定部位，介质流速急剧增大形成湍流。构成湍流腐蚀除流体速度较大之外，构件形状不规则也是引起湍流的一个重要条件。如泵叶轮、蒸汽透平机叶片等构件就是形成湍流的典型不规则几何构型。在输送流体的管道内，流体按水平方向或垂直方向运动时，管壁的腐蚀是均匀减薄的，但在流体突然被迫改变方向的部位，如弯管、U形换热管等拐弯部位，其管壁就要比其他部位的管壁减薄速度更快，甚至穿孔。

（2）空泡腐蚀。空泡腐蚀是在高速流体和腐蚀的共同作用下产生的，如船舶螺旋桨推进器，涡轮叶片和泵叶轮等这类构件中的高速冲击和压力突变的区域，最容易产生这种腐蚀。这种金属构件的几何外形未能满足流体力学的要求，使金属表面的局部地区产生涡流，在低压区引起溶解气体的析出或介质的汽化。这样接近金属表面的液体不断有蒸汽泡的形成和破灭，而气泡破灭时产生冲击波，破坏金属表面膜，空泡腐蚀示意图见图 5-22。通过试验计算，冲击波对金属施加的压力可达到 137MPa，这个压力足以使金属发生塑性变形，在遭受空蚀的金属表面可观察到有滑移线出现。

（3）摩振腐蚀。摩振腐蚀又称振动腐蚀、微动腐蚀、摩擦氧化，是指两种金属或一种金属与另一种非金属材料在相接触交界面上有载荷的条件下，发生微小的振动或往复运动而导致金属的破坏，摩振腐蚀示意图见图 5-23。负荷和交界面的相对运动造成金属表面层上呈现麻点或沟纹，在这些麻点和沟纹周围充满着腐蚀产物。这类腐蚀大多数发生在大气条件下，腐蚀结果可使原来紧密配合的组件松散或卡住，腐蚀严重的部位往往容易发生腐蚀疲劳。在机械装置、螺栓组合件以及滚珠或滚柱轴承中容易出现这种腐蚀。

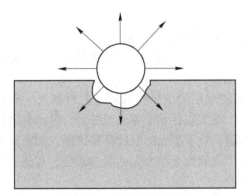

图 5-22　空泡腐蚀示意图

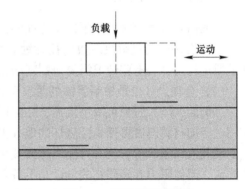

图 5-23　摩振腐蚀示意图

5.8.3　磨蚀的主要影响因素

5.8.3.1　金属或合金的性质

金属或合金的化学成分、耐蚀性、硬件和冶金过程，都能影响这些材料在磨损腐蚀条件下的行为。总的来说，耐蚀性越好的材料，其抗磨损腐蚀性能也越好，这是因为金属表面有一层保护性较好的表面膜。因此，金属的抗磨蚀性能与表面膜的质量有很大关系。例如，使用中发现，18-8 型不锈钢的泵叶轮输送腐蚀性强的氧化介质时，其实用寿命要比输送还原性介质长得多。其原因就在于，碳钢在氧化性介质中能够生产稳定的钝化膜，钝化膜损坏也容易得到修复；相反，在还原性介质所形成的表面膜性能很不稳定，膜损坏后也不易得到修复。另外在合金中加入第三种元素，常能增加抗磨蚀性能。如果在 18-8 型不锈钢中加入少量的钼，制成 316 不锈钢，由于合金表面生成了更稳定的钝化膜，抗磨蚀性能将有明显的提高。铜镍合金中加入少量的铁后，其在海水中的抗磨蚀性能也会有所提高。

5.8.3.2　流速

介质的流速在磨损腐蚀中起重要作用。表 5-3 是海水对各种金属腐蚀速度的影响情况。从表中可以看出，增加流速对不同金属的腐蚀起不同的作用。在临界速度之前可能没有影响或上升很慢，当达到某一临界值时发生了破坏性腐蚀，当流速由 0.305m/s 增至 1.22m/s 时，影响不大，但是达到高流速时，腐蚀相当严重。随流速增大，它们的腐蚀速度增加了几倍到几十倍。而且，在某一临界流速前，腐蚀增长速度较慢，达到这个速度以后，腐蚀速度大大加快。

表 5-3　海水对各种金属腐蚀速度的影响情况

材　料	不同流速下的典型腐蚀率/mg·$(dm^2 \cdot 24h)^{-1}$		
	0.305m/s	1.22m/s	8.23m/s
碳钢	34	72	254
铸铁	45	—	270
硅青铜	1	2	343
海军黄铜	2	20	170

5.8.4　磨损腐蚀的控制

一般而言，可以采取以下四个方面的措施对磨损腐蚀进行控制。

（1）合理选材是解决多数磨损腐蚀破坏的经济方法，应针对具体使用条件，查阅有关手册进行选择。有些情况需要研制新的材料。

（2）合理设计也是控制磨蚀的重要手段，能使现用的或价格较低廉的材料大大延长寿命。例如，增大管径可减小流速，并保证层流；增大直径并使弯头流线型，可减少冲击作用；增加材料厚度可使易受破坏的地方得到加固。对于船舶的螺旋桨推进器，如果从设计上使其边缘呈圆形，就有可能避免或减缓空蚀。应避免流动方向的突然改变，其能够导致湍流、流体阻力和障碍物的设计是不符合要求的。

（3）阴极保护。例如，可在冷凝器一端采用钢制花板，以对海水热交换器不锈钢管束的入口提供阴极保护。

（4）表面处理。如对于空泡腐蚀来说，为了避免气泡形成的核心，应采用光洁度高的加工表面。对于摩振腐蚀来说，为了减小紧贴表面间的摩擦及排除氧的作用，应采用合适的润滑油脂，或者表面处理成加入了适当润滑剂的磷酸盐涂层。

5.9　金属的氢损伤

5.9.1　概述

氢损伤是指金属中由于含有氢或金属中的某些成分与氢反应，从而使金属材料的力学性能变坏的现象。氢损伤导致金属材料的韧性和塑性性能下降，易使材料开裂或脆断。氢损伤与氢脆的含义是不一样的，氢脆主要涉及金属材料脆性增加，韧性下降，而氢损伤含义要广泛得多，除涉及韧性降低、开裂外，还包括金属的其他物理性能下降。

根据氢引起金属破坏的条件、机理和形态，氢损伤可以分为氢鼓泡、氢脆、氢腐蚀三类。氢鼓泡是由于氢进入金属内部而使金属局部变形，严重时金属结构完全破坏。氢脆是由氢进入金属内部而引起韧性和抗拉强度下降。氢腐蚀是指高温下合金中的组分与氢反应，如含氧铜在氢作用下的碎裂，含碳钢的脱碳造成机械强度下降。

氢损伤是氢与材料交互作用引起的一种现象。氢的来源可分为内氢和外氢两个方面。内氢是指冶炼、铸造、热处理、酸洗、电镀、焊接等工艺过程中引入的氢。外氢或环境氢是指材料本身氢含量很小，但使用中或试验中从能提供氢的环境中吸收的氢，如与含氢的介质（H_2、H_2S）接触或处在腐蚀或应力腐蚀过程中，若存在氢还原的阴极反应，部分氢原子也会进入金属中。由于氢和金属的交互作用，氢可以以 H、H^+、H^-、H_2、金属氢化物、固溶体化合物、碳氢化合物（如 CH_4 气体）、氢气团等多种形式存在。氢在金属中的分布是不均匀的，易于在应力集中的位错、裂纹尖端等应力集中的缺陷区域扩散和富集。

5.9.2 氢损伤机理

关于金属材料的氢损伤机理的理论较多，但是各具特点，且均存在局限性。下面简要介绍氢脆、氢鼓泡及氢腐蚀的机理。

（1）氢脆机理。氢脆是指由于氢扩散到金属中以固溶态存在或生成氢化物而导致材料断裂的现象。氢脆机理，大多数认为是溶解氢对位错滑移的干扰。这种滑移干扰可能是由于氢集结在位错或显微空穴的附近，但是精确的机理仍然没有搞清楚。原子氢与位错的交互作用理论（氢钉扎理论）认为：因各种原因进入金属内部的氢原子存在于点阵的空隙处，在应力的作用下，氢原子会向缺陷或裂纹前线的应力集中区扩展，阻碍了该区域的位错运动，从而造成局部加工硬化，提高了金属抵抗塑性变形的能力，也叫做氢钉扎理论。因此，在外力作用下，能量只能通过裂纹扩展释放，故氢的存在加速了裂纹的扩展。

（2）氢鼓泡机理。氢鼓泡是指过饱和的氢原子在缺陷位置析出后，形成氢分子，在局部区域造成高氢压。引起表面鼓泡或形成内部裂纹，使钢材撕裂开来的现象，称为氢诱发开裂或氢鼓泡。

由于腐蚀反应或阴极保护，氢在内表面析出，有许多氢会通过钢壁扩散至钢中。而有一定浓度的氢原子扩散到一个空穴内，结合成氢分子。因为氢分子不能在空穴内向外扩散，导致空穴内的氢浓度和压力上升。当钢中氢浓度达到某个临界值时，氢压足以诱发裂纹，在氢源不断向裂纹中提供 H_2 的情况下，裂纹不断扩展。

（3）氢腐蚀机理。氢腐蚀是指在高温高压条件下，氢进入金属，发生合金组分与氢的化学反应，生成氢化物等，从而导致合金强度下降，发生沿晶界开裂的现象。

氢腐蚀中伴随着化学反应。如含氧铜与氢原子反应，生成水分子高压气体；又如，碳钢中渗碳体与氢原子反应，生成甲烷高压气体。

在高温高压含氢条件下，氢分子扩散到钢的表面，并产生物理吸附，被吸附的部分氢分子转变为氢原子，并经化学吸附。然后直径很小的氢原子会通过晶格向钢内扩散。固溶的氢与渗碳体反应生成甲烷，甲烷在钢中扩散能力很低，聚集在晶界原有的微观空隙内。反应进行过程中，降低了该区域的碳浓度，其他位置上的碳通过扩散给予不断补充。这样甲烷量不断增多，形成局部高压，造成应力集中，使该处发展为裂纹，当气泡在晶界上达到一定压力后，造成沿晶开裂和脆化。

5.9.3 影响氢损伤的因素

影响氢损伤的因素有氢含量、温度、溶液 pH 值和合金成分。

（1）氢含量影响。氢含量增加，氢损伤敏感性加大，钢的临界应力下降，伸长率减小。当 H_2 中含有 O_2、CO、CO_2 时，将会大大抑制氢损伤滞后开裂过程，因为钢表面吸附这些物质分子将会造成对氢原子的竞争吸附，阻止了对氢吸附。

（2）温度的影响。随着温度的升高，氢的扩散加快，使钢中含氢量下降，氢脆敏感性降低，当温度高于 65℃时，一般就不容易产生氢脆了。当温度过低，氢在钢中的扩散速度大大降低，也使氢脆敏感性下降，故氢脆一般在 $-30 \sim 30℃$ 范围内产生。但对于氢损伤，如氢与合金中成分的反应如脱碳过程，则必须在高温高压下才会发生，这是由于高温下化学反应活化能会降低。

（3）溶液 pH 值的影响。酸性条件能够加速氢的腐蚀，随着 pH 值的降低，断裂时间缩短，当 pH>9 时，则不易发生断裂。

（4）合金成分的影响。一般 Cr、Mo、W、Ti、V、Nb 等元素，能够和碳形成碳化物，因此可以细化晶粒，提高钢的韧性，对降低氢损伤敏感性是有利的。而 Mn 能够使临界断裂应力值降低，故加入钢中是有害的。

5.9.4 氢损伤的控制措施

氢损伤的控制措施具体如下。

（1）选用耐氢脆合金。通过调节合金成分和热处理可获得耐氢脆的金属材料。例如最易产生氢脆的材料是高强钢，在合金中加入镍或钼可减小氢脆敏感性。合金中加入 Cr、Al、Mo 等元素则会在钢表面形成致密的保护膜，阻止氢向钢内扩散。加入少量低氢过电位金属 Pt、Pd 和 Cu 等，能使吸附在合金表面的氢原子很快形成氢分子而逸出。

（2）添加缓蚀剂或抑制剂。在水溶液中一般采取加入缓蚀剂的方法，抑制钢中氢的吸收量，减小腐蚀率和氢原子还原速度。例如在酸洗时，应在酸洗液中加入微量锡盐，由于锡在金属表面的析出，阻碍了氢原子的生成和渗入金属。

（3）合理的加工和焊接工艺。可以通过改善冶炼、热处理、焊接、电镀、酸洗等工艺条件，以减小带入的氢量。例如工业上常常采用烘烤除氢的方法恢复钢材的力学性能。采用真空冶炼、真空重熔、真空脱气、真空浇注等冶金新工艺，提高材质，避免氢的带入，改善高强钢滞后断裂的敏感性。

习　题

5-1 用腐蚀极化图说明什么是电偶腐蚀效应。

5-2 建立电偶序表有什么意义？阴阳极面积比对电偶序有什么影响？

5-3 什么是点蚀？它的主要特征是什么？以奥氏体不锈钢在充气的氯化钠溶液中的点蚀来说明点蚀机理。

5-4 什么叫点蚀破裂电位和保护电位？两者与点腐蚀发生、发展有什么关系？影响点蚀的因素是什么？

采取何种措施可以控制点蚀？

5-5　缝隙腐蚀的特征是什么？以碳钢在海水中的缝隙腐蚀为例简要说明腐蚀机理。

5-6　晶间腐蚀有何特征？以奥氏体不锈钢为例说明晶间腐蚀的机理。铁素体不锈钢和不锈钢焊接所产生的晶间腐蚀的原理是什么？

5-7　影响晶间腐蚀的主要因素有哪些？进行晶间腐蚀的控制可采用哪些措施？

5-8　什么是选择性腐蚀？它包括哪两种类型？黄铜脱锌有哪三种特征？黄铜脱锌的机理是怎样的？采用什么措施控制黄铜脱锌？

5-9　什么是应力腐蚀开裂？产生应力腐蚀的条件是什么？有何特征？

5-10　影响应力腐蚀断裂的因素有哪些？采用何种措施可以控制应力腐蚀断裂？

5-11　什么是腐蚀疲劳？腐蚀疲劳有什么样的特征？腐蚀机理是什么？影响腐蚀疲劳有哪些因素？有何规律？采取哪些具体措施可控制腐蚀疲劳？

5-12　什么是磨损腐蚀？它有几种特殊的破坏形式？发生这类腐蚀的条件是什么？针对湍流腐蚀、冲刷腐蚀、空泡腐蚀、摩振腐蚀应采取哪些具体措施进行控制？

5-13　什么是氢损伤？它有几种类型？影响氢损伤的因素是什么？对氢脆、氢鼓泡、脱碳、氢腐蚀的控制，可采取哪些措施？

6 环境中的材料腐蚀

金属腐蚀的发生发展总是和一定的腐蚀介质相联系的。导致金属发生腐蚀的介质环境有两类，一类是自然环境，如大气、海水、土壤环境等；另一类是化工介质环境，如酸、碱、盐等溶液。要了解金属腐蚀的基本规律并对腐蚀过程有效控制，必须对金属材料所处的介质环境有所了解。

6.1 大 气 腐 蚀

6.1.1 概述

金属在大气条件下发生腐蚀现象称为大气腐蚀。大气腐蚀是金属腐蚀中最普遍的一种。金属材料从原材料库存、零部件加工和装配以及产品的运输和贮存过程中都会遭到不同程度的大气腐蚀。例如，表面光洁的钢铁零件在潮湿的空气中过不多久就会生锈，光亮的铜零件会变暗或产生铜绿。又如长期暴露在大气环境下的桥梁、铁道、交通工具及开口装备等都会遭到大气腐蚀。据估计因大气腐蚀而引起的金属损失，占总腐蚀损失量的一半以上，随着大气环境的不同，其腐蚀严重性有明显的差别。在含有硫化物、氯化物、煤烟、尘埃等杂质的环境中会大大加重金属腐蚀。例如，钢在海岸的腐蚀速度要比在沙漠中的大 400～500 倍。

大气腐蚀基本上属于电化学腐蚀范围。它是一种液膜下的电化学腐蚀，和浸在电解质溶液内的腐蚀有所不同。由于金属表面上存在一层饱和了氧的电解液薄膜，使大气腐蚀优先以氧去极化过程进行腐蚀。另外，在薄层电解液下很容易产生阳极钝化，固体腐蚀产物常以层状沉积在金属表面，因而带来一定的保护性。例如，钢中含有千分之几的铜，由于生成一层致密的、保护性较强的防锈膜，使钢的耐蚀性得到明显改善。这也为采用合金化的方法提高金属材料的耐蚀性指出了有效的途径。

6.1.2 大气腐蚀类型

和浸在溶液中的金属腐蚀对照，大气腐蚀指的是暴露在空气中金属的腐蚀，它概括了范围很宽广的一些条件，其分类是多种多样的。有按地理和空气中含有微量元素的情况（工业、海洋和农村）分类的，有按气候（热带、湿热带、温带等）分类的，也有按水汽在金属表面的附着状态分类的。从腐蚀条件看，大气的主要成分是水和氧，而大气中的水汽是决定大气腐蚀速度和历程的主要因素。因此，根据腐蚀金属表面的潮湿程度可以把大气腐蚀分成"干的""潮的"和"湿的"三种类型。

（1）干的大气腐蚀。干的大气腐蚀亦称作干氧化和低湿度下的腐蚀，即金属表面基本上没有水膜存在时的大气腐蚀，属于化学腐蚀中的常温氧化。在清洁而又干燥的室温大气中，大多数金属生成一层极薄的不可见的氧化膜，其厚度为 1~4nm。例如，在含有微量硫化物的空气中，由于金属硫化物膜的晶格有许多缺陷，它的离子导电和电子导电比金属氧化物大得多，硫化物膜可以生长得相当厚，使铜、银这些金属出现灰色或表面变为晦暗，从而影响其美观和电接触点的导电性，但无明显的破坏。在室温下某些非铁金属表面能生成一层可见的膜，这种膜的形成通常称为失泽作用。金属失泽和干氧化作用之间有着密切的关系。其膜的成长服从抛物线规律，而在清洁的空气中，在室温下按对数规律增厚。

（2）潮的大气腐蚀。潮的大气腐蚀是相对湿度在 100%以下，金属在肉眼不可见的薄水膜下进行的腐蚀。如铁在没有被雨、雪淋到时生锈。这种水膜是由于毛细管作用、吸附作用或化学凝聚作用而在金属表面形成的。所以，这类腐蚀是在超过临界相对湿度情况下发生的。此外，它还需要有微量的气体或固体沾污物存在，当超过临界温度时，沾污物的存在能强烈地促使腐蚀速率增大，而且沾污物还常会使临界湿度降低。

（3）湿的大气腐蚀。湿的大气腐蚀是指水分在金属表面上凝聚成肉眼可见的液膜层时的大气腐蚀。当空气相对湿度约为 100%或水分（雨、飞沫等）直接落在金属表面上时，就发生这种腐蚀。对于潮的和湿的大气腐蚀来说，它们都属于电化学腐蚀。由于表面液膜层厚度不同，它们的腐蚀速度也不相同，如图 6-1 所示。图中Ⅰ区为金属表面上有几个分子层厚的吸附水膜，没有形成连续的电解液，相当于"干氧化"状态。Ⅱ区对应于"潮的大气腐蚀"状态，由于电解液膜（几十个或几百个水分子层厚）的存在，开始了电化学腐蚀过程，腐蚀速度急剧增加。Ⅲ区为可见的液膜层（厚度为几十至几百微米）。随着液膜厚度进一步增加，

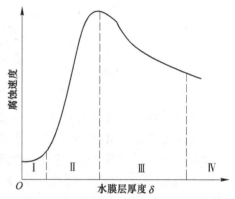

图 6-1　大气腐蚀速度与金属表面上
水膜层厚度之间的关系

Ⅰ—膜厚 $\delta = 1 \sim 10$nm；Ⅱ—膜厚 $\delta = 10$nm $\sim 1\mu$m；
Ⅲ—膜厚 $\delta = 10\mu$m ~ 1mm；Ⅳ—膜厚 $\delta > 1$mm

氧的扩散变得困难，因而腐蚀速度也相应降低。液膜增厚就进入Ⅳ区，这与浸泡在液体中的相同，Ⅲ区相当于"湿的大气腐蚀"。一般环境的大气腐蚀大多是在Ⅱ、Ⅲ区进行的，随着气候条件和金属表面状态（氧化物、盐类的附着情况）的变化，各种腐蚀形式可以相互转换。

6.1.3　大气腐蚀过程和机理

6.1.3.1　金属表面上水膜的形成

要了解"潮的"和"湿的"大气腐蚀，首先要了解金属在水汽未饱和时的大气中金属的表面状态。水汽膜是不可见的液膜，其厚度为 2~40 水分子层。当水汽达到饱和时，在金属表面上会发生凝结现象，使金属表面形成一层更厚的水层，此膜称为湿膜。湿膜是可见液膜，其厚度为 1μm ~ 1mm。

A　水汽膜的形成

在大气相对湿度小于 100%而温度高于露点时，金属表面上也会有水的凝聚。水汽膜

的形成主要有如下三种原因。

（1）毛细凝聚。从表面的物理化学过程可知，气相中的饱和蒸汽压与同它相平衡的液面曲率半径有关。如图6-2所示，通常有三种典型的弯液面（凸形的、凹形的、平的）。由于液面形状不同，其液面上的饱和蒸汽压力也不同。这三种典型弯液面对应的平衡饱和蒸汽压分别为 p_2、p_1、p_0，且 $p_1 < p_0 < p_2$。也就是说，液面的曲率半径 r 越小，饱和蒸汽压越小，水蒸气越易凝聚。因为气相中的分子在做无秩序的热运动时，撞击并停留在凹曲面上的概率比平面上的大得多，即凹曲面上的液面表面层分子的吸附力比平面上的大，故在凹曲面上易发生凝聚作用。

$$p_1 < p_0 < p_2$$

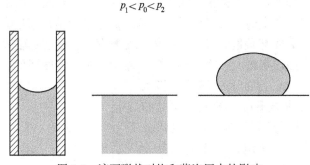

图6-2　液面形状对饱和蒸汽压力的影响

（2）吸附凝聚。在相对湿度低于100%时，未发生纯粹的物理凝聚之前，由于固体表面对水分子的吸附作用也能形成薄的水分子层。吸附的水分子层数随相对湿度的增加而增加。吸附水分子层的厚度也与金属的性质及表面状态有关，一般为几十个分子层的厚度。

（3）化学凝聚。当物质吸附了水分子之后，即与水可以发生化学作用，这时水在这种物质上的凝聚称作化学凝聚。例如金属表面上落上或生成了吸水性的化合物（$CuSO_4$、$ZnCl_2$、$NaCl$、NH_4NO_3 等）。即便盐类已形成溶液，也会使水的凝聚变得容易。因为盐溶液上的水蒸气压力低于纯水的蒸气压力（见表6-1），因此，当金属表面落上铵盐或钠盐（手汗、盐粒等），就特别容易促进腐蚀。在这种情况下，水分在相对湿度为70%~80%时就会凝聚，同时又有电解质存在，所以就会加剧腐蚀。

表6-1　各种盐的饱和水溶液上的平衡水蒸气压力（20℃）

盐类名称	水蒸气压力 p/Pa	液面上封闭空间中空气的相对湿度/%
氯化锌	233.28	10
氯化钙	819.80	35
硝酸锌	981.08	42
硝酸铵	1564.94	67
硝酸钠	1803.55	77
氯化钠	1868.88	78
氯化铵	1855.54	79
硫酸钠	1892.86	81
硫酸铵	1895.53	81
氯化钾	2048.83	86

盐类名称	水蒸气压力 p/Pa	液面上封闭空间中空气的相对湿度/%
硫酸镉	2086. 15	89
硫酸锌	2123. 47	91
硝酸钾	2167. 46	93
硫酸钾	2306. 09	99

注：20℃时纯水的蒸气压力 $p_0 = 17.535 \times 133.3\text{Pa} = 2337.4\text{Pa}$。

B 湿膜的形成

金属暴露在室外大气或易遭到水滴飞溅的条件下，金属表面易形成厚 $1\mu m \sim 1mm$ 的可见水膜。这种情况如大气沉降物的直接降落（雨、雪、雾、露、融化的霜和冰等），水分的飞溅（海水的飞沫），周期浸润（海平面上工作的零件，周期地与水接触的构件等），空气中水分的凝结（露点以下水分的凝结、水蒸气的冷凝等）。例如，露天仓库、户外工作的飞机、设备、仪器、海上运输和水上飞机等，这些都经常会溅上水或落上雨雪。

饱和凝结现象也是非常普遍的。这是由于有些地区（特别是热带、亚热带及大陆性气候地区）的气温变化非常剧烈，即使在相对湿度低于100%的气候条件下，也易造成空气中水分的凝结。例如，我国株洲地区，因其昼夜温差大（15℃左右），所以只要相对湿度达到35%左右时，就能产生凝露现象。这类地区的腐蚀现象是较严重的。此外，强烈的日照也会引起剧烈的温差，因而造成水分的凝结现象。

湿膜情况下发生的腐蚀和水汽膜不同，其腐蚀历程变得接近于沉浸在水中条件下的腐蚀历程，只是氧补给情况比浸入水中时或比水流经管道时好。而水汽膜下的潮腐蚀，只有当大气的相对湿度超过某一临界值时，潮腐蚀才会变得重要起来。不同的金属对应着不同的临界湿度，即在超过此值的情况下，存在于表面上的某些吸湿性物质（或是在腐蚀过程中形成的吸湿性产物）就可以从大气中吸收水，这样腐蚀就可以按照类似于沉浸条件下所遇到的历程继续下去。

6.1.3.2 大气腐蚀速度与电极过程特征

腐蚀过程动力学（速度）问题是与电极（阴、阳极）的极化、传质过程及离子迁移等密切相关的。如果哪一过程中的阻力最大，它就控制着整个腐蚀过程的进行，该过程的速度就决定着整个腐蚀速度。与电化学动力学规律一样，大气腐蚀速度也与大气条件下的电极过程有关。同样可以由测得液膜下的极化曲线的极化度大小来判断。极化度越大，说明电极过程的阻滞作用越大，即该过程的速度越小，因此它就起着控制整个腐蚀过程的作用。

大气腐蚀是液膜下的电化学腐蚀，与浸在电解液中的腐蚀相比有它的特殊之处。一般腐蚀电偶都是短路的，电阻很小，可略而不计，而在极薄的电解液膜下则不可忽视。此外，随着液膜厚度的变化，阴、阳极过程及大气腐蚀的因素也是发生变化的。大气腐蚀时，由于氧很容易到达阴极表面，故阴极过程主要依靠氧的去极化作用，即氧向阴极表面扩散，作为去极化剂在阴极进行还原反应。其氧离子化的阴极过程，是按溶液中氧去极化时同样的那些基本步骤实现的。现已查明，在许多金属的大气腐蚀过程都有少量过氧化氢生成，此物是氧阴极还原生成氢氧离子的中间步骤。氧阴极还原的总电化学反应式为

$$O_2 + 2H_2O + 4e^- \longrightarrow 4OH^-$$

另外，还查明了氧在薄层电解液下的腐蚀过程中，虽然氧的扩散相当快，但氧的阴极还原的总速度仍取决于氧的扩散速度。即氧的扩散速度控制着阴极上氧的去极化作用的速度，控制着整个腐蚀过程的速度。

在大气腐蚀条件下，氧通过液膜传递（对流、扩散）到金属表面的速度很快，液膜越薄，氧的传递速度也越快。这是因为液膜越薄，扩散层的厚度越薄，因而阴极上氧的去极化作用越易进行，越易加快腐蚀的阴极过程。但当液膜太薄时，此时的水分不足以实现氧还原或氢放电的反应，则阴极过程将会受到阻滞。

氧的平衡电位比氢更高，所以金属在有氧存在的溶液中首先发生氧的去极化腐蚀。因此，金属在中性电解液中，在有氧存在的弱酸性电解液中以及在潮湿的大气中的腐蚀，都属于氧的去极化腐蚀。例如铁、锌、铝等金属或合金当其浸在强酸性溶液中腐蚀时，阴极反应以 H^+ 去极化为主，即

$$2H^+ + 2e^- \longrightarrow H_2 \uparrow$$

但在水膜下（即使在被酸性水化物强烈污染的城市大气中）进行大气腐蚀时，阴极反应就转化为氧的去极化为主。

在中性或碱性液膜下：

$$O_2 + 2H_2O + 4e^- \longrightarrow 4OH^-$$

在酸性液膜下：

$$O_2 + 4H^+ + 4e^- \longrightarrow 2H_2O$$

经实验证明，当铁在 $c(H_2SO_4)$ 为 0.5mol/L 的液膜下进行周期浸润时，其腐蚀的阴极氧去极化效率约为氢去极化效率的 100 倍，但当全浸于同样的充空气的 $c(H_2SO_4)$ 为 0.5mol/L 时，则氢的去极化效率就要超过氧去极化效率的许多倍。这证明了大气腐蚀的阴极过程主要是依靠氧的去极化作用。

腐蚀过程的阴极去极化剂是多样的，因而大气腐蚀也不能排除 O_2、H^+ 以外的阴极去极化剂的作用。例如，在 SO_2 污染严重的工业大气中，当存在厚水膜时，SO_2 易溶于水，形成 H_2SO_3 阴极去极化剂，就会进行如下的阳极去极化反应：

$$2H_2SO_3 + H^+ + 2e^- \longrightarrow HS_2O_4^- + 2H_2O$$

可是当吸附水膜较薄时，O_2 的去极化作用又会强烈上升，而 SO_2 的去极化作用就会相应地减小。

一般而言，随着腐蚀表面水膜的减薄，阳极过程的效率也会随之减小。其可能的原因：一是当电极存在很薄的吸附水膜时，会造成阳离子的水化，使阳极过程受到阻滞；另一个也是更重要的原因是在很薄吸附膜下氧易于到达阳极表面，易于促使阳极的钝化反应，因而使阳极过程受到强烈的阻滞。此外，浓差极化也有一定的影响，但作用不大。

总之，大气腐蚀的速度与电极过程的特征随着大气条件的不同而变化。在湿的（可见水膜下或为水强烈润湿的腐蚀产物下）大气腐蚀时，腐蚀速度主要由阴极控制。但这种阴极控制已比全浸时减弱，并随着电解液膜的减薄，阴极过程变得越来越容易进行。在潮的大气腐蚀时，腐蚀速度则为阳极控制，并随着液膜的减薄，阳极过程变得困难。这种情况也会使欧姆电阻显著增大。有的腐蚀过程同时受阴、阳极混合控制。而对于宏观电池接触腐蚀来讲，腐蚀却多半为欧姆电阻控制。

6.1.3.3 大气腐蚀机理

大气腐蚀开始时受很薄而致密的氧化膜性质的影响。一旦金属处于"湿态",即当金属表面形成连续的电解液膜时,就开始以氧去极化为主的电化学腐蚀过程。在薄的锈层下氧的去极化在大气腐蚀中起着重要的作用。

金属表面形成锈层后,其腐蚀产物在一定条件下会影响大气腐蚀的电极反应。Evans认为钢在湿润条件下,铁锈层成为强烈的阴极去极化剂,在此情况下金属/Fe_3O_4界面上发生着阳极氧化反应:

$$Fe \longrightarrow Fe^{2+} + 2e^-$$

而 $Fe_3O_4/FeOOH$ 界面上发生着阴极还原反应:

$$6FeOOH + 2e^- \longrightarrow 2Fe_3O_4 + 2H_2O + 2OH^-$$

图 6-3 为锈层内 Evans 模型图。当在电子导电性足够好的情况下,反应不但在锈层表面,而且还可以在越来越厚的锈层之孔洞壁上进行,在孔洞壁上同时发生着 Fe^{2+} 氧化成 Fe^{3+} 的二次氧化反应,即

$$4Fe^{2+} + O_2 + 2H_2O \longrightarrow 4Fe^{3+} + 4OH^-$$

这样经过复杂的溶解和再沉积作用,形成多孔氧化膜。

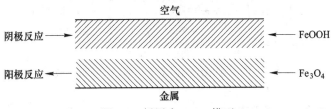

图 6-3 锈层内 Evans 模型

一般来说,长期暴露在大气中的钢,随着锈层厚度的增加,锈层电阻增大,氧的渗入较困难,使锈层的阴极去极化作用减弱而降低了大气腐蚀速度。此外,附着性好的锈层内侧,由于活性阳极面积的减小,阳极极化增大,也使腐蚀减慢。

大气腐蚀机理与大气的污染物密切相关。例如,SO_2 能促进金属的腐蚀。认为在吸水膜下主要是由于增加了阳极的去钝化作用。在高湿度条件下是由于水膜凝结增厚,SO_2 参与了阴极的去极化作用,尤其是当 SO_2 含量大于 0.5% 时,此作用明显增大,因而加速腐蚀进行。虽然大气中 SO_2 含量很低,但它在水溶液中的溶解度比氧高约 1300 倍,使溶液中 SO_2 达到很高的浓度,对腐蚀影响很大。对于 Fe、Cu、Al 等金属,当 SO_2 质量分数为 1.0% 时,阳极几乎不出现钝化现象,这将导致腐蚀速度增加。

钢铁在含 SO_2 的湿空气中,SO_2 首先被吸附在表面上,SO_2、O_2 和铁生成硫酸盐($FeSO_4$),这是一种吸湿性沾污物,其水解形成氧化物和游离的硫酸。硫酸又加速腐蚀铁,生成的硫酸亚铁再水解产生硫酸。这样,硫酸亚铁通过形成酸的过程就催化了锈蚀历程的不断进行。已经发现,每消耗 1 个 SO_2 分子可使 15~150 个 Fe 原子被腐蚀掉。催化反应如下:

$$Fe + SO_2 + O_2 \longrightarrow FeSO_4$$
$$4FeSO_4 + O_2 + 6H_2O \longrightarrow 4FeOOH + 4H_2SO_4$$
$$4H_2SO_4 + 4Fe + 2O_2 \longrightarrow 4FeSO_4 + 4H_2O$$

由于硫酸亚铁不断提供酸性电解质，并能溶解铁或氧化物，因此使腐蚀产物显露了小孔洞。图 6-4 所示为铁在含 SO_2 潮湿空气中腐蚀的 Evans 模型图。在铁表面上有一层很薄的 Fe_3O_4 膜，其小孔中充满着 $FeSO_4$ 溶液。基体铁溶解成 Fe^{2+} 进入溶液，其中一部分氧化成 Fe^{3+} 以 Fe_2O_3 沉积。普通铁锈的三价铁氧化物与铁、硫酸亚铁溶液相接触，一方面还原成 Fe_3O_4，另一方面 Fe_3O_4 又被氧再氧化，即电子导体迁移到 $Fe_3O_4/FeOOH$ 界面处（如图中 A 接触处），进行 FeOOH 还原成 Fe_3O_4 的阴极反应，而在良好空气通道的接触处，氧把 Fe_3O_4 再氧化成 FeOOH。这种短路电偶电池的局部电极随时间变化有可能横向分离开。其结果与孔蚀类似，在局部位置上形成浓的 $FeSO_4$ 溶液。这也就解释了为什么在工业大气腐蚀的铁锈中往往含有"硫酸盐"夹杂物。

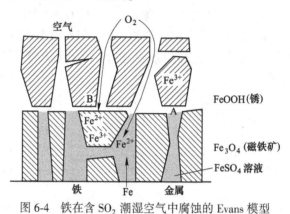

图 6-4　铁在含 SO_2 潮湿空气中腐蚀的 Evans 模型

6.1.4　影响大气腐蚀的主要因素

影响大气腐蚀的因素比较复杂，随着气候、地区的不同，大气的成分、浓度、温度等因素均有很大的差别。表 6-2 列出了大气杂质的典型质量浓度。在大气的主要成分中，对大气腐蚀有主要影响的是氧、水蒸气和二氧化碳。但随地区条件的不同，天然大气就有不同的特征。例如，海洋大气中随着离海岸线距离的不同，就有不同的含盐量；工业大气中则含有 SO_2、H_2S、NH_3 和 NO_2 等气体杂质及各种悬浮颗粒和灰尘；而农村地区的大气都比较洁净。其中腐蚀性最强的是潮湿的、强烈污染的工业大气，而洁净干燥的农村大气腐蚀性最小。因此，金属材料在不同地区的腐蚀速率也是不同的，如铜在农村大气中的腐蚀速率只有在工业大气中的 1%。钢在海岸地区的腐蚀速率比在沙漠区要大几百倍。就是在同一大气中，其腐蚀速率也有不同，如离海岸 25m 的钢试样比离 250m 的腐蚀快 12 倍。

表 6-2　大气杂质的典型质量浓度

杂　质	典型质量浓度/$\mu g \cdot m^{-3}$
SO_2	工业区：冬季 350，夏季 100；乡村区：冬季 100，夏季 40
SO_3	约为 SO_2 质量浓度的 1%
H_2S	工业区（春天测量的数值）：1.5~90
NH_3	工业区：4.8；农村地区：2.1
氯化物（空气样品）	工业内地：冬季 8.2，夏季 2.7；乡村海滨：年平均 5.4

续表 6-2

杂质	典型质量浓度/$\mu g \cdot m^{-3}$
氯化物（降雨样品）	工业内地：冬季 7.9，夏季 5.3；乡村海滨：冬季 57，夏季 18
烟粒	工业区：冬季 250mg/L，夏季 100mg/L；乡村海滨：冬季 60mg/L，夏季 15mg/L

（1）大气相对湿度的影响。空气中含有水蒸气的程度称作湿度。水分越多，空气越潮湿，通常以 $1m^3$ 空气中所含的水蒸气的质量（g）来表示潮湿程度，称为绝对湿度。在一定温度下空气中能包含的水蒸气量不高于一定极限（不高于大气中的饱和蒸汽值），温度越高，空气中达到饱和的水蒸气量就越多。所以习惯用在某一温度下空气中水蒸气的量和饱和水蒸气量的百分比来表示相对湿度（RH）。当空气中的水蒸气量增大到超过饱和状态，就出现细滴状的水露。

若使未被水蒸气饱和（RH<100%）的空气冷却至一定的温度并达到饱和极限时，同样可以由空气中分离出雾状的水分。因此，降低温度或增大空气中的水蒸气量都会使之达到露点（凝结出水分的温度）。此时，在金属上开始有小液滴沉积。

温度的波动和大气尘埃中的吸湿性杂质容易引起水分冷凝，在含有不同数量污染物的大气中，金属都有一个临界相对湿度，超过这一临界值腐蚀速度就会突然猛增。在临界值之前，腐蚀速度很小或几乎不腐蚀。出现临界相对湿度，标志着金属表面上产生了一层吸附的电解液膜，这层液膜的存在使金属从化学腐蚀转化为电化学腐蚀。由于腐蚀性质发生了突变，因而腐蚀大大增强。

大气腐蚀临界相对湿度随金属种类、金属表面状态以及环境气氛的不同而有所不同。一般来说，金属的临界相对湿度在 70% 左右，而在某些情况下如含有大量的工业气体，或易于吸湿的盐类、腐蚀产物、灰尘等，临界相对湿度要低得多。此外，金属表面变粗、裂缝和小孔增多，也会使临界相对湿度降低。

国内实际测量的结果，上海地区在 SO_2 污染严重的情况（0.02~0.1mg/m^3）下，铝腐蚀的临界相对湿度为 80%~85%，铜为 60%，钢铁为 50%~70%，而锌、镍则大于 70%。

临界相对湿度的概念对于评定大气腐蚀活性和确定长期储存方法是十分有用的。当大气相对湿度超过临界相对湿度时，金属就容易生锈。因此，在气候潮湿的地区或季节，应当采取可靠的保护方法。另外，若保持空气相对湿度低于需要存放金属的临界相对湿度时，即能有效地防止腐蚀的发生。在这种条件下即使金属表面上已经有锈，也不会继续发展。在临界相对湿度以下污染物质如 SO_2 和固体颗粒等的影响也很轻微。所谓"干燥空气封存法"即基于这一理论。一般库房的条件要求为：通风良好，备有暖气，温度保持在 10~30℃（南方 10~35℃），相对湿度为 45%~75%，昼夜温差不大于 7℃，这样能防止零部件生锈。

（2）温度差的影响。空气的温度和温度差对大气腐蚀速度有一定的影响。尤其是温度差比温度的影响还大，因为它不但影响着水汽的凝聚，而且还影响着凝聚水膜中气体和盐类的溶解度。对于温度很高的雨季或湿热带，温度会起较大作用，一般随着温度的升高，腐蚀加快。

在一些大陆性气候的地区，日夜温差很大，造成相对温度的急剧变化，使空气中的水分在金属表面包装好的机件上凝露，引起锈蚀。

（3）酸、碱、盐的影响。介质的酸、碱性的改变，能显著影响去极化剂（如 H^+）的含量及金属表面膜稳定性，从而影响腐蚀速度的大小。对于一些两性金属如铝、锌、铅来说，在酸和碱溶液中都不稳定，它们的氧化物在酸、碱中均溶解。铁和镁由于它们的氢氧化物在碱中实际上不溶解，使金属表面生成保护膜，所以它们在碱性溶液中的腐蚀速度比在中性和酸性溶液中要小。

中性盐类对金属腐蚀速度的影响取决于很多因素，其中包括腐蚀产物的溶解度。在金属表面的阴、阳极部分如果形成不溶性的腐蚀产物，就会降低腐蚀速度。例如，碳酸盐和磷酸盐，能够在钢铁件的微阳极区生成不溶性的碳酸铁和磷酸铁薄膜。硫酸锌则能在钢铁件的微阳极上生成不溶性的氢氧化锌。另一些盐类如铬酸盐、重铬酸盐等能在金属表面上生成钝化膜，这些都能使腐蚀速度降低。

金属在盐溶液中的腐蚀速度还与阴离子的特性有关。特别是氯离子，因其对金属 Fe、Al 等表面的氧化膜有破坏作用，并能增加液膜的导电性，因此可增加腐蚀速度或产生点蚀。氯化钠的吸湿性强，也会降低临界相对湿度，促使锈蚀发生。因此，一般处于海洋性大气中的金属（尤其是铝合金、镁合金）和易产生严重的点蚀。

（4）腐蚀性气体的影响。工业大气中含有大量的腐蚀性气体，如 SO_2、H_2S、NH_3、Cl_2、HCl 等。在这些污染杂质中对金属腐蚀危害最大的是 SO_2 气体。它有两个来源，一是来自自然产生的 H_2S 的空气氧化；二是来自含硫燃料燃烧。大气中 SO_2 含量极低，但在工业化城市中，由于第二来源产生的 SO_2 量为 1 万~200 万吨/年。这使得每天可形成 6 万吨以上的硫酸。冬季由于用煤更多，SO_2 污染量为夏季的 2~3 倍。

据我国暴露在大气条件下的结果表明，铜、铁、锌等金属，其腐蚀速度近似地与空气中 SO_2 的含量呈正比。铅、铝和不锈钢等在工业大气中腐蚀速度较慢，镍和铜尚好。镀锌层不宜用于含 SO_2 量高的工业区及铁路隧道等处，因为在这种条件下锌的腐蚀产物没有保护性，腐蚀速度高达 5~10μm/a。铝及其合金的耐蚀性并不强。

其他腐蚀性气体如 H_2S、NH_3、Cl_2、HCl 等，多半产生于化工厂周围，它们都能加速金属的腐蚀。H_2S 气体易在干燥大气中引起铜、黄铜、银的变色，而在潮湿大气中会加速铜、镍、黄铜，特别是铁和镁的腐蚀。H_2S 溶于水能使水膜酸化，并增加水膜的导电性，使腐蚀加速。NH_3 极易溶于水膜，增加水膜的 pH 值，这对钢铁有缓蚀作用，可是对有色金属不利，尤其对铜合金影响很大。对锌、镉也有强烈的腐蚀作用。因为 NH_3 能与这些金属生成可溶性的配合物，促进阳极去极化作用。HCl 也是一种腐蚀性很强的气体，溶于水膜中生成盐酸，对金属的腐蚀破坏甚大。

（5）固体颗粒、表面状态等因素的影响。空气中含有大量的固体颗粒，其中有煤烟、灰尘等碳和碳的化合物，金属氧化物、砂土、氯化钠、硫酸铵及其他盐类等，这些固体颗粒落在金属表面上会使金属生锈。特别是在空气中各种灰尘和二氧化硫、水分共同作用时，腐蚀会大大加剧。尤其那些疏松颗粒（如活性炭），由于吸附了 SO_2 就会大大加速腐蚀的进行。在固体颗粒下的金属表面常发生缝隙腐蚀或点蚀。

一些本身虽不具有腐蚀性的固体颗粒，有的具有吸附腐蚀性气体的作用，间接地加速腐蚀。有些固体颗粒虽不具有腐蚀性，也不具有吸附性，但由于其造成毛细凝聚缝隙，促使金属表面形成电解液薄膜，形成充气不匀电池，从而导致缝隙腐蚀。为此，在零件的生产、周转和库存期间应尽量防止金属的腐蚀。

金属表面加工方法和表面状态对腐蚀速度也有明显影响。例如，加工粗糙的表面比精磨的表面易腐蚀，喷砂的新鲜而粗糙的表面易吸收潮气和脏物，易遭受锈蚀。此外，已生锈的钢铁表面的腐蚀速度大于表面光洁的钢铁件，因腐蚀产物具有较大的吸湿性，会降低金属表面的临界相对湿度。因此，一旦发现生锈就要及时除锈。

6.1.5 防止大气腐蚀的措施

防止大气腐蚀的措施具体如下。

(1) 提高材料的耐蚀性。通过合金化在普通碳钢的基础上加入某些适量的合金元素，可以改变锈层的结构，生成一层具有保护性的锈层，可大大改善钢的耐大气腐蚀性能。例如钢中加入 Cu、P、Cr、Ni 等，尤其是 Cu、P 元素加入后效果比较显著。

(2) 采用有机、无机涂层和金属镀层。对于长期暴露在空气中的金属可用有机、无机涂料或金属镀层来保护。在油漆涂料中加有钝化剂（如铬酸盐）或锌粉（起电化学保护作用）可起到很好的防锈效果。

(3) 暂时性防护层和缓蚀剂。暂时性防护涂层包括各种防锈油、防锈脂、可剥性塑料等。防锈油脂中除了含有有机油、凡士林等基础油脂外，还含有油溶性缓蚀剂，如石油磺酸钡、二壬基萘磺酸钡、十二烯基丁二酸、羊毛脂及其衍生物等。

气相缓蚀剂，如亚硝酸二环己胺、碳酸环己胺等，适于保护钢铁和铝制品，苯并三氮唑及其衍生物适于铜及铜合金。气相缓蚀剂易挥发，可充满包装容器。

防锈水，如 2%~20% 的 $NaNO_2$ 水溶液，可用于黑色金属零件（如轴承）的工序间防锈。

(4) 控制环境。主要是控制密封金属容器或非金属容器内的相对湿度和充以惰性氮气或抽去空气，以使制件与外围介质隔离。从而避免锈蚀，并使非金属件防霉、防老化。其方法有充氮封存法、吸氧剂法和干燥空气封存法。

1) 充氮封存。即将产品密封在金属（或非金属）容器内，经抽真空后充入干燥而纯净的氮气。利用干燥剂使内部保持在相对湿度 40% 以下。因无水分和氧，故金属不会生锈。某些非金属件（如橡胶）也不易老化变质。此法适用于具有多种金属和非金属材料的产品、忌油产品，精密仪表、仪器的长期封存。

2) 采用吸氧剂。即在密封容器内控制一定的湿度和露点，并除去大气中的氧。常用的吸氧剂是 Na_2SO_3，它是在催化剂 $CoCl_2$ 和微量水的作用下，使 Na_2SO_3 吸收氧而变成硫酸钠，其反应为

$$2Na_2SO_3 + O_2 \longrightarrow 2Na_2SO_4$$

一般在 $CoCl_2$ 中加水和 Na_2SO_3 混合装入塑料袋内，悬挂在零件附近。

3) 干燥空气封存。干燥空气封存也称作控制相对湿度法，是常用的长期封存方法之一。其基本依据是金属在相对湿度不超过 35% 的洁净空气中不会生锈，非金属不会长霉。要做到这一点就必须在密封性良好的包装内充以干燥空气或用干燥剂降低包装内的湿度，造成比较干燥的环境。

6.2　海 水 腐 蚀

6.2.1　概述

海洋面积约占地球总面积的70%。海水是自然界中量最大、腐蚀性很强的一种天然电解质溶液。常用的金属和合金在海水中大多数会遭到腐蚀。例如，船舶的外壳、螺旋桨、海港码头的各种金属构筑物、水上飞机在海水中的起降或停留、海底电缆、海上采油平台和输油管道等，都会遭到海水腐蚀。我国海岸线长达18000公里，海洋天然资源非常丰富。因此研究和解决海水腐蚀问题，对我国海洋运输和海洋开发，以及海军现代化建设都有重要意义。

6.2.2　海水腐蚀的特征

海水是一种含盐量相当大的腐蚀性介质，盐分总量为3.5%~3.7%，世界各地公海海域的海水含盐量变化不大。盐分中主要是NaCl，占总盐度的77.8%，其次是$MgCl_2$，再次是Mg、Ca、K的硫酸盐和少量的$CaCO_3$、$MgBr_2$。表6-3列出了海水中主要盐类的含量。人们常以3%或3.5%NaCl溶液近似地代替海水。由于海水中含有这样多的盐分，因此海水的电导率很高，海水的平均电导率约为0.04S/cm，其电导率远远超过河水（$2×10^{-4}$S/cm）和雨水（$1×10^{-5}$S/cm）。

表6-3　海水中主要盐类的含量

成分	100g海水中含盐量/g	占总盐度的比例/%
NaCl	2.7213	77.8
$MgCl_2$	0.3807	10.9
$MgSO_4$	0.1658	4.7
$CaSO_4$	0.1260	3.6
K_2SO_4	0.0863	2.5
$CaCO_3$	0.0123	0.3
$MgBr_2$	0.0076	0.2
合计	3.5	100

海水中的氧和Cl^-含量是影响海水腐蚀的主要因素。在海面正常情况下，海水表面层被空气饱和，氧的溶量随水温大体在$(5~10)×10^{-4}$%范围内变化。海水中Cl^-离子含量约占总离子数的55%，海水腐蚀的特点与Cl^-离子也密切相关。Cl^-离子可增加腐蚀活性，破坏金属表面的钝化膜。

海水是含有一定盐分的电解质溶液，使金属发生电化学腐蚀。可是，实际情况较复杂。海水的pH值通常在8.0~8.5之间，但随海水深度或厌氧性细菌的繁殖有所变化。海水还受潮汐、波浪运动和浪花飞溅、海洋生物及夹带泥沙等的影响。海水的这些特征，促使海水腐蚀的电化学过程具有如下基本特征。

（1）海水腐蚀是氧去极化过程。多数金属受氧的去极化阴极过程所控制。过程的快慢取决于氧扩散的快慢。负电性很强的金属，如镁及其合金，腐蚀时阴极才发生氢的去极化作用。在含有大量 H_2S 的缺氧海水中，也可能发生硫化氢的阴极去极化作用，Cu、Ni 是易受硫化氢腐蚀的金属。此外，一些高价的重金属离子（Fe^{3+}、Cu^{2+}）可加速阴极反应，易在金属表面析出，增加阴极面积，使腐蚀加快。

（2）海水中含有大量的 Cl^- 离子，对于大多数金属（如铁、钢、锌、铜等），其阳极阻滞程度是很小的。在海水中用提高阳极阻滞的方法来防止铁基合金腐蚀作用是有限的。由于 Cl^- 离子的存在，使钝化膜易遭破坏，易产生孔蚀，即使是不锈钢也可以发生局部腐蚀。只有少数易钝化金属，如钛、锆、铌、钽等，才能在海水中保持钝态。

（3）海水的电导率很大，电阻性阻滞很小，在金属表面形成的微电池和宏观电池都有较大的活性。在海水中异种金属的接触造成显著的电偶腐蚀，且作用强烈，影响范围较远。

（4）海水中除发生均匀腐蚀外，还易发生局部腐蚀，由于钝化膜的破坏，最易发生孔蚀和缝隙腐蚀，且在高流速的情况下，还易产生空蚀和冲击腐蚀。

6.2.3 影响海水腐蚀的因素

海水是含有多种盐类的电解液，且含有海洋生物、悬浮泥沙、溶解气体和腐败的有机物质。此外，含盐量的多少、温度、流速等因素，都会对海水腐蚀产生综合作用，比单纯的盐溶液影响要复杂得多。简述如下。

（1）盐度。盐度是指 100g 海水中溶解的固体盐类物质的总质量（g）。氯度表示 100g 海水中所含氯离子的质量（g）。通常先测定氯度 $w(Cl)$ 再推算到盐度 $w(S)$，两者有如下关系式：

$$w(S) = 1.8065w(Cl) \tag{6-1}$$

海水的总盐度随地区而变化，一般在相通的海洋中盐度相差不大，但在某些海区和隔离性的内海中，盐度有较大的变化。海水的盐度波动直接影响到海水的比电导，这是影响金属腐蚀速度的因素之一。

海水中以 NaCl 为主的盐类，其浓度对钢来讲，刚好接近于最大腐蚀速度的浓度范围。海水又含大量的 Cl^- 离子，破坏金属钝化。因此，钢在海水中易遭腐蚀。

（2）含氧量。海水腐蚀是以阴极氧去极化控制为主的腐蚀过程。海水中溶解氧的多少，是影响海水腐蚀的重要因素。海水中含氧量较大。盐度的增加和温度的升高，会使溶解氧降低。随海水深度的增加，含氧量减少，但深度再增加则溶解氧反而增多，这可能与绿色植物的光合作用有关。

（3）温度。不同的海域温度不同。例如，北冰洋海水温度为 $2 \sim 4 ℃$，热带海洋可达 $29 ℃$，温热带海水温度随深度而变化，深度增加温度下降。温度的提高会加快腐蚀速度。如铁、铜及其合金通常在炎热的环境或季节里海水腐蚀速度增大。

（4）构筑物所处位置。金属材料在海水中不同部位的腐蚀情况不同。处于干、湿交替区的飞溅带，氧供应充足，腐蚀最为严重。高潮位处因涨潮时受高含氧量海水的飞溅，腐蚀也较严重。高潮位与低潮位之间，由于氧浓差电池而受到保护。平静海水处（全浸带）的腐蚀受氧的扩散控制，腐蚀随温度变化，浅水区腐蚀较严重，阴极区易形成石灰质水垢，生物因素影响大。随深度增加腐蚀减弱，不易生成水垢保护层。污泥区有微生物腐蚀产物（硫化物），泥浆一般有腐蚀性，有可能形成泥浆海水间腐蚀电池，但污泥中溶氧量大大减少，又因腐蚀产物不能迁移，使腐蚀减小。

（5）流速。在平静海水中流速极低、均匀，氧的扩散速度慢，腐蚀速度较低。当流速增大时，因氧扩散加快，使腐蚀加速。对一些在海水中易钝化的金属（如钛、镍合金和高铬不锈钢），有一定流速反而能促进钝化和耐蚀，但很大的流速，因受介质的冲击、摩擦等机械作用影响，会出现冲击腐蚀或空蚀。

（6）海洋生物。生物因素对腐蚀影响很复杂，多数情况下是加大腐蚀的，尤其是局部腐蚀。海洋中叶绿素植物，可使海水含氧量增加，是加大腐蚀的。海洋生物放出 CO_2，使周围海水呈酸性。海洋生物死亡、腐烂可产生酸性物质和 H_2S，因而可使腐蚀加速。

此外，有些海洋生物会破坏金属表面的油漆或金属镀层，因而也会加速腐蚀。甚至由于海洋生物在金属表面的堆积，可形成缝隙而引起缝隙腐蚀。

6.2.4　防止海水腐蚀的措施

防止海水腐蚀的措施具体如下。

（1）合理选材。表 6-4 列出了不同金属材料在海水中的耐蚀性，其差别是很大的。钛合金和镍铬钼合金的耐蚀性最好，铸铁和碳钢较差，铜基合金如铝青铜、铜镍合金也较耐蚀。不锈钢虽耐均匀腐蚀，但易产生点蚀。

表 6-4　金属材料耐海水腐蚀性能　　　　　　　　　　（mm/a）

合　金	全浸区腐蚀速率		潮汐区腐蚀速率		抗冲击腐蚀性能
	平均	最大	平均	最大	
低碳钢（无氧化铁皮）	0.12	0.40	0.3	0.5	劣
低碳钢（有氧化铁皮）	0.09	0.90	0.2	1.0	劣
普通铸铁	0.15	—	0.4	—	劣
铜（冷轧）	0.04	0.08	0.02	0.18	不好
顿巴黄铜（10%Zn）	0.04	0.05	0.03	—	不好
黄铜（30%Zn）	0.05	—			满意
黄铜（22%Zn，2%Al，0.02%As）	0.02	0.18			良好
黄铜（20%Zn，1%Sn，0.02%As）	0.04	—			满意
青铜（5%Sn，0.1%P）	0.03	0.1			良好
铝青铜（7%Al，2%Si）	0.03	0.08	0.01	0.05	良好
镍	0.02	0.1	0.4		良好
蒙乃尔［65%Ni，31%Cu，4%（Fe+Mn）］	0.03	0.2	0.5	0.25	良好
因科镍尔合金（80%Ni，13%Cr）	0.05	0.1			良好
哈氏合金（53%Ni，19%Mo，17%Cr）	0.001	0.001	—		优秀
Cr13	—	0.28	—		满意
Cr17	—	0.20	—		满意
Cr18Ni9	—	0.18	—		良好
Ti	0.00	0.00	0.00	0.00	优秀

注：各类合金中元素含量均为质量分数。

（2）电化学保护。阴极保护是防止海水腐蚀常用的方法之一，但只有在全浸区才有效。可在船底或海水中金属结构上装置牺牲阳极，也可用外加电流的阴极保护法。

（3）涂层保护。防止海水腐蚀最普通的方法是采用油漆层，或采用防止生物污染的防污涂层。这种防污涂层是一种含有 Cu_2O、HgO、有机锡及有机铅等毒性物质的涂料。涂在金属表面后在海水中能扩散溶解，以散发毒性来抵抗并杀死停留在金属表面上的海洋生物，这样可以减少或防止因海洋生物造成的缝隙腐蚀。

6.3 土 壤 腐 蚀

6.3.1 概述

大量金属管道（油、气、水管线）、通信电缆、地基钢桩、高压输电线及电视塔等金属基座，埋设在地下，由于土壤腐蚀造成管道穿孔损坏，引起油、气、水的渗漏或使电信设备发生故障，甚至造成火灾、爆炸事故。这些地下设备往往难以检修，给生活带来很大损失和危害。随着工业现代化，尤其是石油工业的发展，土壤腐蚀和保护问题愈显重要。

土壤腐蚀是一种电化学腐蚀，土壤中含有水分、盐类和氧。大多数土壤是中性的，但有些碱性的砂质黏土和盐碱土，pH 值为 $7.5 \sim 9.5$，也有的土壤是酸性腐殖土和沼泽土，pH 值为 $3.0 \sim 6.0$。无机和有机胶质混合颗粒的集合，是由土水、空气所组成，是一复杂的多相结构。土壤颗粒间形成大量毛细管微孔或孔隙，孔隙中充满空气和水，常形成胶体体系，是一种离子导体。溶解有盐类和其他物质的土壤水则是电解质溶液，土壤的导电性与土壤的干湿程度及含盐量有关。土壤的性质和结构是不均匀的、多变的，土壤的固体部分对埋设在土壤中的金属表面来说，是固定不动的，而土壤中气、液相则可做有限运动。土壤的这些物理化学性质，尤其是电化学特性直接影响土壤腐蚀过程的特点。土壤组成和性质的复杂多变性，使不同的土壤腐蚀性相差很大。

6.3.2 土壤腐蚀的电极过程及控制因素

土壤腐蚀与在电解液中腐蚀一样，是一种电化学腐蚀。大多数金属在土壤中的腐蚀是属于氧的去极化腐蚀，只有在强酸性土壤中，才发生氢去极化型的腐蚀。

铁在潮湿土壤中阳极过程无明显阻碍，与溶液中腐蚀相似。在干燥且透气性良好的土壤中，阳极过程因钝化或离子化困难而产生很大的极化，此种情况与铁在大气腐蚀的阳极行为相接近。由于腐蚀二次反应，不溶性腐蚀产物与土黏结成紧密层，起到屏蔽作用。随着时间增长，阳极极化增大，使腐蚀减轻。阴极主要是氧的去极化过程，其中包括两个基本步骤，即氧输向阴极和氧离子化的阴极反应。但氧输向阴极过程比较复杂，在多相结构的土壤中有气相和液相两条输送途径。通过土壤中气、液相的定向流动和扩散两种方式，最后通过毛细孔隙下形成的电解液薄层及腐蚀产物层。在某些情况下，阴极有氢的去极化或有微生物参与的阴极还原过程。

土壤腐蚀的条件极为复杂，使腐蚀过程的控制因素差别也较大，大致有如下几种控制特征，对于大多数土壤来说，当腐蚀取决于腐蚀微电池或距离不太长的宏观腐蚀电池时，腐蚀主要为阴极过程控制（图 6-5a），与全浸在静止电解液中的情况类似。在疏松、干燥的土壤中，随着氧渗透率的增加，腐蚀则转变为阳极控制（图6-5b）。此时腐蚀过程的控制特征近于潮的大气腐蚀。对于由于长距离宏观电池作用下的土壤腐蚀，如地下管道经过透气性不同的土壤形成氧浓差腐蚀电池时，土壤的电阻成为主要的腐蚀控制因素，或阴极-电阻混合控制（图6-5c）。

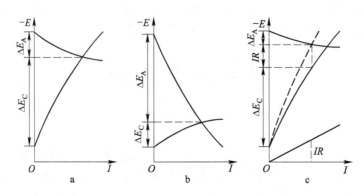

图6-5   不同土壤条件下腐蚀过程控制特征

a—潮湿土壤；b—疏松、氧渗透率很大的干燥土壤；c—长距离宏观电池作用下的土壤腐蚀

6.3.3   土壤腐蚀类型

6.3.3.1   微电池和宏观电池引起的土壤腐蚀

在土壤腐蚀的情况下，除了因金属组织不均匀性引起的腐蚀微电池外，还可能有由土壤介质的不均匀性引起的宏观腐蚀电池。由于土壤透气性不同，氧的渗透速度不同。这种土壤介质的不均匀性影响着金属各部分的电位，是促使建立氧浓差电池的主要因素。

对于比较短小的金属构件来说，可以认为周围土壤结构、水分、盐分、氧量是均匀的，这时发生和金属组织不均匀性有关的微电池腐蚀。对于长的金属构件和管道，因各部分氧渗透率不同，黏土和砂土等结构的不同、埋设深度不同，引起氧浓差电池的盐分浓差电池。图6-6示出了管道在结构不同的土壤中所形成的氧浓差电池。埋在密实、潮湿黏土中，氧的渗透性差，这里的钢作为阳极而被腐蚀。土壤性质的变化，如土壤中含有硫化物、有机酸或工业污水，同样会形成宏观腐蚀电池。

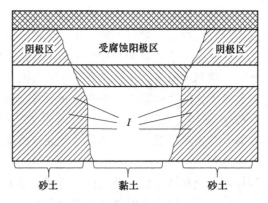

图6-6   管道在结构不同的土壤中所形成的氧浓差电池

6.3.3.2 杂散电流引起的土壤腐蚀

所谓杂散电流是指由原定的正常电路漏失而流入他处的电流。主要来源是应用直流电的大功率电气装置，如电气火车、有轨电车、电焊机、电解和电镀槽、电化学保护装置等。地下埋设的金属构筑物、管道、贮槽、电缆等都容易因这种杂散电流引起腐蚀。此外，在工厂中直流导线绝缘不良也可以引起"自身"杂散电流的出现，成为管道、贮槽、器械及其他设备腐蚀的原因。

图 6-7 为土壤中因杂散电流而引起的管道腐蚀的示意图。正常情况下电流自电源的正极经架空线电力机车再沿铁轨回到电源的负极。但当路轨与土壤间绝缘不良时，就会把一部分电流从路轨漏到地下，进入地下管道某处，再从管道的另一处流出，回到路轨。电流离开管线进入大地处成为腐蚀电池的阳极区，该区金属遭到腐蚀破坏。腐蚀破坏程度与杂散电流的电流强度成正比，电流强度越大，腐蚀就越严重。杂散电流造成的腐蚀损失相当严重。计算表明：1A 电流经过 1 年就相当于 9kg 的铁发生电化学溶解而被腐蚀掉。杂散电流干扰比较严重的区域，8~9mm 厚的钢管，只要 2~3 个月就会腐蚀穿孔。杂散电流还能引起电缆铅皮的晶间腐蚀。

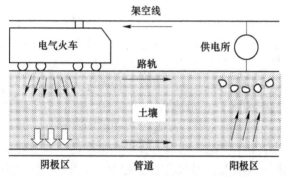

图 6-7　土壤中杂散电流腐蚀示意图

杂散电流腐蚀是外电流引起的宏观腐蚀电池，这种局部腐蚀可集中于阳极区的外绝缘涂层破损处。交流杂散电流也会引起腐蚀。交流杂散电流是指工频杂散电流，主要来源于交流电气化铁道和高压输电线路等。这种土壤杂散电流腐蚀破坏作用较小。如频率为 50Hz 的交流电，其作用约为直流电的 1%。

6.3.3.3 土壤中微生物引起的腐蚀

在缺氧的土壤中，如密实、潮湿的黏土处，金属腐蚀过程似乎难以进行，但这种土壤条件却有利于某些微生物的生长。常常发现，因硫酸还原菌（厌氧菌）和硫杆菌的活动而引起金属的强烈腐蚀。水分、养料、温度和 pH 值对这些微生物的生长有很大影响，如硫酸盐还原菌易在中性（pH = 7.5）条件下繁殖，在 pH>9 时，就很难繁殖和生长。

这些细菌有可能引起土壤物理化学性质的不均匀性，从而造成氧浓差电池腐蚀。细菌在生命活动中产生硫化氢、二氧化碳和酸。细菌还可能参与腐蚀的电化学过程，在缺氧的中性介质中，因氢过电位高，阴极氢离子的还原困难。阴极上只有一层吸附氢。硫酸还原菌能消耗氢原子，使去极化反应顺利进行。即

阳极反应：

$$Fe \longrightarrow Fe^{2+} + 2e^-$$

水的电离：

$$H_2O \longrightarrow H^+ + OH^-$$

阴极反应：

$$H^+ + e^- \longrightarrow H_{吸附}$$

$H_{吸附}$在铁表面，在有硫酸盐还原菌参与时，阴极反应为

$$SO_4^{2-} + 8H_{吸附} \longrightarrow S^{2-} + 4H_2O$$

$$Fe^{2+} + S^{2-} \longrightarrow FeS$$

$$3Fe^{2+} + 6OH^- \longrightarrow 3Fe(OH)_2$$

总反应：

$$4Fe + SO_4^{2-} + 4H_2O \longrightarrow FeS + 3Fe(OH)_2 + 2OH^-$$

在硫酸盐被还原的同时，铁被腐蚀产生了 FeS 和 $Fe(OH)_2$ 二次腐蚀产物。

在土壤中由于污物发酵结果产生硫代硫酸盐，有利于排硫硫杆菌的繁殖，生成元素硫，而氧化硫杆菌将硫又氧化成硫酸，造成地下金属构件的严重腐蚀。

6.3.4　土壤腐蚀的影响因素

影响土壤腐蚀的因素很多，有土壤的孔隙度（透气性）、含水量、导电性、酸碱度、含盐量和微生物等，这些因素相互联系。现分析几种主要的影响因素。

（1）孔隙度。孔隙度大有利于保存水分和氧的渗透。透气性好可加速腐蚀过程，但透气性太大可阻碍金属的阳极溶解，易生成具有保护能力的腐蚀产物层。

（2）含水量。土壤中的水分可以多种方式存在。有些紧密黏附在固体颗粒的周围，有些在微孔中流动或与土壤组分结合在一起。当土壤中可溶性盐溶解在其中时，就组成了电解液。水分的多少对于土壤腐蚀影响很大，含水量很低时腐蚀速度不大，随着含水量的增加，土壤中盐分的溶解量增大，因而腐蚀速度加大。当可溶性盐全部溶解时，腐蚀速度可达最大值。若水分过多时，因土壤胶黏膨胀堵塞了土壤的孔隙，氧的扩散渗透受阻，腐蚀反而减弱。

对于长距离氧浓差宏观电池来说，随含水量增加，土壤比电阻减小，氧浓差电池作用加大。但含水量增加到接近饱和时，氧浓差作用反而减低了。

（3）含盐量。土壤中一般含有硫酸盐、硝酸盐和氯化钠等无机盐类。通常土壤中含盐量为 $(80 \sim 1500) \times 10^{-4}\%$。这些盐类大多是可溶性的，除了 Fe^{2+} 离子（Fe^{2+} 可能增强厌氧菌的破坏作用）影响腐蚀外，一般阳离子对腐蚀影响不大。SO_4^{2-}、NO_3^- 和 Cl^- 等阴离子对腐蚀影响较大。Cl^- 离子对土壤腐蚀有促进作用，海边潮汐区域接近盐场的土壤，腐蚀性更强。土壤中含盐量大，土壤电导率增高，腐蚀性也强。富含钙、镁离子的石灰质土壤（非酸性土壤）中，因在金属表面形成难容的氧化物或碳酸盐保护则使腐蚀减弱。

（4）土壤的导电性。土壤的导电性受土质、含水量及含盐量等影响，孔隙度大的土壤（如砂土），水分易渗透流失；而孔隙度小的土壤（如黏土），水分不易流失，含水量大，可溶性盐类溶解得多，导电性好，一般的低洼地和盐碱地因导电性好，所以有很强的腐蚀性。

（5）其他因素。土壤的酸度、温度、杂散电流和微生物等因素对土壤腐蚀都有影响。一般认为，酸度越大，腐蚀性越强。这是易发生氢离子去极化作用的缘故。当土壤中含有

大量有机酸时，其 pH 值虽然近于中性，但其腐蚀性仍然很强。因此，衡量土壤腐蚀性时，应测定土壤的总酸度。

温度升高能增加土壤电解液的导电性，加快氧的渗透扩散速度，因此使腐蚀加速。温度升高，如处于 25～35℃ 时，最适宜于微生物的生长，从而也加速腐蚀。

6.3.5 土壤腐蚀的防止措施

土壤腐蚀的防止措施具体如下。

（1）覆盖层保护。较广泛采用的是石油沥青和煤焦油沥青的覆盖层，一般用填料加固或用玻璃纤维布、石棉等把管道缠绕加固绝缘起来。今年来使用性能更好的涂层，如环氧煤沥青涂层、环氧粉末涂层、泡沫塑料防腐保温层等。

（2）耐蚀金属材料和金属镀层。采用某些合金钢和有色金属，或采用锌镀层来防止土壤腐蚀。但这种方法由于不经济很少使用，且不宜于酸性土壤。

（3）处理土壤，减小其侵蚀性。如用石灰处理酸性土壤，或在地下构件周围填充石灰石碎块，移入侵蚀性小的土壤，加强排水，以改善土壤环境，降低腐蚀性。

（4）阴极保护。在上述保护方法的同时，可附加阴极保护措施。如适当的覆盖层和阴极保护相结合，对延长地下管线寿命是最经济的方法。这些既可弥补保护层的不足，又可减少阴极保护的电能消耗。一般情况下把钢铁阴极的电位维持在 $-0.85V$（相对于硫酸铜电极）以达到完全保护。在有硫酸盐还原菌存在时，电位要维持得更低，如 $-0.95V$（相对于硫酸铜电极），以抑制细菌生长。阴极保护也用于保护地下铅皮电缆，其保护电位约为 $-0.7V$（相对于硫酸铜电极）。

6.4 高温腐蚀

6.4.1 概述

金属在气相环境中服役时，显示出一定程度的热不稳定性。随着温度的升高，热不稳定性升高，最终引起金属与气体发生相互反应。根据气体成分和反应条件不同，将反应生成氧化物、硫化物、碳化物和氮化物等，或者生成这些反应物的混合物。在室温或较低温干燥的空气中，这种不稳定性对于许多金属来说没有太多的影响，因为反应速度很低。但是随着温度的上升，反应速度急剧增加。这种在高温条件下，金属与环境介质中的气相或凝聚相物质发生化学反应而遭受破坏的过程称为高温腐蚀，亦称高温氧化。因此，在高温下使用的金属的抗蚀性问题变得尤为重要。

金属的高温腐蚀像其他腐蚀问题一样，遍及国民经济的各个领域，归纳起来，主要涉及以下几个方面：

（1）在化学工业中存在的高温过程，比如生产氨水和石油化工等领域产生的氧化。

（2）在金属生产和加工过程中，比如在热处理中碳氮共渗和盐浴处理易于产生增碳、氮化损伤和熔融盐腐蚀。

（3）含有燃烧的各个过程，比如柴油发动机、燃气轮机、焚烧炉等所产生的复杂气氛高温氧化、高温高压水蒸气氧化及熔融碱盐腐蚀。

（4）核反应堆运行过程中，煤的气化和液化产生的高温硫化腐蚀。

（5）在航空领域，如宇宙飞船返回大气层过程中的高温氧化和高温硫化腐蚀，以及航空发动机叶片受到的高温氧化和高温硫化腐蚀。

高温腐蚀可以产生各种各样有害的影响，它不仅使许多金属腐蚀生锈，造成大量金属的耗损，还破坏了金属表面许多优良的使用性能，降低了金属横截面承受负荷的能力，并且使高温机械疲劳和热疲劳性能下降。由此可见，研究金属和合金的高温腐蚀规律将有助于了解各种金属及其合金在不同环境介质中的腐蚀行为，掌握腐蚀产物对金属性能破坏的规律，从而能够成功地进行耐蚀合金的设计，把它们有效、合理地应用于各类特定高温环境中，并能正确选择防护工艺和涂层材料来改善金属材料的高温抗蚀性，减少金属的损失，延长金属制品的使用寿命，提高生产企业的经济效益。

金属或合金的高温腐蚀可根据环境、介质状态变化分成气态介质、液态介质和固态介质腐蚀，其中以在干燥气态介质中的腐蚀行为的研究历史最久，认识全面而深入。本节主要介绍金属高温氧化机理及抗氧化原理。

6.4.2　金属高温氧化热力学

6.4.2.1　金属高温氧化的可能性

金属氧化时的化学反应可以表示成

$$Me(s) + O_2(g) \longrightarrow MeO_2(s)$$

根据 Vant Hoff 等温方程式：

$$\Delta G = - RT\ln K + RT\ln Q \tag{6-2}$$

即

$$\Delta G = - RT\ln \frac{a_{MeO_2}}{a_{Me}p_{O_2}} + RT\ln \frac{a'_{MeO_2}}{a'_{Me}p'_{O_2}} \tag{6-3}$$

由于 MeO_2、Me 是固态物质，活度均为 1，故式（6-2）变为

$$\Delta G_T = - RT\ln \frac{1}{p_{O_2}} + RT\ln \frac{1}{p'_{O_2}} = 4.575T(\lg p_{O_2} - \lg p'_{O_2}) \tag{6-4}$$

式中，p_{O_2} 为给定温度下的 MeO_2 的分解压（平衡分压）；p'_{O_2} 为给定温度下的氧分压。

由式（6-4）可知：

若 $p'_{O_2} > p_{O_2}$，则 $\Delta G_T < 0$，反应向生成 MeO_2 方向进行；

若 $p'_{O_2} < p_{O_2}$，则 $\Delta G_T > 0$，反应向 MeO_2 分解方向进行；

若 $p'_{O_2} = p_{O_2}$，则 $\Delta G_T = 0$，金属氧化反应达到平衡。

显然，求解给定温度下金属氧化分解的分解压，或者说求解平衡常数，就可以看出金属氧化物的稳定程度。

对于上述氧化反应来说：

$$\Delta G_T^{\ominus} = - RT\ln K = - RT\ln \frac{1}{p_{O_2}} = 4.575T\lg p_{O_2} \tag{6-5}$$

由上式可见，只要知道温度 T 时的标准自由能变化值（$\Delta G_T^{\ominus}$），即可得到该温度下的金属氧化物分解压，然后将其与给定条件下的环境分压比较就可以判断上述氧化反应的反

应方向。

6.4.2.2 金属氧化物的高温稳定性

在金属的高温氧化研究中，可以用金属氧化物的标准生成自由能 $\Delta G^{\ominus}$ 与温度的关系来判断氧化的可能性，$\Delta G^{\ominus}$ 数值可在物理化学手册上查到。1944 年，Ellingham 编制了一些氧化物的 $\Delta G^{\ominus}\text{-}T$ 平衡图，见图 6-8。由该图可以直接读出在任何给定温度下，金属氧化反应的 $\Delta G^{\ominus}$ 值。$\Delta G^{\ominus}$ 值越负，则该金属的氧化物越稳定，即图中线的位置越低，它所代表的氧化物就越稳定。同时它还可以预测一种金属还原另一种金属氧化物的可能性。例如，从图 6-8 中可直接读出 600℃时下列反应的 $\Delta G^{\ominus}$：

$$\frac{4}{3}Al + O_2 \longrightarrow \frac{2}{3}Al_2O_3 \qquad \Delta G^{\ominus} = -933kJ/mol < 0$$

$$2Fe + O_2 \longrightarrow 2FeO \qquad \Delta G^{\ominus} = -414kJ/mol < 0$$

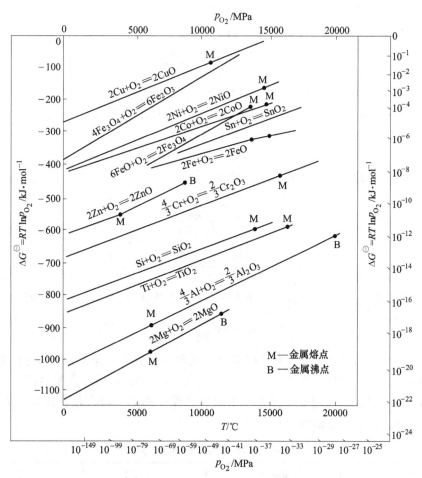

图 6-8　一些金属氧化物的 $\Delta G^{\ominus}\text{-}T$ 图

可见，铝和铁在 600℃标准状态下均可被氧化，而且铝比铁的氧化倾向更大。若将上述两式相减，可得

$$2FeO + \frac{4}{3}Al \longrightarrow \frac{2}{3}Al_2O_3 + 2Fe \qquad \Delta G^{\ominus} = -519kJ/mol < 0$$

　　说明在氧化膜中 FeO 可被 Al 还原而生成 Al_2O_3。Cr、Al、Si 是耐热钢中的主要合金元素，它们提高了耐热钢的热稳定性，其主要原因是这些合金元素的氧化物位于 $\Delta G^{\ominus} - T$ 图中铁的氧化物平衡线的下部，在高温下具有较高的稳定性。

　　从平衡氧压的辅助坐标可以直接读出在给定温度下金属氧化物的平衡氧压。方法是从最左边竖线的基点"0"出发，与所讨论的反应线在给定温度的交点相连，再将连线延伸到图上最右边的氧压辅助坐标上，即可直接读出氧分压。

　　物质在一定温度下都具有一定的蒸气压。在给定条件下，系统中固、液、气相力求平衡。当固体氧化物的蒸气压低于该温度下相平衡蒸气压时，则固体氧化物蒸发。蒸汽反应中蒸气压与标准自由能的关系与上述氧化、还原反应相同：

$$\Delta G^{\ominus} = - RT\ln p_{蒸} \tag{6-6}$$

标准自由能的符号（正、负）决定反应系统状态的变化方向，如物质沸腾时，蒸气压为 $1\times10^5 \text{Pa}$（1atm），$\Delta G = 0$，此温度以上气相稳定。

　　蒸气压与温度关系可用 Clapeyron 方程式表示：

$$\frac{\mathrm{d}p}{\mathrm{d}T} = \frac{\Delta S^{\ominus}}{\Delta V} = \frac{\Delta H^{\ominus}}{T\Delta V} \tag{6-7}$$

式中，$S^{\ominus}$ 为标准摩尔熵；V 为氧化物摩尔体积；$H^{\ominus}$ 为标准摩尔焓。

　　对于有气相参加两相平衡，固相与液相和气相相比，体积可忽略，上式可简化为

$$\frac{\mathrm{d}p}{\mathrm{d}T} = \frac{\Delta H^{\ominus}}{TV_{(g)}} \tag{6-8}$$

如将蒸气压近似按理想气体处理，则得

$$\frac{\mathrm{d}p}{p} = \frac{\Delta H^{\ominus}}{T\left(\dfrac{RT}{V}\right)}$$

$$\frac{\mathrm{d}p}{\mathrm{d}T} = \frac{\Delta H^{\ominus}}{T^2 R}\mathrm{d}T \tag{6-9}$$

假定 ΔH 与温度无关，或因温度变化很小，可看作常数，将式（6-9）积分可得

$$\ln p = - \frac{\Delta H^{\ominus}}{RT} + C \tag{6-10}$$

　　由式（6-10）可看出，蒸发热 $\Delta H^{\ominus}$ 越大，蒸气压 p 越小，固态氧化物越稳定。

　　一些金属氧化物的熔点低于该金属的熔点，因此，当温度低于金属熔点以下，又高于氧化物熔点以上时，氧化物处于液态，不但失去保护作用，而且还会加速金属腐蚀，表 6-5 列出了一些金属氧化物的熔点。

表 6-5　某些元素及其氧化物的熔点

元素	熔点/℃	氧化物	熔点/℃
B	2200	B_2O_3	294
V	1750	V_2O_3	1970
		V_2O_5	658
		V_2O_4	1637

元素	熔点/℃	氧化物	熔点/℃
Fe	1528	Fe_2O_3	1565
		Fe_3O_4	1527
		FeO	1377
Mo	2553	MoO_2	777
		MoO_3	795
W	3370	WO_2	1473
		WO_3	1277
Cu	1083	Cu_2O	1230
		CuO	1277

合金氧化时，往往出现两种以上的金属氧化物。当两种氧化物形成共晶时，其熔点更低，表 6-6 列出某些低熔点氧化物和其共晶、复氧化物的熔点。

表 6-6 低熔点氧化物和其共晶、复氧化物的熔点

氧化物	熔点/℃	共晶	共晶温度/℃	复氧化物	熔点/℃
B_2O_3	294	V_2O_5-Fe_2O_3	640	$V_2O_5 \cdot Fe_2O_3$	816
V_2O_5	658	V_2O_5-CaO	621	$V_2O_5 \cdot Cr_2O_3$	850
MoO_3	795	V_2O_5-Na_2O	565	$V_2O_5 \cdot 3NiO$	1275
Bi_2O_3	820	V_2O_5-CaO	473	$MoO_3 \cdot Fe_2O_3$	875
PbO	880		704	$MoO_3 \cdot Cr_2O_3$	1000
WO_3	1277	V_2O_5-K_2O	349	$MoO_3 \cdot V_2O_5$	760

6.4.3 金属氧化膜的结构和性质

6.4.3.1 金属氧化物的结构类型

金属高温氧化的结果，在金属表面形成一层氧化膜，通常称为氧化皮或锈皮。金属氧化物是由金属离子和阳离子组成的离子晶体。它是在金属晶体表面上形核并长大的。纯金属在不同环境中所形成的锈皮，其厚薄、颜色和连续性各有特色，但从结构上可以分为离子型导体氧化物锈皮、半导体型氧化物锈皮和间隙化合物型锈皮。

离子导体是严格按化学计量比组成的晶体，其电导率为 $1 \times 10^{-6} \sim 1S/cm$。其熔点随离子电荷数增加而增加。$MgO$、$CaO$、$ThO_2$、$ZnS$ 和 AlN 以及所有的金属卤化物晶体都属于离子化合物晶体。

半导体型氧化物是非化学计量比的离子晶体，晶体内可能存在过剩的阳离子（如 M^{2+}）或过剩的阴离子（如 O^{2-}）。因此，在电场作用下，除离子迁移外，还有电子迁移。这类化合物具有半导体性质，电导率处于 $1 \times 10^{-10} \sim 10^3 S/cm$。随温度升高，电导率增大。大多数氧化物和硫化物属于半导体化合物。根据氧化物和硫化物中占优的载流子为电子或

电子空穴的不同情况又可分为 n 型半导体和 p 型半导体。

间隙化合物型锈皮多形成于金属内表层。当气态介质中原子尺寸较小的非金属元素溶入金属表层，处于过渡族金属晶格中的间隙位，就形成间隙化合物。它们主要是靠金属键组成，因此有较低的电阻率和正的电阻温度系数。金属的碳化物、氮化物、硼化物、硅化物，如 VC、Cr_7C_3、$Cr_{23}C_6$、Fe_4N、Fe_2N、FeB、TaC、TiC、ZrC、WC、TiN 等都属于此类。

6.4.3.2 金属氧化膜的晶体结构

A 纯金属氧化物

纯金属的氧化一般形成单一氧化物组成的氧化膜，如 NiO、MgO、Al_2O_3 等，但有时也能形成多种不同的氧化物组成的膜，如铁在空气中氧化时，温度低于 570℃，氧化膜由 Fe_3O_4 和 Fe_2O_3 组成，温度高于 570℃ 时，氧化膜由 FeO、Fe_3O_4 和 Fe_2O_3 组成，与金属的晶体结构类似（图 6-9），许多简单的金属氧化物的晶体结构也可以认为是由氧离子组成的六方或立方密堆结构，而金属离子占据着密堆结构的间隙空位处。这种间隙空位有两种类型：由 4 个氧离子包围的空位，即四面体间隙；由 6 个氧离子包围的空位，即八面体间隙。表 6-7 列出了几种典型的金属氧化物的晶体结构及特征。

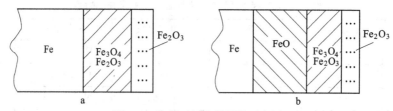

图 6-9 铁表面氧化物结构示意图

a—570℃以下氧化；b—570℃以上氧化

表 6-7 一些金属氧化物的晶格结构类型

晶体结构类型	金 属						
	Fe	Cr	Al	Ti	V	Mn	Co
岩盐（立方晶系）	FeO			TiO	VO	MnO	CoO
尖晶石（立方晶系）	Fe_3O_4					Mn_3O_4	Co_3O_4
尖晶石（六方晶系）	γ-Fe_2O_3	γ-Cr_2O_3	γ-Al_2O_3				
刚玉（斜六面体晶系）	α-Fe_2O_3	α-Cr_2O_3	α-Al_2O_3	Ti_2O_3	V_2O_3		

B 合金氧化物

合金氧化时生成的氧化物往往是由构成该合金的金属元素的氧化物组成复杂体系，但有时也由一种成分的氧化物组成。复杂体系氧化物一般有两种情况：（1）固溶体型氧化物。即一种氧化物溶入另一种氧化物中，但两种氧化物中的金属元素之间无一定的定量比例，如 $FeO-NiO$、$MnO-FeO$、$FeO-CoO$、$Fe_2O_3-Cr_2O_3$ 等。（2）$mMeO \cdot nMeO$ 型复杂氧化物。其特征是一种金属氧化物与另一种金属氧化物之间有一定的比例。以 Fe_3O_4 为基构成的复杂氧化物最具有代表性。它们具有两种完全不同的阳离子结点（Fe^{3+} 与 Fe^{2+}），因为其他离子或是只取代 Fe^{2+}，或是只取代 Fe^{3+}。

6.4.3.3 金属氧化膜的形成

为了研究金属氧化动力学问题，必须首先弄清金属氧化的历程，即氧或其他气体分子怎样与金属发生反应，最终在金属的表面形成一层或致密或疏松的氧化膜。

在一个干净的金属表面上，金属氧化反应的最初步骤是气体在金属表面上吸附。随着反应的进行，氧溶解在金属中，进而在金属表面形成氧化物薄膜或独立的氧化物核。在这一阶段，氧化物的形成与金属表面取向、晶体缺陷、杂质以及试样制备条件等因素有很大关系。当连续的氧化膜覆盖在金属表面上时，氧化膜就将金属与气体分离开来，要使反应继续下去，必须通过中性原子或电子、离子在氧化膜中的固态扩散（迁移）来实现。在这些情况下，迁移过程与金属-氧化膜及气体-氧化膜的相界反应有关。若通过金属阳离子迁移将导致气体-氧化膜界面上膜增厚，而通过氧阴离子迁移则导致金属-氧化膜界面上膜增厚。

金属一旦形成氧化膜，氧化过程的继续进行将取决于以下两个因素。

(1) 界面反应速度，包括金属-氧化膜界面及气体-氧化膜界面上的反应速度。

(2) 参加反应的物质通过氧化膜的扩散速度。当氧化膜很薄时，反应物质扩散的驱动力是膜内部存在的电位差；当膜较厚时，将由膜内的浓度梯度引起迁移扩散。

由此可见，这两个因素实际上控制了进一步的氧化速度。在氧化初期，氧化控制因素是界面反应速度，随着氧化膜的增厚，扩散过程起着越来越重要的作用，成为继续氧化的速度控制因素。

6.4.3.4 金属氧化膜的生长

反应物质在氧化膜内的传输途径根据金属体系和氧化温度不同而存在以下几种方式。

(1) 通过晶格扩散。常见于温度较高，氧化膜致密，而且氧化膜内部存在高浓度的空位缺陷的情况下，通过测量氧化速度可直接计算出反应物质的扩散系数，如钴的氧化。

(2) 通过晶界扩散。在较低的温度下，由于晶界扩散的激活能小于晶格扩散，而且低温下氧化物的晶粒尺寸较小，晶界面积大，因此晶界扩散显得更加重要，如镍、铬、铝的氧化。

(3) 同时通过晶格和晶界扩散。如钛、锆、铪在中温区域（400~600℃）长时间氧化条件下。

由于存在晶界扩散，氧化膜还可能以另外几种形式形成和生长。当金属离子单向向外扩散时，相当于金属离子空位向金属-氧化膜界面迁移。如果氧化膜太厚而不能通过变形来维持与金属基体的接触，这些空位凝聚，最后在金属-氧化膜界面上形成孔洞。若金属离子通过氧化膜的晶界扩散速度大于晶格扩散，则晶界地区起到了连接孔洞与外部环境的显微通道作用。这种通道将允许分子氧向金属迁移，并在孔洞表面产生氧化，形成内部多孔的氧化层。

6.4.3.5 金属氧化膜的保护性和P-B比

氧化膜在生长过程中，在氧化膜与金属基体之间将产生应力，这种应力使氧化膜产生裂纹、破裂，从而减弱了氧化膜的保护性能。应力的来源取决于氧化反应机制，其中包括溶解在金属中的氧的作用、氧化物与金属的体积比、氧化物的生长机制以及样品的几何形状等。本小节重点介绍氧化物与金属的体积比对氧化物的保护性影响，又称毕林-彼得沃尔斯原理或 P-B 比。该原理认为氧化过程中金属氧化膜具有保护性的必要条件是，氧化时所生成的金属氧化膜的体积（V_{MeO_2}）与生成这些氧化膜所消耗的金属的体积（V_{Me}）之比必须大于1，而不管氧化膜的生长是由金属还是由氧的扩散所形成，即

$$PBR = \frac{V_{MeO}}{V_{Me}} = \frac{M/D_{MeO}}{nA/d_{Me}} = \frac{Md_{Me}}{nAD_{MeO}} = \frac{Md_{Me}}{mD_{MeO}} > 1 \qquad (6-11)$$

式中，M 为金属氧化物的分子质量；n 为金属氧化物中金属原子数目；A 为金属的原子质量；m 为氧化所消耗的金属质量（$m=nA$）；d_{Me}，D_{MeO} 分别为金属、金属氧化物的密度。

如果 PBR 值大于1，则金属氧化膜受压应力，具有保护性；当 PBR 值小于1时，金属氧化膜受张应力，它不能完全覆盖在整个金属的表面，生成疏松多孔的氧化膜，这类氧化膜不具有保护性，如碱金属和碱土金属的氧化膜 MgO 和 CaO 等。当 PBR 远大于1时，因膜脆容易破裂，完全丧失了保护性，如难熔金属的氧化膜 WO_3、MoO_3 等。

6.4.4 金属高温氧化动力学机理

6.4.4.1 高温氧化速度的测量方法

金属材料的高温抗氧化性能是材料的一项重要性能指标。为研究高温氧化动力学和氧化机理、鉴定合金抗氧化性能或发展新型抗氧化合金，通常采用重量法、容量法、压力计法等来测定金属高温氧化速度。

重量法是最简单、最直接测定氧化速度的方法。其氧化速度通常用单位面积上质量变化来表示 $\Delta W(mg/cm^2)$。主要采用两种方法来测定，一种是不连续增重法，即先将试样称重并测量尺寸，然后将其在高温氧化条件下暴露一定时间，而后再取出称重，计算试样氧化前后的质量变化。这种方法的特点是简便易行，但测一条 ΔW-t 曲线需要许多试样。另一种方法是连续增重法，即连续自动记录试样在一定温度、一定时间内质量的连续变化情况。这是一种最普遍、最方便，同时也是最昂贵的方法。它对于测量短时间内试样的质量变化非常有效。除重量法外，还可以用在恒定压力下，连续测量消耗氧的体积的方法，以及在恒定体积下，测量反应室内压力的变化等方法测出试样的氧化速度。

如果试样氧化后，其氧化层致密、无脱落，而且其表面积与氧化前相比可以认为近似相等，则氧化速度也可以用氧化层的厚度 y 来表示。y 与 ΔW 的关系为

$$y = \frac{\Delta W}{D_{MeO}} \qquad (6-12)$$

式中，y 为氧化层厚度；ΔW 为单位面积上的氧化增重量；D_{MeO} 为氧化物的密度。

测量试样的氧化速度可采用不同的氧化方式，常见的有：（1）恒温氧化，氧化时温度不随时间变化；（2）循环氧化，氧化时温度随时间变化，一般是周期性变化；（3）动力学氧化，指高速气流（即零点几到一个声速 340m/s）中的氧化。

不同的氧化试验方法可用于不同的实验目的，如循环氧化对于考查氧化层与试样之间的黏结性比较有效，而动力学氧化则比较接近燃汽轮机的工作条件。

6.4.4.2 恒温氧化动力学规律

测定氧化过程的恒温氧化动力学曲线（ΔW-t），是研究金属（或合金）氧化动力学基本的方法，它不仅可以提供许多关于氧化机制的资料，如氧化膜的保护性、反应速度常

数 K 以及氧化过程的激活能等，而且还可以作为工程设计的依据。

氧化动力学规律取决于氧化温度、时间、氧的压力、金属表面状况以及预处理条件（它决定了合金的组织），同一金属在不同条件下，或同一条件下不同金属的氧化规律往往是不同的。

金属氧化的动力学曲线大体上可分为直线、抛物线、立方、对数及反对数规律五类。在实验中也常常遇到其动力学规律介于这几种规律之间，因为要想使速度数据完全符合简单的速度方程也是非常困难的。

应该指出：氧化动力学曲线的重现性与实验仪器的精确度有关，还与试样的表面状态（包括光洁度、取向等）有关。

（1）直线规律。符合这种氧化规律的金属在氧化时，氧化膜疏松、易脱落，即不具有保护性；或者在反应期间生成气相或液相产物离开了金属表面，或者在氧化初期，氧化膜很薄时，其氧化速度直接由形成氧化物的化学反应速度所决定，因此其氧化速率恒定不变，符合直线规律，可用下式表示：

$$\frac{dy}{dt} = K \quad 或 \quad y = Kt + C \tag{6-13}$$

式中，y 为氧化膜的厚度；t 为时间；K 为氧化线性速度常数。

镁和碱土金属以及钨、钼、钒和含这些金属较多的合金的氧化都遵循这一线性规律。

（2）抛物线规律。许多金属和合金，在较宽的高温范围氧化时，其表面可形成致密的固态氧化膜，氧化速度与膜的厚度成反比，即其氧化动力学符合抛物线速度规律。氧化速度可用下式表示：

$$\frac{dy}{dt} = \frac{k}{y} \quad 或 \quad y^2 = 2kt + C = Kt + C \tag{6-14}$$

式中，K 为抛物线速度常数；C 为积分常数；k 为比例常数。

氧化反应抛物线速度规律主要表明氧化膜具有保护性，其主要控制因素是离子在固态膜中的扩散过程，实际上许多金属氧化偏离平方抛物线规律，故可写成一般式：

$$y^n = Kt + C \tag{6-15}$$

当 $n<2$ 时，氧化的扩散阻滞并不随膜厚的增加而呈正比地增长，氧化膜中的生长应力、空洞和晶界扩散都可使其偏离平方抛物线关系。

当 $n>2$ 时，扩散阻滞作用比膜增厚所产生的阻滞更为严重，合金氧化物掺杂其他离子、离子扩散形成致密的阻挡层而导致偏离。

（3）立方规律。在一定的温度范围内，一些金属的氧化服从立方规律。例如 Zr 在 10^5 Pa 氧中、在 $600\sim900℃$ 范围内，Cu 在 $100\sim300℃$ 各种气压下的恒温氧化均服从立方规律，这种规律可表示成

$$y^3 = 3Kt + C \tag{6-16}$$

某些金属在低温氧化时生成薄的氧化膜也符合立方规律，有人认为这可能与通过氧化物空间电荷区的金属离子的输送过程有关。

（4）对数与反对数规律。许多金属在温度低于 $300\sim400℃$ 氧化时，其反应一开始很快，但随后就降到其氧化速度可以忽略的程度，这种行为可认为符合对数或反对数速度规律。用指数关系表示为

$$\frac{\mathrm{d}y}{\mathrm{d}t} = A\mathrm{e}^{-By} \tag{6-17}$$

$$\frac{\mathrm{d}y}{\mathrm{d}t} = A\mathrm{e}^{By} \tag{6-18}$$

将式（6-19）和式（6-20）积分后，可分别得到

$$y = K_1 \lg(t + t_0) + A \tag{6-19}$$

$$\frac{1}{y} = B - K_2 \lg t \tag{6-20}$$

式中，K_1、K_2 为速度常数；A、B、t_0 在恒温下均为常数。

氧化的这两种规律是在氧化膜相当薄时才符合，这说明其氧化过程受到的阻滞远比抛物线关系中的阻滞作用大。室温下 Cu、Al、Ag 的氧化符合式（6-20）的反对数规律，而 Cu、Fe、Zn、Ni、Pb、Al 等金属初始氧化符合式（6-19）的规律。

一般来讲，氧化反应常常综合遵循以上这些速度规律，这说明氧化同时由两种机制所决定，其中一种机制在氧化初期起作用，而另一种机制在氧化后期（延长氧化时间）起作用。比如，在低温下的氧化反应，在反应初期符合对数速度方程，这是由于电场引起离子穿过氧化膜，而这种机制控制下的反应速度随着时间的推移逐渐减慢，因为离子的热扩散成为速度控制因素，在这种情况下，氧化将遵循对数和抛物线综合方程，即

$$y^m = K_m t + C \tag{6-21}$$

式中，m 在 3 和 4 之间。

若在高温下，在反应初期界面反应是速度控制因素，而在后期转为扩散控制因素，这种氧化行为即符合抛物线和线性混合关系，它可以表达成

$$y^2 + Ay = K_p t + C \tag{6-22}$$

式中，K_p 为线性速度常数。

如果一个密实的氧化层原来以抛物线规律生长，但后来氧化层变得多孔、疏松而失去了保护作用，其氧化规律又符合线性方程。

6.4.5　影响金属氧化的因素

6.4.5.1　合金元素对氧化速度的影响

金属的氧化主要受氧化膜离子晶体中离子空位和间隙离子的迁移所控制，因而可通过加入适当的合金元素改变晶体缺陷，控制氧化速度。

（1）合金元素对金属过剩型氧化膜氧化速度的影响。n 型半导体氧化速度受间隙金属离子的数目支配，如 ZnO 的增长速度符合质量作用定律，即 $K = C_{\mathrm{Zn}_i^{2+}} \cdot C_{\mathrm{e}_i}^2 \cdot p_{\mathrm{O}_2}^{1/2}$。如果在 Zn 加入 Li，那么在 ZnO 中 Li 会置换多少个 Zn？如图 6-10 所示的模型，就整体而言，合金氧化膜是电中性的，2 个 Li$^+$ 相当于有 2 个负电荷减量（e_i），为了保持电中性，在平衡常数 K 式中，$C_{\mathrm{Zn}^{2+}}$ 就应当增加，即 2 个 Li$^+$ 置换 1 个 Zn^{2+}，将增加 1 个 Zn^{2+}。其结果加入 Li$^+$ 后，e_i 降低，电导率降低；Zn^{2+} 浓度增加，氧化速度增加。

相反加入 Al 以后，1 个 Al^{3+} 就相当于有 1 个 e_i 增量，按质量作用定律，e_i 浓度增加，Zn^{2+} 浓度就应减少，即 2 个 Al^{3+} 置换 2 个 Zn^{2+}，将有一个间隙 Zn^{2+} 消失，因此加入 Al^{3+}

后，e_i 浓度增加，电导率增加，Zn^{2+} 浓度降低，氧化速度降低，如图 6-10 所示。

$$
\begin{array}{cccccc}
Zn^{2+} & O^{2-} & Zn^{2+} & O^{2-} & Zn^{2+} & O^{2-} \\
& e^{-} & & Zn^{2+} & & \\
O^{2-} & Zn^{2+} & O^{2-} & Zn^{2+} & O^{2-} & Zn^{2+} \\
Zn^{2+} & & e^{-} & & & \\
& Zn^{2+} & & & e^{-} & \\
O^{2-} & Zn^{2+} & O^{2-} & e^{-} & O^{2-} & Zn^{2+}
\end{array}
$$

a

$$
\begin{array}{cccccccccccc}
Zn^{2+} & O^{2-} & Li^{+} & O^{2-} & Zn^{2+} & O^{2-} & Zn^{2+} & O^{2-} & Al^{3+} & O^{2-} & Zn^{2+} & O^{2-} \\
& e^{-} & & & Zn^{2+} & & & e^{-} & & & Zn^{2+} & \\
O^{2-} & Zn^{2+} & O^{2-} & Zn^{2+} & O^{2-} & & O^{2-} & Zn^{2+} & O^{2-} & Zn^{2+} & O^{2-} & Zn^{2+} \\
Li^{+} & & e^{-} & & Zn^{2+} & & & Zn^{2+} & & & & \\
& Zn^{2+} & & Li^{+} & O^{2-} & & Al^{3+} & O^{2-} & Zn^{2+} & O^{2-} & Al^{3+} & O^{2-} \\
& & & & & & & & & e^{-} & & e^{-} \\
O^{2-} & Zn^{2+} & O^{2-} & Zn^{2+} & O^{2-} & & Zn^{2+} & O^{2-} & Zn^{2+} & O^{2-} & Zn^{2+}
\end{array}
$$

b　　　　　　　　　　　　　　c

图 6-10　氧化锌及其含有少量 LiO 和 Al_2O_3 的晶格结构

a—纯 ZnO；b—Li^+ 加入后的影响；c—Al^{3+} 加入后的影响

（2）合金元素对金属不足型氧化膜氧化速度的影响。p 型半导体氧化物导电性受电子空位支配，而氧化速度受离子空位支配。以 NiO 为例，NiO 的增长符合质量作用定律：$K = C_{\square Ni^{2+}} \cdot C_{\square e}^2 \cdot p_{O_2}^{-1/2}$。若在 Ni 中加入低价金属 Li，由于合金整体是电中性，其中 1 个 Ni^{2+} 被 1 个 Li^+ 所置换，把 Ni^{3+} 即电子空位（$\square e$）作为一个增量，根据质量作用定律，$C_{\square Ni^{2+}}$ 应该减少，其结果是加入 Li^+ 后电导率增加，而氧化速度降低。

相反，加入高价金属 Cr，使氧化速度增加。上述两种情况如图 6-11 所示。

$$
\begin{array}{cccccc}
Ni^{3+} & O^{2-} & Ni^{2+} & O^{2-} & \square & O^{2-} \\
O^{2-} & Ni^{2+} & O^{2-} & Ni^{3+} & O^{2-} & Ni^{2+} \\
\square & O^{2-} & Ni^{2+} & O^{2-} & Ni^{2+} & O^{2-} \\
O^{2-} & Ni^{3+} & O^{2-} & Ni^{2+} & O^{2-} & Ni^{3+}
\end{array}
$$

a

$$
\begin{array}{cccccccccc}
Ni^{3+} & O^{2-} & Li^{+} & O^{2-} & \square & O^{2-} & Ni^{3+} & O^{2-} & Ni^{2+} & O^{2-} & \square & O^{2-} \\
O^{2-} & Ni^{2+} & O^{2-} & Ni^{3+} & O^{2-} & Ni^{3+} & O^{2-} & Ni^{2+} & O^{2-} & Ni^{3+} & O^{2-} & Cr^{3+} \\
Ni^{2+} & O^{2-} & Li^{+} & O^{2-} & Ni^{2+} & O^{2-} & \square & O^{2-} & Cr^{3+} & O^{2-} & Ni^{2+} & O^{2-} \\
O^{2-} & Ni^{2+} & O^{2-} & Ni^{2+} & O^{2-} & Ni^{3+} & O^{2-} & Ni^{3+} & O^{2-} & \square & O^{2-} & Ni^{3+}
\end{array}
$$

b　　　　　　　　　　　　　　c

图 6-11　氧化镍及其加入少量 LiO 和 Cr_2O_3 的晶格结构

a—纯 NiO；b—Li^+ 加入后的影响；c—Cr^{3+} 加入后的影响

实验证明，p 型半导体 NiO 中加入质量分数低于 3% 的铬在 1000℃ 时符合这种规律，即氧化速度增加。但当 $w(Cr) > 3\%$ 时，尤其是 $w(Cr) \geqslant 10\%$ 时，其氧化速度急剧下降。K 值下降是由于形成了复杂的尖晶石结构 $NiCr_2O_4$ 或 Cr_2O_3，从而改变了离子迁移速度，因为这两种氧化物结构比 NiO 更致密，因而抗氧化性增加。

6.4.5.2 温度对氧化速度的影响

由 $\Delta G^{\ominus}$ - T 图知道，随着温度的升高，金属氧化的热力学倾向减小，但绝大多数金属在高温时 $\Delta G^{\ominus}$ 仍为负值。另外，在高温下反应物质的扩散速度加快，氧化层出现的孔洞、裂缝等也加速了氧的渗透，因此大多数金属在高温下总的趋势是氧化，而且氧化速度大大增加。很多氧化实验表明：氧化速度常数与温度之间符合 Arrhenius 方程：

$$K = k_0 \exp[- Q/(RT)] \tag{6-23}$$

式中，Q 为氧化激活能；R 为气体常数；k_0 为常数。

将上式两侧取对数变成

$$\lg K = A - [Q/(2.303RT)] \tag{6-24}$$

可见 $\lg K$ 与 $1/T$ 间为线性关系，通过测量各温度下的 K 值，以 $\lg K$ 和 $1/T$ 为纵、横坐标所做出的直线斜率为 $Q/2.303R$，从而可以计算出氧化激活能 Q。Q 值从物理意义上来说代表着系统从初始状态到最终状态所需要越过的自由能障碍的高度。对大多数金属及合金的氧化过程来说，Q 值通常为 $21 \sim 210 \text{kJ/mol}$。

如果氧化符合抛物线规律，则氧化膜的生长取决于反应物质穿过膜的扩散速度，其扩散系数也可以用 Arrhenius 方程式表示

$$D = D_0 \exp[- Q_d/(RT)] \tag{6-25}$$

式中，D_0 为常数；Q_d 为扩散激活能。

6.4.5.3 气体介质对氧化速度的影响

不同的气体介质对同种金属或合金的氧化速度的影响是存在差异的。

(1) 单一气体介质。铁在水蒸气中比在氧、空气、CO_2 气中氧化要严重得多，其原因可能有：水蒸气分解生成新生态的氢和氧，新生氧具有特别强的氧化作用；铁在水蒸气中氧化主要生成晶体缺陷多的 FeO，其氧化速度加快。

(2) 混合气体介质。在非金属化合物气态分子作用下的腐蚀环境中，金属（合金）的腐蚀特点表现在原始介质/金属界面内外同时产生不同的氧化产物。金属阳离子破坏了非金属化合物的极性共价键，并与其中的非金属阴离子组成金属化合物锈层，此时非金属化合物中另一非金属被还原，呈原子态存在于形成的外锈皮中，继续向金属原始表面扩散，进而溶入金属，最后在金属深处形成内锈蚀物。

6.4.6 合金氧化及抗氧化原理

纯金属的氧化规律、氧化动力学及影响因素也适用于合金的氧化，但是一般来讲，合金的氧化比纯金属的氧化复杂得多，其原因如下：

(1) 合金中各种元素氧化物有不同的生成自由能，所以它们各自对氧有不同的亲和力；

(2) 可能形成三种或更多种氧化物；

(3) 各种氧化物之间可能存在一定的固溶度；

(4) 在氧化物相中，不同的金属离子有不同的迁移率；

(5) 合金中不同金属有不同的扩散能力；

(6) 溶解到合金中的氧可能引起一种或多种合金元素内氧化。

因此合金的氧化更加复杂，为简化起见，本节主要介绍二元合金的氧化。

6.4.6.1 二元合金的几种氧化形式

设 A-B 为二元合金，A 为基体金属，B 为少量添加元素，其氧化形式可分为两类：只有一种成分氧化及两种组分同时氧化。

当 A、B 二组元和氧的亲和力差异显著时，出现只有一种成分的氧化，此时又可分为两种情况：

（1）少量添加元素 B 的氧化。可能在合金的表面上形成氧化膜 BO，或在合金内部形成氧化物颗粒，这两种情况取决于氧和合金组元 B 的相对扩散速度。

如果合金元素 B 向外扩散的速度很快，而且 B 的含量比较高，此时直接在合金表面上生成 BO 膜。Wagner 提出了只形成 BO 所需要的 B 组元的临界浓度为

$$N_B = \frac{V}{Z_B M_O} \left(\frac{\pi K_p}{D} \right)^{\frac{1}{2}} \tag{6-26}$$

式中，V 为合金的摩尔体积；Z_B 为元素原子价；M_O 为氧原子量；D 为 B 在合金中扩散系数；K_p 为 BO 形成时抛物线速度常数。

由此可见，D 值越大，形成 BO 所需要的临界浓度越小。如果合金中 B 组元的浓度低于上述的临界浓度 N_B，则最初在合金表面只形成 AO，B 组元从氧化膜/金属界面向合金内部扩散。但由于 B 组元与氧亲和力大，随着氧化的进行，当界面处 B 的浓度达到形成 BO 的临界浓度 N_B 时，将发生 B+AO→A+BO 的反应，氧化产物将转变为 BO。以上两种情形被称之为合金的选择性氧化。含有 Cr、Al、S 合金元素的合金均在合金表面优先形成 Cr_2O_3、Al_2O_3 和 SiO_2，它们是氧化保护的重要手段。

当氧向合金内部的扩散速度快，且 BO 的热力学稳定性高于 AO 时，则 B 组元的氧化将发生在合金内部，所形成的 BO 颗粒分散在合金内部，这种现象称之为内氧化。在发生内氧化时，氧从合金的表面或透过氧化膜合金界面向内扩散，而溶质 B 向外扩散。在反应前沿，当溶度积 $a_B a_O$ 达到氧化物 BO 脱溶形核的临界值后，即发生氧化物形核、长大，并使反应前沿不断向前移动。在合金中存在一个极限溶质浓度，当溶质 B 浓度高于这个极限值时，则在反应前沿足以形成一个 BO 的连续阻挡层，并使内氧化停止，向外氧化转变。

（2）合金基体金属氧化。这种氧化有两种形式：一种是在氧化物 AO 膜中混入合金化组元 B；另一种情况是在邻近 AO 层下，B 组元浓度比正常含量多，即 B 组元在合金表面层中发生了富集现象。目前对产生这两种情况的机制尚不清楚，但一般可以认为与反应速度及与氧的亲和力有关。

当合金中 B 组元的浓度较低，不足以形成 B 的选择性氧化，而且 A、B 两组元对氧的亲和力相差不大时，则合金表面的氧化层由 AB 两组元的氧化物构成。由于氧化物之间的相互作用，可将氧化层分为以下几种情况：

1）形成氧化物固溶体。以含 $w(Co)$ 为 10.9% 的 Ni-Co 合金为例，由于 Ni 离子和 Co 离子在氧化层中具有不同的扩散系数，因而在氧化层中建立起连续的但不同的浓度分布，形成 $[Ni_x Co_{1-x}]O$ 单相固溶体。

2）两种氧化物互不溶解。对许多合金系来说，氧化物 AO 和 BO 实际上都是相互不

可溶解的。但当平衡的时候，一种氧化物可以掺杂其他阳离子。设合金含有 A、B 两组元，在初始氧化时，合金表面同时有 AO 和 BO 形核，虽然 BO 比 AO 更稳定，但 AO 的生长速度更快，因而 AO 的生长超过了 BO，并且很快将 BO 覆盖。而 BO 的生长主要是依据置换反应 $B^{2+}+AO \Longrightarrow BO+A^{2+}$ 来进行，此时 BO 集中于氧化层/合金界面上。当合金中 B 含量多时，便形成连续的 BO 层，它起到阻挡 A 向 AO 中扩散，进而阻碍 AO 生长的作用。

3）形成尖晶石氧化物。在 Co-Cr、Ni-Cr、Fe-Cr 合金系中，所形成的铬化物具有良好的耐热保护作用，这些合金的共同特点是两种合金元素形成的氧化物发生反应形成一种新的氧化物相，即尖晶石氧化物，比如 $MO+Cr_2O_3 \Longrightarrow MCr_2O_4$。

以 Co-Cr 合金为例，当 Cr 含量较低时，在合金内部出现 Cr 的内氧化，而表面生成的 CoO 和 Cr_2O_3 发生固态反应形成 $CoCr_2O_4$。由于 CoO 的生长速度大于 Cr_2O_3 的，并且 $CoCr_2O_4$ 中的自扩散速度相对较低，因而合金的最外层仍为 CoO。随着 Cr 含量增加，$CoCr_2O_4$ 体积分数增加，氧化速度下降。若合金中 Cr 的质量分数超过 30%，则在外表层形成连续的 Cr_2O_3 层，其内部掺杂有溶解的 Co 或少量 $CoCr_2O_4$，此时 Co-Cr 合金的氧化速度达到最低值。

6.4.6.2 提高合金抗氧化性的途径

金属的高温抗氧化性优良既可以理解为处于高温氧化环境中的金属热力学稳定性高，在金属与氧化介质界面上不发生任何化学反应，如 Au、Pt 金属，也可以理解为金属与氧的亲和力强，金属与氧化介质之间快速发生界面化学反应，并在金属表面生成了保护性的氧化膜，抑制了金属表面的氧化反应，这类金属有 Al、Cr、Ni 等。实际材料中很少使用贵金属，通常利用合金化来提高合金的抗氧化性。为达到此目的，经常采用以下几种方法。

（1）减少基体氧化膜中晶格缺陷的浓度。利用 Hauffe 价法则，当基体氧化膜为 p 型半导体时，往基体中加入比基体原子价低的合金元素以减少离子空穴浓度；当基体氧化膜为 n 型半导体时，则加入高原子价的元素来减少氧离子空穴浓度。

（2）生成具有保护性的稳定新相。加入能够形成具有保护性的尖晶石型化合物元素，如 Fe-Cr 合金中当 $w(Cr)>10\%$ 时生成 $FeCr_2O_4$，Ni-Cr 合金生成 $NiCr_2O_4$。对合金元素的要求是必须固溶于基体中，合金元素和基体元素对氧的亲和力相差不太悬殊，而且合金元素的原子尺寸应尽量小，此时形成的尖晶石氧化物均匀、致密，能有效地阻挡氧和金属离子的扩散。

（3）通过选择性氧化生成优异的保护膜。加入的合金元素与氧优先发生选择性氧化，从而形成保护性的氧化膜，避免基体金属的氧化。为了实现这一目的，合金元素必须具备以下几个条件：

1）合金元素与氧的亲和力必须大于基体金属与氧的亲和力；

2）合金元素必须固溶于基体中，确保合金表面发生均匀的选择性氧化；

3）合金元素的加入量应适中，含量过低不能形成连续的氧化保护膜，含量过高易于析出第二相，破坏合金元素在合金中的均匀分布状态；

4）合金元素的离子半径应小于基体金属，便于合金元素易于向表面扩散优先发生氧化反应；

5）加入氧活性元素，改善氧化膜的抗氧化能力。

　　向合金中加入某些氧活性元素，如稀土、钇、锆、铪等，可以明显增加合金的抗氧化性。一般来说，氧活性元素有以下几方面作用：

　　①增强合金元素的选择性氧化，减少所需要的合金元素含量；

　　②降低氧化层的生长速度；

　　③改变氧化层的生长机制，使其以氧向内扩散为主；

　　④抑制氧化物晶粒的生长；

　　⑤改善氧化层与基体金属的黏附性，使其不易剥落。

　　有许多模型和假设来解释氧活性元素在氧化中的作用机制，其中最重要的作用是它们改变了氧化层生长过程中的扩散过程。它们通常偏聚在晶界上，增强了氧沿晶界向内扩散，同时阻碍了合金氧化物晶粒的生长，在基体金属晶界上形成的氧化物"钉"有效地增加了氧化层与基体间的黏附性。

　　此外，还可以向合金中加入熔点高、原子尺寸大的过渡族元素，使其固溶于基体中，增加合金的热力学稳定性。另外合金元素在基体中能形成惰性相，减少合金表面的活化面积，可以降低合金的氧化反应速度，达到增强合金的抗氧化性目的。

习　题

6-1　解释下列词语：大气腐蚀、潮大气腐蚀、湿大气腐蚀、土壤腐蚀、海水腐蚀、杂散电流腐蚀。

6-2　按水膜厚度大气腐蚀可分为几类腐蚀？并说明各类腐蚀的特点。

6-3　简述大气腐蚀的过程。

6-4　埋于土壤中的钢管经过砂土和黏土两个区域，钢管腐蚀将发生在哪个部位？原因是什么？

6-5　在大气、海洋和土壤环境中发生氧去极化腐蚀时，氧的传递方式有什么差别？

6-6　哪些合金元素可提高钢耐大气腐蚀性，作用机理是什么？

6-7　影响海水腐蚀有哪些因素？如何防止海水腐蚀？

6-8　从电化学角度解释 $FeCl_3$ 或 $CuCl_2$ 溶液对一般金属都会产生强烈腐蚀的原因。

6-9　金属氧化膜具有保护作用的充分与必要条件。

6-10　说出几种主要恒温氧化动力学规律，并分别说明其意义。

6-11　指出高温氧化理论（Wagner）要点，结合金属氧化的等效电池模型推导出高温氧化速度常数 K 的表达式，并讨论式中各参数的意义。

6-12　简述二元合金的几种氧化形式。

6-13　简述提高合金抗氧化的可能途径。

7 材料的耐蚀性

在选用材料的过程中不仅要考虑它们的力学性能，还必须考虑到它们在使用环节中的耐蚀性能及其他有关的性质，以减少使用过程中的腐蚀损失。

7.1 纯金属的耐蚀性

7.1.1 金属耐蚀合金化原理

根据腐蚀控制因素，金属的耐蚀合金化原理通常可归纳为以下四个方面。

（1）利用合金化提高金属耐蚀性。向耐蚀性较差的金属中加入热力学稳定性高的合金元素进行合金化，使合金表面形成由贵金属的原子组成的连续性保护层，从而提高金属的耐蚀性，如铜中加入金，镍中加入铜，铬钢中加入镍等。这种方法贵金属的添加量较大，不够经济，如 Cu-Au 合金中加入质量分数为 25%~50%的金；另外此法还受合金化元素在固溶体中的溶解度的限制，许多合金要获得高浓度固溶体是不可能的。

（2）阻滞阴极过程。当金属腐蚀过程中受阴极控制时，用合金化提高合金的阴极极化度，可降低腐蚀速度，如金属在酸中的活性溶解就可通过降低阴极活性来减小腐蚀。其具体途径如下。

1）减小金属或合金中的活性阴极面积。金属或合金在酸性溶液中腐蚀时，阴极析氢过程优先在氢过电位小的阴极相或夹杂物上进行。如果减小合金中阴极相或夹杂物，就相当于减小了活性阴极面积，阻滞阴极反应过程的进行，可提高合金的耐蚀性。例如，减小锌、铝、镁等金属中的阴极性杂质，可显著降低这些金属在氧化性酸中的腐蚀速度。

对于阴极控制的腐蚀过程，采用固溶处理以获得单相组织，可提高合金耐蚀性；反之，时效或退火处理，由于阴极相的析出，将降低其耐蚀性。例如，固溶状态的硬铝比退火状态时有更高的耐蚀性。

2）加入氢过电位高的合金元素。合金中加入析氢过电位高的元素，可提高合金的阴极析氢过电位，从而降低合金在酸中的腐蚀速度。这只适用于不产生钝化的由析氢过电位控制的析氢腐蚀过程，即金属在非氧化性或氧化性弱的酸中腐蚀。如，含 Fe、Cu 等杂质的锌中加入氢过电位高的 Cd、Hg 等元素，可使其在酸中的腐蚀速度显著降低。含铁杂质的工业纯镁中，加入 0.5%~1%的锰可大大降低在氯化物水溶液中的腐蚀速度。因为锰上的氢过电位比铁高。在碳钢和铸铁中加入氢过电位高的 Se、Sb、V 和 Sn 也能显著降低在非氧化性酸中的腐蚀速度。

（3）阻滞阳极过程。用合金化的方法降低合金的阳极活性，尤其是提高合金钝化性的方法阻滞阳极过程的进行，可大大提高合金的耐蚀性，是耐蚀合金化中的最有效、最广泛采用的措施。

1）减小合金表面阳极区面积。腐蚀过程中，如果合金基体是阴极，第二相或合金中其微小区域（如晶界）是阳极，则减小阳极区域面积可提高合金的耐蚀性。例如 Al-Mg 合金中强化相 Al_2Mg_3 对基体而言为阳极，在海水中逐渐溶解，使阳极面积减小，腐蚀速度降低，因此 Al-Mg 合金耐海水腐蚀性能比第二相为阴极的 Al-Cu 合金高。但大多数合金中，第二相皆为阴极相，所以此措施有局限性。

提高合金纯度和进行适当热处理，使晶界细化或钝化，可减小阳极面积，提高合金耐蚀性。但对具有晶间腐蚀倾向的合金，仅减小晶界阳极区面积，而不消除阳极区，反倒会加重晶间腐蚀，如粗晶粒的高铬不锈钢比细晶粒的晶间腐蚀严重。

2）加入易钝化的合金元素。工业上常用的合金元素铁、镍、铝、镁等都具有一定的钝化性能，但其钝化性不够高，特别是铁，只有在氧化性较强的介质中才能钝化，而在一般自然条件下不钝化。为了提高耐蚀性，可加入更易钝化的合金元素，提高整个合金钝化的性能，制成耐蚀合金。例如铁中加入 12%～30% 的铬，制成不锈钢或耐酸钢，镍或钛中加入铝，制成 Ni-Mo 或 Ti-Mo 合金，耐蚀性都有极大的提高。

3）加入强的阴极性合金元素。对于可钝化的腐蚀体系，如果在金属或合金中加入阴极性很强的合金元素，可使金属的腐蚀电位进入稳定钝化区，成为耐蚀性金属。要注意，首先腐蚀体系（包括合金和腐蚀介质）是可钝化的，否则，加入阴极性合金元素会加速腐蚀。其次，所加阴极合金元素的活性（包括所加元素的种类和数量）要与腐蚀体系的钝性相适应，活性不足或过强都会加速腐蚀。如图 7-1 所示，若所加阴极性元素活性不足，阴极极化曲线只由 $E_{0,C}C_1$ 变到 $E_{0,C}C_2$，与阳极极化曲线的交点仍处于活性溶解区，腐蚀电流由 I_{C1} 增加到 I_{C2}。若所加阴极元素活性过

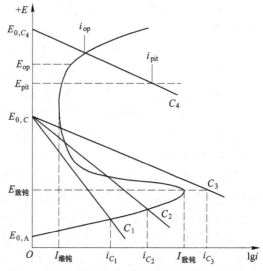

图 7-1　阴极性元素对可钝化体系腐蚀电流的影响

强，使阴极极化曲线变成 $E_{0,C4}C_4$，与阳极极化曲线交于钝化区或点蚀区，相应腐蚀电流为 I_{op} 或 I_{pit}，产生强烈的过钝化腐蚀或点蚀。只有当阴极性元素活性适当，使阴极极化曲线 $E_{0,C3}C_3$ 与阳极极化曲线恰好交于稳定钝化区，可使合金由活化状态转入稳定的钝化状态。稳定钝化区的电流一般比活性溶解电流小几个数量级，因此，加入阴极性合金元素可显著提高可钝化体系合金的耐蚀性。为了使合金自钝化，在致钝电位 $E_{致钝}$ 时，该体系可能发生的阴极电流必须大于致钝电流 $I_{致钝}$。

作为阴极性合金元素，可用各种正电性的金属，如钯、铂、钌等金属元素，有时可用电位偏正的金属元素，如铼、铜、镍、钼等，其质量分数一般为 0.2%～0.5%。这是一种很有发展前途的耐蚀合金化途径。

（4）加入合金元素使表面形成完整的有保护性的腐蚀产物膜。向金属中加入一些能促进使表面生成致密保护膜的合金元素，可进一步阻滞体系腐蚀过程的进行。例如，在钢

中加入铜和磷，能显著提高合金钢耐大气腐蚀的性能，主要因为它们能促进表面生成致密的非晶态羟基氧化铁 $FeO_x \cdot (OH)_{3-2x}$ 保护膜。

7.1.2　金属耐蚀合金化机理

金属耐蚀合金化机理通常有以下几种。

(1) 有序固溶体理论——$n/8$ 定律。有序固溶体理论认为，在给定腐蚀介质中，当耐蚀组元（热力学上稳定或易钝化）与不耐蚀组元组成长程有序固溶体，形成了由单一耐蚀组元的原子构成的表面层时，合金在该介质中耐蚀。这种耐蚀的长程有序化，是在耐蚀组元占一定原子数分数情况下发生的，原子百分比通常服从 $n/8$ 定律，其中 n 为 1，2，3，4，6 等。例如 Cu-Au 合金中，当金的质量分数为 50% 时，在 90℃浓硝酸中的耐蚀性突然增高。对于 Fe-Cr 合金固溶体也有类似的稳定性界限。

(2) 电子结构理论。此理论是根据过渡族金属在形成固溶体时原子内部的电子结构发生变化提出的。例如，Cr 原子的 3d 层缺 5 个电子，Cr 与 Fe 组成固体时，每个 Cr 原子可从 Fe 原子那里夺取 5 个电子，并使 5 个 Fe 原子转入钝态，因而 Cr 加入 Fe 中可使 Fe 的耐蚀性提高。

(3) 表面富集耐蚀相理论。多相合金腐蚀时，依腐蚀电位和钝化性能不同，常有一个优先溶解，另一个则富集在合金表面。如 α+β 黄铜在酸中腐蚀时，β 相含 Zn 多，热力学稳定性低，优先腐蚀，于是在黄铜表面逐渐富集富 Cu 的 α 相。又如 Ti+10%(ω(Mo))Mo 合金，当腐蚀电位处于极化曲线的活性溶解电位时，贫 Mo 的 α 相优先溶解，合金表面将富集富 Mo 的 β 相；但当该合金的腐蚀电位处于过钝化区时，β 相将发生过钝化溶解，合金表面将富集 α 相。

但是，在多相合金表面上富集较稳定相并不一定能提高合金的耐蚀性，这主要取决于富集的耐蚀相能否形成完整的表面覆盖层和阳极相的钝化能力。可分为下面两种情况。

1) 合金基体为阳极，面积小的第二相为阴极。经腐蚀后，作为阴极的第二相以疏松不连续性堆积在表面。若阳极相不能钝化，则表面上疏松堆积着的阴极相不但不能降低腐蚀速度，反而会加速合金腐蚀。例如灰口铸铁或高碳钢在硫酸中腐蚀时，表面铁素体腐蚀掉了，而石墨或碳化物留在合金表面上，疏松地堆积着，将加速合金腐蚀。同样硬铝腐蚀时，θ 相（$CuAl_2$）在表面富集，也导致合金腐蚀加速，只有在阳极性基体能够钝化的条件下，疏松堆积的阴极相可促进基体金属钝化，使腐蚀速度降低。

2) 合金基体为阴极，少量的第二相或夹杂物为阳极。腐蚀一段时间后，合金表面阳极相被溶解掉，合金表面变成由稳定相组成的连续层，合金耐蚀性提高了。例如，含质量分数 10%(Ta+Nb) 的钛合金，在温度为 100℃时质量分数 5% 的 HCl 溶液中腐蚀时，基体 α 相为阳极，第二相为阴极，合金不耐蚀；但对于含质量分数 20%(Ta+Nb) 的钛合金，基体相为耐蚀的 β 相，第二相 α 相为阳极，合金的耐蚀性则明显提高了。

(4) 表面富集耐蚀组分形成完整结晶层理论。固溶体合金的腐蚀常是一种元素优先溶解，因而合金表面相对富集了另一种元素，这种富集的元素在给定条件下是热力学稳定或易钝化而耐蚀的，这些元素的原子如果能够通过表面扩散或体积扩散重结晶成一层极薄的完整的表面层，就可显著提高合金的耐蚀性。这种解释固溶体耐蚀性的理论是以固溶体组元选择性溶解为基础的，即认为固体合金表面上存在着原子级的电化学不均匀性，具有位置变换不定的亚微观（原子级）的阴极和阳极，从而导致选择性溶解。阳极性原子进入溶液，阴极性原子通过表面扩散迁移到晶核处，结晶出由此耐蚀组元的原子构成的阴极相；或者依靠体积扩散造成比合金原始成分更富集的耐蚀合金层。如 Cu-Au 合金腐蚀时，合金表面富集金原子。Cu-Ni 合金腐蚀时，表面富集着给定条件下的较耐蚀的组分原子。

固溶体合金腐蚀时，表面富集耐蚀元素是否能提高合金耐蚀性，在于耐蚀组分的原子能否通过表面扩散或体积扩散重结晶出独立的相而完整地覆盖在合金表面。如果能形成完整的耐蚀元素结晶层，则可提高耐蚀性；反之，如果耐蚀元素不能重结晶成完整层，二是疏松的海绵状或相当厚的粉末层，堆积在表面上，成为阴极相，这时不但不能提高耐蚀性，反而加速腐蚀。例如 β 黄铜的脱锌腐蚀就属于这类情况。

（5）表面富集阴极性合金元素促使阳极钝化的理论。对于用阴极性合金元素促使阳极钝化的耐蚀合金来说，阴极性合金元素加入极少（质量分数小于 1%，一般为 0.2%~0.5%），但当合金实现阳极钝化时，在合金表面上却富集着比平均含量高得多的阴极性合金元素。如经中子辐射 Pd 的质量分数为 0.1% 的 Ti-Pd 合金试样，在沸腾的质量分数 5% 的 HCl 溶液中腐蚀 30min 后，合金表面上的 Pd 比合金中平均含量高 75~100 倍。这说明只有在合金表面上富集了一定数量的阴极性合金元素后，才能促使阳极钝化，并导致腐蚀速度显著降低。

强阴极性合金元素富集于表面，一般不需要生成完整的表面层即可使阳极钝化。Cr25 不锈钢加入质量分数 0.5% 的 Pd，经温度为 25℃、质量分数 10% 的 H_2SO_4 溶液腐蚀 2min、3min 和 10min 后，经电子显微镜观察表明，Pd 的作用机理不是覆盖作用，而是电化学作用，但也不完全排除生成完整的薄覆盖层的可能性。

（6）贵金属元素表面富集机理。贵金属元素表面富集机理有两种。一种是贵金属组元与电位较低的组元一起，以离子的形式溶入溶液，但由于贵金属离子的析出电位高于固溶体的腐蚀电位，因此贵金属离子通过电化学方式在合金表面析出（电结晶）。例如，含 Pd 质量分数 0.2% 的 Ti-Pd 合金在酸液中腐蚀时表面富集 Pd，是由于 Pd 随 Ti_2Pd 的溶解进入溶液，然后溶液中的 Pd^{2+} 离子通过电化学方式在合金表面析出。第二种机理是电位较低的组元原子的选择性溶解，使贵金属组元在表面上逐渐积累。这样在合金表面薄层内可发生合金原子的体积相互扩散。因为表面扩散速度远大于体积扩散速度，因此，贵金属组元的原子能够重新结晶出自己的纯金属相。例如，含 Au 质量分数 10% 的 Cu-Au 合金，在 0.5mol/L $CuSO_4$+0.55mol/L H_2SO_4 的溶液中，在腐蚀电位下，未发现有 Au 离子转入溶液中，说明其遵循电位较低的组元原子选择性溶解机理。

（7）致密的腐蚀产物膜的形成。若加入的合金元素能够促使合金表面形成致密的、电阻大的腐蚀产物膜，则可有效地阻滞腐蚀过程的进行，致密腐蚀产物膜的形成机理及合金化的影响随腐蚀体系而异。

以耐候钢为例，在大气中，普通钢表面所形成的锈层保护性不大，而加入 Cu、P、Cr 等合金元素的耐候钢的锈层具有很好的保护作用。这类钢受大气腐蚀时，先是以 $FeOH^+$ 形式溶解出亚铁离子，然后被空气氧化，生成 γ-FeOOH；其后随湿气膜中电解质溶液的 pH 值降低，FeOOH 溶解，逐渐生成非晶态羟基氧化铁 $[FeO_x(OH)_{3-2x}]$ 沉淀或 α-FeOOH。

在大气腐蚀条件下，若在合金中加入 Cu 和 P 时，Cu 是阴极去极化剂，P 是阳极去极化剂，它们能加速钢的均匀溶解和 Fe^{2+} 的氧化速度，有助于钢表面形成均匀的 γ-FeOOH 锈层，促使非晶态羟基氧化铁致密保护膜的生成。Cr 和 P 同时加入钢中，也有助于生成含结晶水的非晶态羟基氧化铁保护膜，在干湿交替与 SO_2 气氛作用下，能促成生锈反应，加快稳定的耐大气腐蚀锈层的形成。

7.2 铁和钢的耐蚀性

7.2.1 铁的耐蚀性特点

铁形成 Fe^{2+} 和 Fe^{3+} 离子的标准平衡电位分别为 $-0.44V$ 和 $-0.036V$。从热力学上看，铁是不稳定的，与铁的平衡电位相近，甚至电位很负的金属相比，铁在自然环境（大气、天然水、土壤等）中的耐蚀性能较差。如 Fe 与 Al、Ti、Zn、Ni 等金属相比，在自然条件下，铁是不耐蚀的。

铁在各种电解质中的腐蚀随介质而异。在氧化性和非氧化性酸中的腐蚀规律也不同，如表 7-1 所示，这些规律在很大程度上也适用于其他金属。例如，硝酸是典型的氧化性酸，但当浓度不高时，对铁或其他一些其他金属的作用与非氧化性酸一样对铁有作用。硫酸通常视为非氧化性酸，但当浓度很高时，也像氧化性酸一样。因此，只有在给定浓度、温度和金属的腐蚀电位下，才能判断是否是氧化性酸。盐酸是非氧化性酸，含有活性阴离子 Cl^-，铁在盐酸中易受腐蚀。腐蚀速度随盐酸浓度呈指数关系上升，随温度升高腐蚀速度也按指数规律增加。

表 7-1 铁在氧化性和非氧化性酸中腐蚀规律的比较

主要变化因素	非氧化性酸	氧化性酸
酸浓度增大	金属腐蚀速度随之增加	溶解速度先升后降
主要阴极去极化过程	H^+ 离子的还原	酸根离子的还原
氧通入的速度增加	腐蚀加速，酸浓度低时尤为明显	氧对腐蚀几乎无影响
活性阴离子浓度增加	影响不大	可能使金属从钝态转向活化态而加剧腐蚀
合金中阴极性杂质增加	腐蚀速度随阴极性杂质面积增大而成比例增大	无影响，或促使合金由活化转入钝化使腐蚀速度降低

铁在稀硝酸中，随浓度增大腐蚀速度增大；但当硝酸质量分数为 50% 时，铁变为钝态，此时铁的电位近似于铂的电位。对铁腐蚀最强烈的有机酸是草酸、蚁酸、醋酸和柠檬酸，但比等浓度的无机酸要弱得多。铁在有机酸中的腐蚀速度随氧的通入及温度升高而加快。

在常温下，铁和钢在碱中是十分稳定的，但当 NaOH 的质量分数高于 30% 时，膜的保护作用下降，膜以铁酸盐形式溶解，随着温度升高，溶解加剧。当 NaOH 的质量分数达到 50% 时，铁被强烈腐蚀。铁在氨溶液中是稳定的，但在热而浓的氨溶液中溶解速度缓慢增加。

7.2.2 碳钢的耐蚀性

碳钢在强腐蚀介质、大气、海水、土壤中都不耐蚀，需采取各种保护措施，但碳钢在室温的碱或碱性溶液中是耐蚀的。当水溶液中 NaOH 的质量浓度超过 1g/L 时（pH>9.5），有氧存在下，碳钢的耐蚀性很好。但在浓碱溶液中，特别在高温下，碳钢不耐蚀。

碳钢的基本组成为铁素体和渗碳体。铁素体的电位比渗碳体低，在微电池中作为阳极而被腐蚀，渗碳体为阴极，它在钢中的含量及分布对碳钢的腐蚀有很大影响。

在非氧化性酸中，含碳量越高，腐蚀速度越大。因为钢中含碳量增高，渗碳体增多，形成的微电池多，从而加速了腐蚀。在氧化性酸中，含碳量增加，开始腐蚀速度增高，当含碳量达到一定量时，腐蚀速度下降。高碳钢的腐蚀速度比低碳钢低的原因，就是阴极相渗碳体促进了铁的钝化。在大气、淡水和海水等中性或极弱酸性水溶液中，碳含量对碳钢的腐蚀速度影响不大。在这类溶液中以氧去极化为主，影响腐蚀速度的主要因素是表面保护膜的性能及溶液中氧到达阴极表面的难易，与钢中碳含量关系不大。

碳钢中硫、磷含量增加，会使其在酸中的腐蚀速度加快。锰、硅含量在常规范围内对碳钢的耐蚀性无明显影响。

7.2.3　低合金钢的耐蚀性

耐蚀低合金钢是低合金钢的一个重要分支。合金元素的添加主要是为了改善钢在不同腐蚀环境中的耐蚀性，一般合金元素总质量不超过 5%。耐蚀低合金钢尚属发展中的钢种，较成熟的耐蚀低合金钢主要有耐大气腐蚀低合金钢、耐硫酸露点腐蚀低合金钢、耐海水腐蚀低合金钢、耐硫化物腐蚀低合金钢、其他耐蚀低合金钢，如耐高温、高压、耐氢钢及耐盐卤腐蚀的低合金钢等。

（1）耐大气腐蚀低合金钢。合金元素对钢的耐大气腐蚀作用主要是改变锈层的晶体结构及降低缺陷，提高锈层的致密程度和对钢的附着力。较有效的合金元素主要有 Cu、P、Cr、Ni 等，这些元素在钢表面富集并形成非晶态层，提高钢在大气环境中的耐蚀能力。

我国大气腐蚀用钢是 20 世纪 60 年代开始研制的。一般不含铬镍，充分发挥我国矿产资源的特点，发展了铜系、磷钒系、磷稀土系与磷铌稀土系等耐大气腐蚀钢。

武汉钢铁公司首先研制出含铜系列的耐大气腐蚀钢，如 16MnCu、09MnCuPTi 等，除 Cu 系列钢外，包头钢铁公司、鞍山钢铁公司等还研究了磷钒系，如 12MnPV、08MnPV 钢，磷铌稀土系，如 10MnPNbRE 等。

我国磷钒系耐大气腐蚀钢在海洋大气中的耐蚀性比 Q235 钢提高 9%，磷铌稀土系在工业大气中相对 Q235 钢的耐蚀性提高了 38%。

（2）耐海水腐蚀低合金钢。耐海水腐蚀低合金钢是海洋用钢（包括中、高合金钢）中所占比重最大的一类。由于海洋腐蚀的复杂性和环境条件难以模拟等特点，耐海水腐蚀钢发展较晚。美国钢铁公司从 1946 年起研究了各种低合金耐海水腐蚀钢，经历长达 18 年才发表了商品名为 Mariner 的耐海水腐蚀钢（Fe-Ni-Cu-P）。它在海水飞溅带具有优良的耐蚀性，但在全浸带的耐蚀性与碳钢相当。由于其含 P 高，焊接性及低温韧性低，从而限制了它的应用。日本在 Mariner 钢基础上研制出 Mariloy 钢（新日铁）等系列耐海水腐蚀低合金钢。前苏联用于造船的 CXJI-4 钢有较好的耐海水腐蚀性能，它属于 Fe-Cr-Ni-Si 系列钢。

海洋环境是非常复杂的，其影响因素较多，因此讨论合金元素在耐海水腐蚀钢中的作用时，必须结合海洋环境。目前比较一致的看法是合金元素富集在锈层中，降低锈层的氧化物晶体缺陷，改变其形态及分布，形成致密、黏附性好的锈层，阻碍 Cl^-、O_2、H_2O 向钢表面扩散，从而提高耐海水腐蚀性能。综合有关研究结果表明，合金元素的加入使表面在侵蚀过程中形成了致密而附着性好的保护性锈层。外锈层由 γ-Fe_2O_3、α-FeOOH、γ-FeOOH 和 β-FeOOH 组成。中锈层由较多的 Fe_3O_4 及 α、γ、β-FeOOH。而内锈层的结构随合金不同有 3 种看法：（1）内锈层为 α-FeOOH 粒度小的微晶（约 30nm）；（2）形成结晶程度低、晶粒细微的 Fe_3O_4 结构；（3）阻挡层的 80% 是 β-FeOOH。这 3 种看法都确认上述合金元素在内锈层（阻挡层）中有合金元素的富集作用，甚至在蚀坑内的锈层中富集，因而对局部腐蚀的发展有阻滞作用。

7.3　不锈钢的耐蚀性

7.3.1　不锈钢的种类及一般耐蚀性

在空气中耐蚀的钢称为"不锈钢"，在各种侵蚀性较强的介质中耐蚀的钢称为"耐酸钢"。通常把不锈钢和耐酸钢统称为不锈耐酸钢，简称"不锈钢"。可按成分、组织和用途进行分类。

（1）按成分分为铬钢、铬镍钢、铬锰钢等。

（2）按组织分为奥氏体钢、铁素体钢、马氏体钢及奥氏体-铁素体双相钢等。图 7-2 为按组织分类的不锈钢的合金化示意图。

（3）按用途分为耐海水腐蚀、耐点蚀、耐应力腐蚀及耐硝酸不锈钢等。

不锈钢的"不锈"和耐蚀是相对的。在有些介质条件下它是不锈的、耐蚀的，但在另一些条件下可能遭到腐蚀，因此没有绝对耐蚀的不锈钢。

如普通不锈钢，若将其放到中等浓度的热硫酸中，其腐蚀电位处于阳极极化曲线的活性溶解电位区（图 7-3），钢将遭到强烈的全面腐蚀。在浓硝酸中，其腐蚀电位进入过钝化区，钝态遭到破坏，钢也会受到强烈的全面腐蚀。当存在晶界贫铬区时，在一定的介质中，不锈钢可发生晶间腐蚀。在拉伸应力作用下，在特定的介质中，不锈钢可发生应力腐蚀断裂。发生应力腐蚀断裂的电位一般处于活化-钝化或钝化-活化的过渡区。普通不锈钢在海水中，当腐蚀电位达到点蚀电位 E_{pit}，钝化膜局部破坏，将引起不锈钢发生点蚀。可见，不锈钢并不是在任何情况下都耐蚀。因此，要根据使用条件正确选材，或对普通不锈钢进行特殊的合金化，或控制环境，使其在相应条件下的腐蚀电位进入稳定的钝化区，使钢耐蚀。

虽然高铬铁素体不锈钢发展较早，且屈服强度比奥氏体不锈钢高、导热系数较大、成本较低，但由于其脆性较大，特别是焊接后因热影响区晶粒粗化而引起脆性，耐点蚀性能差，对缺口敏感性高等，因此其应用范围远不如 Cr-Ni 奥氏体不锈钢广泛。

铁素体不锈钢可分为 Cr13 型、Cr16-19 型和 Cr25-28 型 3 种。随 Cr 含量增加，其耐氧化性酸腐蚀的能力和抗氧化性均增高。在硝酸等氧化性介质中，铬铁素体不锈钢与同等铬含量的 Cr-Ni 奥氏体不锈钢耐蚀性相近，但在还原性介质中，则不如 Cr-Ni 钢。铬铁素体不锈钢在加锰以后耐蚀性有所改善，例如 Cr18Mo2Ti 钢，不仅具有优良的耐应力腐蚀性

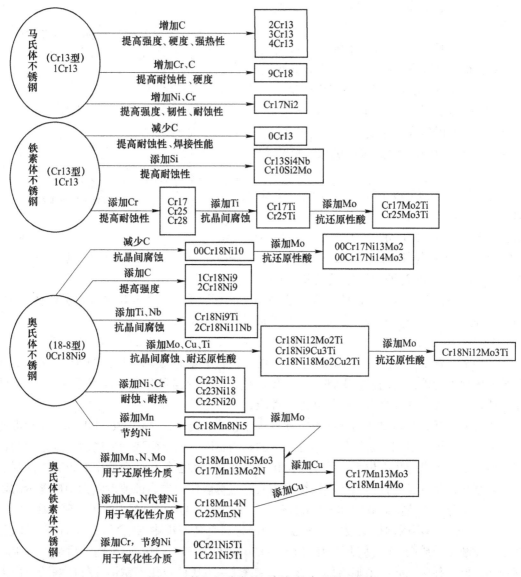

图 7-2　按组织分类的不锈钢的合金化示意图

能，且有较好的耐点蚀和耐海水腐蚀性能。高铬铁素体不锈钢中加入 0.2% ~ 0.5% 的 Pd，可大大提高其在盐酸和中等浓度热硫酸中的耐蚀性。

马氏体不锈钢除含有较高的铬（13% ~ 18%）和较高的碳（0.1 ~ 0.9%），在正常淬火温度下是纯奥氏体组织，冷却至室温则为马氏体组织。随着钢中含碳量增加，此类钢强度、硬度及耐磨性均显著提高，而耐蚀性则下降。因此这类钢主要用来制造力学性能要求较高并兼有一定耐蚀性的机械及零件。9Cr18、9Cr18MoV 等属于过共析钢，主要用于制造医用夹持器械和量具等。1Cr13、2Cr13、Cr17Ni2 通常认为是能耐大气及水蒸气腐蚀的不锈钢，但不作耐酸钢使用。为了提高 Cr13 型不锈钢耐蚀性能与力学性能，大多是在调质状态下使用。此类钢中可在海洋大气及飞溅区使用，但不宜用于海水全浸区及潮汐区。因为此条件下，铬不锈钢表面钝化所需供氧不足，以致产生较严重的均匀腐蚀及孔蚀，它对耐硫酸、盐酸、热磷酸、熔融碱等的腐蚀性较差。

为提高马氏体不锈钢的耐蚀性，可提高铬含量，但需相应提高碳含量，才能获得马氏体组织，用 Ni 代替 C 可获得同样效果。因此 Cr17Ni2 便成为耐蚀性较好的马氏体钢，它在海水、硝酸等介质中的耐蚀性比 Cr13 型钢好，可做氧化氮压缩机转子的轴、叶轮和叶片等。

奥氏体不锈钢是以 18-8 铬镍不锈钢为基础发展起来的，应用最为广泛。18-8 不锈钢约占奥氏体不锈钢的 70%，占全部不锈耐酸钢的 50%。为了提高耐蚀性，18-8 钢中常加入 Ti、Nb、Mo、Si 等铁素体形成元素，并提高铬含量，降低碳含量。但这些元素都能缩小 γ 相区，为了使 Cr-Ni 钢保持奥氏体组织，钢中含镍量（质量分数）应不少于按下列经验公式计算的数值：

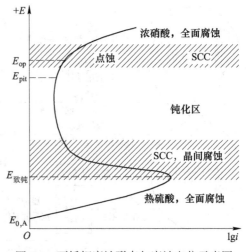

图 7-3　不锈钢腐蚀形态与腐蚀电位示意图

$$\omega(Ni) = 1.1[\omega(Cr) + \omega(Mo) + \omega(Si) + \omega(Nb)] - \omega(Mn) - \omega(C) - 8.2$$

当钢中镍含量小于此式计算的数值时，钢的组织中除奥氏体外还会出现 δ 铁素体。铬镍奥氏体钢中的镍，可用锰或氮部分或全部代替，氮的镍当量与碳一样都是 30 倍。奥氏体不锈钢具有优良的综合力学性能和加工性能。

奥氏体不锈钢全面腐蚀的性能，主要取决于钢中 Cr、Ni、Mo、Si、Pd 等合金元素的含量。一般不锈耐酸钢只耐稀的和中等浓度的硝酸腐蚀，而不耐浓硝酸腐蚀。这是因为在浓硝酸中钢处于过钝化电位下，发生过钝化溶解。在这种强氧化性介质中能提高钢的耐蚀性的合金元素是硅，各种奥氏体不锈钢中加入硅，都能使钢的腐蚀速度随钢中硅含量的增加而急剧下降。如我国研制的 0Cr20Ni24Si4Ti，日本的 NAR-SNI 钢都能耐浓硝酸腐蚀。

Cr-Ni 奥氏体不锈钢在碱液中的耐蚀性相当好，且随着钢中 Ni 含量升高耐蚀性增强。在中等腐蚀性介质中，Cr 质量分数约为 18% 的 Cr-Mn-N 和 Cr-Mn-Ni-N 钢的耐蚀性与 18-8 钢相同，但在强腐蚀介质中则不如 18-8 钢。铁素体-奥氏体双相不锈钢具有良好的耐应力腐蚀、晶间腐蚀和点蚀性能。用各种精炼方法降低钢中 C、N、S、O 等非金属夹杂，可显著改善不锈钢的耐蚀、加工和焊接性能。

7.3.2　不锈钢的晶间腐蚀

碳的质量分数大于 0.03% 的奥氏体不锈钢，在温度为 450~750℃ 范围内加热一定时间（敏化处理）后，碳化物（主要是 $Cr_{25}C_6$）沿晶界析出，形成连续的贫铬区，在弱氧化性介质中很容易引起晶间腐蚀。实际上，随钢的成分、介质和电位的不同，奥氏体不锈钢的晶间腐蚀的机理也不相同。如上所述，在弱氧化性介质中（活化-钝化过渡电位区）普遍发生的晶间腐蚀的机理为贫铬理论；低碳（碳质量分数小于 0.03%）或超低碳奥氏体不锈钢在 650~850℃ 受热后，在强氧化性介质中（过钝化电位区）的晶间腐蚀通常是由于沿晶界析出的 σ 相（FeCr）的选择性溶解；超低碳 18Cr-9Ni 钢在 1050℃ 固溶处理后，在强氧化性介质中出现的晶间腐蚀则认为是 P 或 S 沿晶界吸附（偏析）引起的。

奥氏体不锈钢中碳含量越高，晶间腐蚀倾向越严重。防止晶间腐蚀的有效措施是改变钢的化学成分，如钢中加入足够的碳化物形成元素钛和铌。据统计，钛含量高于碳含量 5.8 倍，可防止晶间腐蚀。降低钢中碳含量，如果碳的质量分数小于 0.02%，便可避免晶间腐蚀。但从实际应用考虑，应根据钢可能经受的敏化加热时间的长短，合理地选用含碳量较低的不锈钢。若受热时间较长，或严格要求避免晶间腐蚀，则应选用低含碳量的不锈钢。此外，还可采用改变介质的腐蚀性、电化学保护、避免在敏化温度范围内受热等措施。

对于铁素体不锈钢，引起和消除其晶间腐蚀敏感性的热处理工艺与奥氏体不锈钢不同，甚至相反，例如，铁素体不锈钢自 900℃ 以上高温区快速冷却（淬火或空冷），有晶间腐蚀倾向，而在 700~800℃ 退火可消除晶间腐蚀倾向。这两类不锈钢产生晶间腐蚀的条件虽不相同，但机理一样，都是由于晶界析出铬的碳、氮化合物，引起晶界贫铬区的结果。C、N 在铁素体不锈钢中的固溶度比在奥氏体不锈钢中小得多，且 Cr 原子在铁素体中的扩散速度比在奥氏体中大两个数量级，因此，即使自高温快冷，铬的碳或氮化物仍能在晶界析出。如冷却速度较慢或中温退火由于 Cr 由晶内向晶界扩散可消除贫铬区，从而使钢的晶间腐蚀倾向降低。铁素体不锈钢产生晶间腐蚀倾向的碳化物主要是 $(Cr, Fe)_7C_3$ 型，而引起奥氏体晶界贫铬的碳化物是 $(Cr, Fe)_{23}C_6$。

7.3.3 不锈钢的应力腐蚀断裂

引起奥氏体不锈钢发生应力腐蚀的介质很多，如氯化物溶液（特别是 80℃ 以上高浓度氯化物水溶液）、纯水（尤其是 150~350℃ 高温高压水）、浓热碱液、连多硫酸、硫化氢水溶液等。其中饱和 $MgCl_2$ 沸腾溶液常用于检验奥氏体不锈钢应力腐蚀敏感性。

奥氏体不锈钢在热氯化物溶液中的应力腐蚀一般都是穿晶型断裂。多数研究者认为，其断裂机制为膜破裂机制，又称滑移—溶解—断裂机制。

奥氏体不锈钢具有面心立方结构，滑移主要限于（111）面，所以在应力作用下易产生层状位错，位错易在基体与膜的界面塞积，在位错塞积的顶端造成很大的应力集中，致使表面膜破裂，裸露出的新鲜金属表面（滑移台阶）与表面膜间构成膜孔电池，发生瞬时溶解，当滑移台阶生成速度、滑移台阶溶解速度及表面膜修复（再钝化）速度适宜时就会产生应力腐蚀断裂。又由于热的高浓度 $MgCl_2$ 阻止再钝化，裂纹尖端快速溶解，而裂纹两侧仍保持钝态，裂纹迅速扩展，裂纹尖端溶液的急剧酸化（自催化作用）进一步加剧了裂纹扩展直至断裂。

铁素体不锈钢耐氯化物应力腐蚀性能比奥氏体不锈钢高得多。这是由于铁素体不锈钢为体心立方结构，其中（112）、（110）和（123）晶面都容易滑移，易形成网状位错结构，不易形成线状蚀沟，因此难以发生穿晶断裂。由于它容易产生交叉滑移，不致造成粗大滑移台阶，因此应力腐蚀敏感性小。但是铁素体不锈钢可发生起源于晶间腐蚀或点蚀的应力腐蚀。由晶间腐蚀引起的铁素体不锈钢的应力腐蚀，可通过向钢中加入 Ti 或 Nb 来防止。铁素体不锈钢中加 Ni，其耐氯化物应力腐蚀能力下降。此外，冷变形会增加铁素体不锈钢的应力腐蚀敏感性。

7.3.4 不锈钢的点蚀和缝隙腐蚀

奥氏体不锈钢的点蚀和缝隙腐蚀常发生在氯化物溶液中，可对管道、容器造成很大的危害，甚至引起穿孔。虽然它们的腐蚀机理不同，但通常都具有大面积的阴极和极小的阳极区，而且在腐蚀进展过程中都存在闭塞电池的自催化效应。

介质中 Cl^- 离子浓度对点蚀影响很大。随 Cl^- 离子浓度增高，18-8 不锈钢的点蚀电位降低。随 pH 值降低和温度升高，不锈钢的点蚀电位也降低，即易发生点蚀。缝隙腐蚀也随 pH 值降低和 Cl^- 离子浓度升高而加速，这两种腐蚀都可用电化学保护来防止。阴极极化到低于保护电位（再钝化电位）E_{rp}，高于 Flade 电位 E_{FF} 下的电位区内，就可使不锈钢既不产生点蚀，也不发生缝隙腐蚀。在氯化物溶液中加入 NO_3^-、OH^- 等缓蚀剂也可以防止不锈钢点蚀。抑制碳化物析出、减小硫化物夹杂、生产高纯不锈钢等措施等都有利于减轻点蚀和缝隙腐蚀。通常合金元素 Cr、Mo、N、Si、Ni 能有效提高奥氏体不锈钢的耐点蚀性能，而 C、Ti、Nb 有害。合金元素 Mo、Cu 能改善奥氏体不锈钢耐缝隙腐蚀的性能。

普通铁素体不锈钢的耐点蚀性能不高。因为钢中 C、N 及杂质元素，特别是非金属夹杂对耐点蚀有害。实验证明，局部腐蚀最易起源于非金属夹杂物周围。高纯度铁素体不锈钢的耐点蚀和耐缝隙腐蚀性能随钢中 Cr、Mo 含量增加而增高。

7.4 铜及铜合金的耐蚀性

7.4.1 铜的耐蚀性特点

铜属于半贵金属。反应 $Cu \rightarrow Cu^{2+} + 2e^-$ 和 $Cu \rightarrow Cu^+ + e^-$ 的标准电位分别为 +0.34V 和 +0.52V，因此，多数情况下铜在溶液中形成 Cu^{2+} 离子。因铜的电位比标准氢电极电位高，而比氧电极的标准电极电位低，因此，铜在一般水溶液中不会发生析氢腐蚀，而可发生氧去极化腐蚀。例如，当酸、碱中无氧化剂存在时，铜耐蚀；但若其中含氧化剂，则铜发生腐蚀。浓硫酸是氧化酸，可使钢耐蚀，但却使铜腐蚀。铜的钝化能力很弱，但在浓而冷（−10℃）的 HNO_3 中是耐蚀的。铜在弱的和中等浓度的非氧化性酸（HCl、H_2SO_4、醋酸、柠檬酸）中相当稳定。但当溶液含有氧化剂（如 HNO_3、H_2O_2），通入氧气或空气，则铜及其合金的腐蚀速度显著被加速。铜在氧化性酸（如 HNO_3）中被腐蚀，铜也不耐蚀，铜也不耐 H_2S 腐蚀。铜在含氧酸中腐蚀时，氧化膜溶解，生成 Cu^{2+} 离子，在含氧碱中腐蚀时，氧化膜溶解，生成 CuO_2^{2-} 离子。

铜的配合离子的形成可降低铜的电位，从而加速铜的腐蚀。因此在含 NH_3、NH_4^+ 或 CN^- 的介质中，因形成配离子而加速铜的腐蚀。若溶液中含氧或氧化剂时腐蚀更严重。

铜耐大气腐蚀，一方面因其热力学稳定性高，另一方面长期暴露在大气中，铜表面先生成 Cu_2O，然后逐渐生成 $CuCO_3 \cdot Cu(OH)_2$ 组成天然孔雀石型的保护膜。在工业大气中可生成 $CuSO_4 \cdot 3Cu(OH)_2$，在海洋大气中生成 $CuCl_2 \cdot 3Cu(OH)_2$。铜耐海水腐蚀，腐蚀速率约为 0.05mm/a。此外，铜离子有毒，使海洋生物不易黏附在铜表面，可避免海洋生物腐蚀。因此常用来制造在海水中工作的设备或零件。当海水流速很大时，铜的腐蚀由于保护膜难以形成以及高速海水的冲击、摩擦作用而被加速。

7.4.2 黄铜的耐蚀性

黄铜即为 Cu-Zn 合金，有的也加入 Sn、Al、As 等合金元素。Zn 的质量分数低于 39% 的黄铜为单相固溶体，称为 α 黄铜；Zn 的质量分数在 39%~47% 的黄铜为 α+β 复相黄铜；Zn 的质量分数在 47%~50% 的黄铜为 β 黄铜。黄铜具有良好的塑性，是工业上常用的变形结构材料。表 7-2 列出了几种常见的铜及铜合金的牌号、成分、性能和主要用途。

黄铜在大气中腐蚀很慢，在淡水中腐蚀速度也较小（0.0025~0.025mm/a），在海水中腐蚀稍快（0.0075~0.1mm/a），当溶液中含 Cl^-、I^-、O_2、CO_2、H_2S、SO_2 和 NH_3 时，黄铜的腐蚀速度显著增加，黄铜在含 Fe^{3+} 的溶液中极易腐蚀，在 HNO_3 和 HCl 溶液中腐蚀严重，在 H_2SO_4 溶液中腐蚀较慢，在 NaOH 溶液中则耐蚀。黄铜的耐冲击腐蚀性能比纯铜高，常用于制造冷凝器管。

在 Cu-Zn 基础上加入 Sn、Al、Mn、Fe、Ni、Si 等元素冶炼出的特殊黄铜，其耐蚀性比普通黄铜好。如锡黄铜可显著降低脱锌腐蚀并提高耐海水腐蚀性，铝黄铜可提高耐磨性，并大大降低在流动海水中的腐蚀；海军黄铜中锰的质量分数为 0.5%~1.0%，可提高强度，并有很好的耐蚀性。

黄铜除了上述一般性腐蚀和高流速介质中的冲击腐蚀外，还有两种特殊的腐蚀破坏形式，即脱锌腐蚀和应力腐蚀断裂。

黄铜脱锌主要发生在海水中，特别是热海水中，有时也发生在淡水和大气环境中。在中性溶液供氧不足的情况下以及酸性溶液中也容易产生脱锌腐蚀。高温、低流速或水中氯化物含量高时会加速黄铜脱锌。为了防止黄铜脱锌，可在黄铜中加入少量合金元素 As、Sb、P（0.02~0.05%）。

有宏观残余应力的黄铜构件在特定腐蚀条件下工作时，由于腐蚀和静态应力的共同作用促进构件的开裂。其特征是：裂纹的发展方向与应力方向垂直。20 世纪初已发现黄铜弹壳常常在雨季出现开裂，当时称"季裂"。后来证实其断裂与环境中含有 NH_3（或 NH^{4+}、胺）有关，也称为"氨脆"，属于应力腐蚀断裂。

表 7-2 常见的铜及铜合金牌号、成分和耐蚀性 （质量分数,%）

合金名称	牌号	主要化学成分		耐蚀性能	主要用途
		Cu	其他元素		
一号铜	T1	>99.95	—	—	电线
一号无氧铜	TU1	>99.97	—	耐蚀性好	真空器件
磷脱氧铜	TUP	>99.95	P 0.01/0.04	—	热交换管、油管等
62 黄铜	H62	60.5/63.5	余 Zn	强度高，耐蚀性好，	销钉、垫圈等
68 黄铜	H68A	67/70	余 Zn，As 0.03/0.06	强度、塑性、耐蚀性均好	散热器外壳、波纹管等
锡黄铜	HSn70-1 加砷	68/71	余 Zn, Sn 1.0/1.5	耐海水腐蚀性好	船舶、电厂冷凝管

合金名称	牌号	主要化学成分		耐蚀性能	主要用途
		Cu	其他元素		
锡青铜	QSn4-3	余	Sn 3.5/4.5, Zn 2.7/3.3	大气、海水中耐蚀性好	弹性元件等
铝青铜	QAl9-2	余	Al 8/10, Mn 1.5/2.5	力学性能、耐蚀性好	海轮零件
硅青铜	QSi3-1	余	Si 2.5/3.5, Mn 1.0/1.5	大气、海水中耐蚀性好	弹簧零件
铍青铜	QBe2	余	Be 1.9/2.2, Ni 0.2/0.5	耐蚀、耐磨、弹性好	重要弹性零件
白铜	B10	余	Ni 9/10, Fe1.5	耐海水腐蚀	船用冷凝器
	B30	余	(Ni+Co) 29/33	耐海水腐蚀	船用冷凝器
铁白铜	BFe 30-1-1	余	Ni 29/33, Fe 1.5, Mn 1.0	耐海水腐蚀	船用冷凝器
铝白铜	BAl 13-3	余	Ni 12/15, Al 1.3/3.0	高强耐蚀	高强耐蚀件

7.5　镍及其合金的耐蚀性

7.5.1　镍的耐蚀性

镍的标准电极电位为 -0.25V，从热力学上看，它在稀的非氧化性酸中，可发生析氢反应，但实际上其析氢速度极其缓慢。因此，镍耐还原性介质腐蚀，但不耐 HNO_3 腐蚀。镍最主要的特点是耐碱腐蚀，镍对 NaOH 和 KOH 在几乎所有浓度和温度下都耐腐蚀。

镍耐碱脆破裂的性能较好，但在温度为 300~500℃、质量分数为 75%~98% 的苛性碱中，未经退火的镍容易产生应力腐蚀破裂。

镍在干燥和潮湿的大气中都非常耐蚀。但镍对硫化物不耐蚀，如碱中含有硫化物尤其含有 H_2S、Na_2S 时，在高温会加速镍腐蚀，也会发生应力腐蚀破裂。

7.5.2　镍基合金中主要合金元素对耐蚀性的影响

镍基合金具有优良的耐蚀性，而且强度高、塑性好、易于冷热加工，是工业上很好的耐蚀材料。常用的耐蚀合金元素有 Cu、Cr、Mo、Fe、Mn、Si 等。其中 Cu 能提高镍在还原性介质中的耐蚀性，并使其在高速流动的充气海水中有均匀的钝性；Cr 赋予镍在氧化性介质中（如 HNO_3、$HClO_4$）的抗蚀能力及高温下的抗氧化能力；Mo 和 W 可提高镍在酸中，尤其是在还原性酸中的耐蚀能力。Cr 和 Mo 同时加入，可改善在氧化性介质和还原性介质中的耐蚀性；Mn 可改善镍在含硫的高温气体中的耐蚀性；Si 可抗浓硫酸腐蚀并提高合金强度；Fe 虽对耐蚀性影响不大，但可强化基体，改善加工性能。若 Ni 中同时加入 Cr、Mo、W、Fe 等合金元素，如 0Cr16Ni57Mo16Fe6W4 合金，不但在海洋大气中不会明显地失去光泽，而且还可以避免在海水中发生点蚀和缝隙腐蚀。

7.5.3 Ni-Cu 合金的耐蚀性

Ni 和 Cu 可形成连续固溶体。当合金中 Ni 的质量分数小于 50% 时，腐蚀性能接近于 Cu；当 Ni 质量分数大于 50% 时，腐蚀性能接近于 Ni。

最著名的 Ni-Cu 合金时蒙耐尔（Monel）合金（Cu、Fe 和 Mn 的质量分数分别为 27% ~ 29%、2% ~ 3% 和 1.2% ~ 1.8%），它兼有 Ni 和 Cu 的许多优点，在还原性介质中较纯 Ni 耐蚀，在氧化性介质中较纯 Cu 耐蚀。一般对卤素元素、中性水溶液、一定温度和浓度的苛性碱溶液以及中等温度的稀盐酸、硫酸、磷酸等都是耐蚀的。在各种浓度和温度的氢氟酸中特别耐蚀，其在金属材料中仅次于铂和银。Ni-Cu 合金的优良耐蚀性被认为是由于腐蚀开始时，在表面形成富集耐蚀组元原子结构。

7.5.4 Ni-Cr 合金的耐蚀性

最早使用的 Ni-Cr 合金是 Cr20Ni80 合金，后来在其基础上出现了 Nimonic 型的各种高温合金及各种耐蚀合金，其高温强度比奥氏体耐热钢更高。通常用 W、Mo、Cr、Co 等元素来强化镍基合金固溶体，提高基体的再结晶温度及降低基体中原子的扩散速度。加 Ti 和 Al 的作用在于形成 $Ni_3(AlTi)$ 强化相。最早发展起来的镍基高温合金是英国的 Nimonic80（0.1%C，20%Cr，余 Ni），在此基础上又发展起 Nimonic75（Cr20Ni76Ti0.4Al0.06）、Nimonic90、Nimonic95、Nimonic100 和 Nimonic105 等一系列高温合金。它们的出现，使航空发动机的使用温度得到很大提高，可用来制造航空发动机的燃烧室、加力燃烧室、导向叶片、转子叶片以及涡轮盘等，使用温度一般不超过 850℃。为了满足航空、航天、航海工业的发展需要，又研制出来许多新型镍基合金、钴基高温合金。

这类合金在高温下有高的力学性能和抗氧化性能，通常用作高温材料，如燃气轮机的叶片等，有时也作为高级耐酸合金使用，在核工业中也得到广泛应用。它在非氧化性酸（HCl、H_2SO_4）中的稳定性不如蒙耐尔合金，但在氧化性酸（HNO_3）中的稳定性比蒙耐尔合金高许多。在有机介质和食品介质中非常稳定。Inconel 合金是抗热浓 $MgCl_2$ 腐蚀的少数几种材料之一，不但腐蚀速度降低，且无应力腐蚀倾向。但在高温高压纯水中对晶间型应力腐蚀断裂是很敏感的，核电站用 Inconel600 制造的蒸发器曾发生多起由应力腐蚀引起的泄漏事故。

7.5.5 Ni-Mo 和 Ni-Cr-Mo 合金的耐蚀性

Ni-Mo 合金是耐盐酸腐蚀的优异材料。Ni60Mo20Fe20 是最早研制的 Ni-Mo 合金（HastelloyA，哈氏合金 A），耐 70℃ 以下的盐酸腐蚀。Ni65Mo28Fe5V（HastelloyB）耐沸腾温度下任何浓度的盐酸腐蚀，在硫酸，甚至在氢氟酸中也有很好的耐蚀性。

有代表性的 Ni-Cr-Mo 合金是 HastelloyC 和不含 W 的 Chromet 合金。HastelloyC 合金耐室温下所有浓度的盐酸并耐氢氟酸，在 70℃ 下通气的盐酸中耐蚀性也优于 HastelloyA，Chromet3 合金在 65℃ 的质量分数 5% 的 HCl 和 0.5% 的 HNO_3 混酸中通气条件下，耐一般腐蚀和耐点蚀性能均优于 HastelloyC。

7.6 铝及铝合金的耐蚀性

7.6.1 纯铝的耐蚀性

纯铝具有优良的导热及导电性能，强度较低（σ_b 为 88~120MPa），塑性很好，是应用最广的轻金属之一。

铝的平衡电位较负，为 -1.663V，但其自钝性仅次于铁。它通常处于钝态，它在水、大部分的中性溶液及大气中都具有足够的稳定性。例如，在中性的 NaCl 溶液中，铝的电位为 -0.5~-0.7V，比铝平衡电位高约 1V。

铝合金有两性特性，它既能溶解在非氧化性的强酸中，又能溶解于碱中。铝在酸中腐蚀生成 Al^{3+} 离子，在碱性溶液中生成 AlO_3^{3+} 离子。

铝的耐蚀性基本上取决于在给定环境中铝表面膜的稳定性。如在干燥大气中，表面生成 15~20nm 的非晶态氧化膜，此膜与基体结合牢，成为 Al 不受腐蚀的"屏障"；在潮湿大气中能生成 $Al_2O_3 \cdot nH_2O$ 氧化膜，膜的厚度随温度、空气湿度的增加而增加，其保护性降低。

7.6.2 铝基耐蚀合金

一般来说纯铝比铝合金耐蚀，单相组织的合金比多相合金更耐蚀。铝合金的耐蚀性与合金中各相的电极电位有很大的关系，一般基体相为阴极相，第二相为阳极相时，合金有较高的耐蚀性。铝合金的耐蚀性能与合金元素有关，能强化铝的耐蚀性能的合金元素有 Cu、Mg、Zn、Mn、Si 等，其中以 Cu 的强化效果最大，但其降低铝合金的耐蚀性能也最严重，Si 对 Al 的耐蚀性损害不大，Zn 影响较小，Mg 和 Mn 对 Al 的耐蚀性影响不大，因此耐蚀铝合金主要用 Mg、Mn 来合金化。铝合金耐应力腐蚀性能与力学因素相关，对应力腐蚀断裂最敏感的加载方向是短横向，其次是长横向，沿纵向加载的耐应力腐蚀能力较强。耐蚀铝合金主要有 Al-Mn、Al-Mg、Al-Mn-Mg、Al-Mg-Si 和 Al-Mg-Li-Zr-Be 系合金等。

Al-Mn 和 Al-Mg 系合金耐蚀性好，但 Al-Mg 系合金中 Mg 的质量分数大于 3% 时，有晶间腐蚀、剥蚀和应力腐蚀倾向，当 Mg 的质量分数大于 6% 时，耐蚀性进一步下降。

Al-Cu-Mg、Al-Cu-Mg-Li、Al-Zn-Mg 和 Al-Mg-Si 系合金除有不同程度的晶间腐蚀倾向外，还有应力腐蚀倾向。

Al-Li-Mg-Zr-Be 系合金的典型代表是 01420 合金。它是苏联 20 世纪 60 年代研制的中强超轻合金，除具有优良的焊接性能外，与 Al-Li-Mn 和 Al-Li-Zr 系合金相比，还具有优良的抗腐蚀性能。

7.6.3 铝合金的局部腐蚀

铝合金常见的局部腐蚀形式有点蚀、晶间腐蚀、应力腐蚀断裂和剥蚀等。

（1）点蚀。点蚀是铝合金最常见的腐蚀形态。在大气、淡水、海水及其他一些中性和近中性水溶液中都会发生点蚀。一般来说，铝合金在大气中产生点蚀的情况并不严重，而在水中产生的点蚀较严重。引起铝合金发生点蚀的水质条件有三种，一是含有能抑制全面腐蚀的离子，如 SO_4^{2-}、SO_3^{2-} 或 PO_4^{3-} 等；二是含有能局部破坏钝化膜的离子，如 Cl^-；三是含有能促进阴极反应的氧化剂，因为铝合金在中性溶液中的点蚀是阴极控制过程。

防止铝合金发生点蚀应从材料和环境两个方面加以考虑。例如，从材料上，采用纯铝或耐点蚀性能较好的 Al-Mn 和 Al-Mg 合金，对不耐点蚀的 Al-Cu 合金，可用包覆纯铝或 Al-Mg 合金层的办法。从环境角度，应消除介质中产生点蚀的有害成分，如尽可能除去溶解氧、氧化性离子和 Cl^- 离子等。提高水温可降低溶解氧，使水流动可减少局部浓差，这些都有利于再钝化，从而减缓点蚀。水中含 Cu^{2+} 是 Al 发生点蚀的原因之一，应尽量去除。

（2）晶间腐蚀。Al-Cu、Al-Cu-Mg 和 Al-Zn-Mg 合金以及 Mg 质量分数在 3%以上的 Al-Mg 合金，常因热处理不当而产生晶间腐蚀敏感性。Al-Cu 和 Al-Cu-Mg 合金热处理时，会在晶界处连续析出富 Cu 的 $CuAl_2$ 相，沿晶界产生贫 Cu 区。$CuAl_2$ 与晶界贫 Cu 区之间构成腐蚀电池，贫 Cu 区为阳极，从而导致晶间腐蚀。

对于 Al-Zn-Mg 和 Mg 的质量分数大于 3%的 Al-Mg 合金，因热处理而在晶界析出连续的 $MgZn_2$ 或 Mg_5Al_8 相，其电位比母相电位低，成为阳极，在腐蚀介质中这些晶界析出物发生溶解，造成晶间腐蚀。

具有晶间腐蚀倾向的铝合金，在工业大气、海洋大气和海水中都可以产生晶间腐蚀。通过适当的热处理，消除有害相在晶界的连续析出，可消除晶间腐蚀倾向，也可采用包镀或喷镀牺牲阳极金属的方法来防止晶间腐蚀发生。

（3）应力腐蚀断裂。纯铝和低强度铝合金一般无应力腐蚀断裂倾向。高强度铝合金，如 Al-Cu、Al-Cu-Mg、Mg 的质量分数高于 5%的 Al-Mg 合金，以及含过剩硅的 Al-Si 合金，都有应力腐蚀断裂倾向，特别是 Al-Zn-Mg 和 Al-Zn-Mg-Cu 系合金的应力腐蚀敏感性最大。

有应力腐蚀敏感性的铝合金在大气，特别是海洋大气和海水中易发生应力腐蚀断裂。温度和湿度越高，Cl^- 浓度越大，pH 值越低，应力腐蚀越严重。在不含 Cl^- 的高温水和蒸汽中也会发生应力腐蚀断裂。

当应力大于屈服强度的 40%~50%时，就容易发生应力腐蚀断裂。应力越高，断裂寿命越短。应力方向与铝材加工方向之间的角度对合金应力腐蚀敏感性也有很大影响。当应力方向垂直于轧制平面方向时，材料对应力腐蚀最敏感。

铝合金应力腐蚀都是沿晶断裂型。其断裂机理有阳极溶解理论、氢致开裂理论、阳极溶解和氢致开裂协同作用理论。

消除或防止铝合金应力腐蚀的措施有：进行适当的热处理，消除残余应力，加入微量的 Mn、Cr、Zr、V、Mo 等合金元素，采用包镀技术等。

（4）剥蚀。剥蚀是变形铝合金的一种特殊腐蚀形式。腐蚀结果使材料表面像云母似的一层一层地剥离下来。剥蚀以 Al-Cu-Mg 合金最常见，Al-Mg、Al-Mg-Si 和 Al-Zn-Mg 系也有发生，但 Al-Si 系合金不发生剥蚀。剥蚀多见于挤压材，因为挤压材表面的再结晶层不受腐蚀，而在该层之下发生腐蚀，因此剥蚀与这种特殊的结晶组织有关。以前认为剥蚀是被拉长了的变形组织的晶间腐蚀；现在认为它是沿加工方向伸长了的 Al-Fe-Mn 系化合物发生的腐蚀，与晶界和应力并无必然联系。

为防止剥蚀，可采用牺牲阳极保护、涂层等措施，用适宜的热处理也有一定的效果。

7.7　镁及镁合金的耐蚀性

7.7.1　镁的耐蚀性

镁的标准电位非常低，为-2.3V，其腐蚀活性高。镁在0.25mol/L NaCl溶液中的稳定电位为-1.45V左右，是结构材料中电极电位最低的一种。因此在多数介质中耐蚀性差，呈现出极高的化学和电化学活性。由于镁极易钝化，在某些介质中仍具有相当好的耐蚀性。

镁在干燥大气中易于氧化而失去金属光泽。这时因为表面形成了一层暗色氧化膜，此氧化膜性脆，远不如铝上的氧化膜致密坚实，故保护性很差。在潮湿大气中，表面由浅灰变为深灰，表面上的腐蚀产物一般为镁的碳酸盐、硫酸盐和氢氧化物的混合物。

镁在酸中不稳定，但在铬酸和氢氟酸中却耐蚀。这是因为镁在铬酸中处于钝态，而在氢氟酸中表面上生成不溶的 MgF_2 保护膜。镁及其合金在有机酸中不稳定；在中性盐溶液中，甚至在纯水中镁受到腐蚀而析出氢气；水中pH值低可显著加速镁的腐蚀。活性阴离子，特别是 Cl^-，能加快镁的腐蚀，腐蚀速度随 Cl^- 浓度增加而增加。纯镁在海水中的腐蚀速度大约比铁高两倍。

当温度低于50℃时，镁在 NH_3 或碱溶液中是稳定的。因此水溶液碱化时，即使含有 Cl^-，也能降低镁的腐蚀速度。氧化性阴离子，特别是 CrO_4^{2-}、$Cr_2O_7^{2-}$ 以及 PO_4^{2-}，与镁能生成保护膜（钝化膜），从而显著提高合金在水中和盐类溶液中的耐蚀性。镁及 Mg-Zn 合金在液态碳氢化合物中是稳定的。

镁的电极电位比铝低，钝化能力也比铝差，因此镁的耐蚀性不如铝。而且和铝一样，镁有"负差异效应"，即在氯化物溶液中受阳极极化的影响，其自溶解速度增大。因此，与铝相比，镁中即使含有极少量的氢过电位低的金属（如 Cu、Fe、Ni、Co 等），其耐蚀性也将显著降低。但镁中含有氢过电位较高的金属，如 Pb、Zn、Cd，以及电极电位低的金属（如 Mn、Al 等），则对耐蚀性影响不大。

镁在大气条件下和溶液中的腐蚀特征不同，后者主要是析氢腐蚀；前者 H^+ 和 O_2 都参与了阴极去极化过程，且空气相对湿度越低，金属表面水膜越薄，氧去极化的比例越大。高温时，镁在空气中极易氧化，氧化动力学曲线为直线形，说明镁表面的氧化膜在高温下无保护性。镁中加入 Cu、Ni、Zn、Sn、Al 和稀土元素，可增强合金在大气中抗高温氧化的能力。

7.7.2　镁基耐蚀合金

为获得耐蚀性高的镁合金，可遵循如下的合金化原则。

（1）加入同镁有包晶反应的合金元素：Mn、Zr、Ti。其加入量应不超过固溶极限。

（2）当必须选择同镁有共晶反应的合金元素，而且相图上同金属间化合物相邻的固溶体相区有着较宽的固溶范围时，例如，Mg-Zn、Mg-Al、Mg-In 及 Mg-Sn、Mg-Nd 等合金系，应偏重于选择具有最大固溶的第二组元金属，与固溶体相区相邻的化合物以稳定性高者为好，同时共晶点尽可能远离相图中镁一端。

（3）通过热处理提高耐蚀性。例如，通过热处理把金属间化合物溶入固体中，以减小活性阴极或易腐蚀的第二相的面积，从而减小合金的腐蚀活性（Mg-Al 合金例外）。

（4）制造高耐蚀合金时，宜选用高纯镁（杂质含量不大于 0.01%）。加入的元素也应尽可能少含杂质，而 Zr、Ta、Mn 则属于能减小有害杂质影响的合金元素。

7.7.3　镁合金的耐蚀性

Mg-Al、Mg-Zn 和 Mg-Mn 系合金是应用最广泛的镁合金。表 7-3 为常用镁合金的性能。镁合金在酸性、中性和碱性溶液中都不耐蚀，即使在纯水中也会腐蚀。但在 pH 值大于 11 的碱性溶液中，由于生成稳定的钝化膜，镁合金是耐蚀的。若碱溶液中有 Cl^- 存在，使钝态破坏，镁合金也会腐蚀。

表 7-3　主要镁合金的成分、耐蚀性和典型应用　　　　　　　（质量分数,%）

名称	牌号	化学成分					耐蚀性	典型应用
		Al	Mn	Zn	其他	Mg		
铸造镁合金	ZM1	—	—	3.5/5.5	Zr 0.5/1.0	余	耐蚀性较好	飞机轮毂，轮缘等
	ZM2			3.5/5.0	稀土 0.7/1.7	余	耐蚀性耐高温性好	200℃ 以下工作的发动机零件
	ZM3	2.5/4.0	—	0.2/0.7	—	余	耐蚀性较好	高温下工作器件
	ZM5	7.5/9.0	0.15/0.5	0.2/0.8	—	余	耐蚀性尚好	高强度飞机零件
变形镁合金	MB1		1.3/2.5	—		余	耐蚀性良好，无应力腐蚀倾向	承力不大耐蚀零件
	MB2	3.0/4.0	0.15/0.5	0.2/0.8		余	耐蚀性尚好，有应力腐蚀倾向	复杂形状的煅件
	MB8	—	1.5/2.5	—	Ce 0.15/0.35	余	耐蚀性良好，无应力腐蚀倾向	耐蚀零件
	MB15	—	0.3/0.9	5.0/6.0	—	余	强度高，耐蚀性好，无应力腐蚀倾向	使用温度不超过 150℃

杂质质量分数对镁合金的耐蚀性影响很大，特别是 Fe、Cu、Ni、Si，它们的质量分数越低越好，一般总量不超过 0.4%~0.6%。通常纯镁比镁合金的耐蚀性好些。

镁合金分为变形镁合金和铸造镁合金。变形镁合金在大气和水中易产生应力腐蚀开裂，当水中通氧时会加速镁合金的应力腐蚀开裂。某些阴离子（不仅限于 Cl^-）也会加速镁合金的应力腐蚀断裂。合金元素对镁合金的应力腐蚀开裂有一定影响，如 Mg-Al-Zn 有很高的应力腐蚀敏感性，随 Al 质量分数增加而增加。不含 Al 的镁合金（如 MB15），其应力腐蚀倾向很小或没有。镁合金薄壁件的应力腐蚀敏感性更大，只有当应力小于 60%的屈服极限并且用涂层保护的情况下才能使用。

铸造镁合金经氧化处理后耐蚀性尚好，一般氧化后还需用涂层保护。不允许将镁合金与铝合金、铜合金、镍合金、钢、贵金属等材料直接接触，以免发生电偶腐蚀，必须接触时，应涂以绝缘层。

7.7.4　镁合金的应力腐蚀

镁合金的应力腐蚀断裂和其他合金一样，应力越高，断裂时间越短。一般认为镁合金应力腐蚀断裂是电化学-力学过程。就是说，电化学腐蚀加上应力的作用导致裂纹形核，裂纹的发展主要由力学因素引起，直至断裂。

焊后未消除应力的可变形 Mg-Al 系和 Mg-Zn 系合金易遭受应力腐蚀断裂，如 Mg-6.5Al-1Zn 合金。铸造合金很少产生应力腐蚀断裂。能使镁合金产生应力腐蚀断裂的环境是大气和水。当水中通入氧（空气）时，会加速镁合金的应力腐蚀，某些阴离子也会加速镁合金应力腐蚀（并不仅限于 Cl⁻）。

镁合金中杂质 Fe 和 Cu 都增加合金的应力腐蚀敏感性。Mg-Al 合金中加入 Mn 或 Zn 可减小应力腐蚀断裂敏感性。

热处理影响镁合金应力腐蚀断裂敏感性。例如，冷轧的 Mg-6Al-1Zn-0.2Mn 合金在 80% σ_s 应力下，在海滨大气中试验，仅 58 天就产生应力腐蚀断裂，而经 177℃ 退火后，超过 400d 仍不断裂。

热处理也可以影响镁合金的应力腐蚀断裂途径，镁合金的应力腐蚀断裂一般是穿晶断裂。但经炉冷的合金，例如 Mg-6Al-1Zn 合金，容易产生晶间断裂，这可能与晶界析出 Mg$_{17}$Al$_{12}$ 相相关。而经固体处理的合金穿晶断裂，认为与晶内析出 FeAl 相有关。

防止镁合金应力腐蚀断裂的方法有以下几种：

（1）合理设计结构以减少应力。

（2）采用低温退火消除应力，例如 Mg-6.5Al-1Zn-0.2Mn 合金采用 125℃、8h 退火，可避免强度降低。

（3）选用耐应力腐蚀断裂的镁合金。如 Mg-Al 合金中加入 Mn 或 Zn 元素或者消除镁合金中的有害杂质 Fe、Cu 等元素都可以有效地减小应力腐蚀断裂；另外，采用无 Al 的 Mg 合金可完全消除应力腐蚀敏感性。

（4）采用阳极性金属做包覆层，例如用 Mg-Mn 合金做 Mg-Al-Zn 合金包覆层。

（5）采用有机涂料保护。

（6）对镁合金表面进行阳极极化处理。

7.8　钛及钛合金的耐蚀性

7.8.1　钛的耐蚀性

钛的标准电极电位为-1.63V，电化学活性很高。但它易于钝化，因此在许多介质中非常耐蚀。例如在 25℃ 的海水中，其自腐蚀电位约为+0.09V，比铜在同一介质中的腐蚀电极电位还高。钛的钝化膜有很好的自修复性能，钝化膜机械破损后能很快地自修复形成新膜。钛的耐蚀性主要取决于钛在使用条件下能否钝化。在能钝化的条件下，钛的耐蚀性很好，在不能钝化的条件下，钛很活泼，甚至可发生强烈的化学反应。

由于钛可在任何浓度的氯化物溶液中保持钝态，因此钛及其合金在中性和弱酸性的氯化物溶液中耐蚀性良好。如钛在温度为 100℃ 的 $FeCl_3$（质量分数<30%）、$CuCl_2$（质量分数<20%）、$HgCl_2$，温度为 60℃ 的 $AlCl_3$（质量分数<25%）以及温度为 100℃ 的所有浓度下的 NaCl 溶液中都能稳定存在。钛在氯化物溶液和海水中还耐点蚀和空蚀，这些都优于不锈钢和铜合金。

在盐酸、氢氟酸、稀硫酸和磷酸等非氧化性酸中钛不太耐蚀，但其溶解速度比铁缓慢得多。随着浓度和温度的增加，钛的溶解速度显著加快。在氢氟酸和硝酸的混合物中钛溶解得很快。如果盐酸或硫酸中含有少量的氧化剂（如铬酸、硝盐、氯、Fe^{3+}、Ti^{4+}、Cu^{2+} 等）或添加贵金属离子（如 Pt^{4+}、Pd^{2+}、Au^{3+} 等），或者使具有低氢过电位的金属 Pt、Pd 与钛接触，都可完全抑制钛的腐蚀，这是因为它们促进了钛的阳极钝化。

除了甲酸、草酸和一定浓度的柠檬酸外，几乎在所有的酸中钛都不腐蚀。对果汁、食品也是耐蚀的。在低于 20% 的稀碱中，钛是稳定的。浓度升高，特别是加热时则不耐蚀，这时缓慢地放出氢气并生成钛酸盐。可见，钛是化学工业中最有前途的耐蚀材料。钛在大气和土壤中，在海洋大气和动、静海水中都有很好的耐蚀性。

钛在高温下很不稳定，能剧烈地与氧、硫、卤族元素、碳，甚至氮、氨化合。

钛在某些强氧化性环境中，由于表面剧烈氧化，这种快速放热反应可引起恶性的自燃事故。国内外都发生过钛设备在发烟硝酸和干氯气中自燃爆炸事故。但只要在介质中加入少量水（>2%），即可防止自燃。

7.8.2　钛及钛合金局部腐蚀

钛和钛合金可分为变形和铸造两大类。根据退火态组织，可将钛合金分为以下 3 种类型。

（1）α 相钛合金。如 TA6 钛铝合金（Ti-5Al），可做飞机蒙皮、压气机叶片等 400℃ 以下工作的零件；TA7 钛铝合金（Ti-5Al-2.5Sn），可做 500℃ 以下长期工作的结构件。

（2）β 相钛合金。如 TB1（Ti-3Al-8Mo-11Cr）。

（3）α+β 双相钛合金。如 TC4 钛铝钒合金（Ti-6Al-4V），常制作 400℃ 以下长期工作的飞机零件、舰艇耐压壳体和坦克履带。由于钛及钛合金有强度高、密度小、耐蚀性优良等特点，在航空航天和化学工业上得到了广泛应用。

工业纯钛和钛合金虽是耐蚀性优良的金属材料，但在一定条件下仍有不同形态的腐蚀发生。钛及钛合金主要的局部腐蚀形态有缝隙腐蚀、氢脆、应力腐蚀断裂和焊缝腐蚀。

在高温下的氯化物溶液中钛会产生缝隙腐蚀。在含有少量 NH_3 的 NH_4Cl 和 NaCl 溶液中、含有氧化剂的盐酸溶液以及有氯的有机介质中都发现过钛制设备的严重缝隙腐蚀。

钛及其合金的氢脆常引起化学工业中的事故。因为钛及其合金易吸收氢而使其伸长率和冲击韧性大大下降，因此，一般规定每千克钛中氢含量要小于 150mg。当钛及其合金在氢气中、在阴极极化（如阴极保护）或电化学腐蚀时，当吸收的氢量达到一定程度后，就会导致氢脆。钛的氢化物引起的氢脆是常见的，且其敏感性随温度降低而增加。当试样有缺口时，敏感性也增加。另外，氢脆敏感性与变形速率有关，一般片状氢化物的敏感性大。为防止钛发生氢脆，根据氢的来源不同应采取不同措施。例如，在氢气环境中钛制品应选用杂质少，特别是含 Fe 少的钛材，不能用 Ti-Pd 合金或渗 Pd 的钛；在清洗、加工、焊接时，避免黏附、吸入或混入铁杂质，因为 Fe、Pd、Pt 等对钛在氢气氛下吸收氢有促进作用。钛及其合金腐蚀时阴极还原产生的原子氢易进入钛，而造成氢脆。这种情况下，凡能抑制钛腐蚀的方法都能防止这种氢脆，如介质中加入氧化剂或贵金属离子，采用 Ti-Pd 合金等。显然这与氢气中防止氢脆的方法恰好相反。避免电偶腐蚀和阴极保护，采用阳极氧化法使表面形成氧化膜也可防止钛的氢脆。

应力腐蚀断裂是钛及其合金的另一种重要破坏形式。工业纯钛在水溶液中一般不发生应力腐蚀断裂，而钛在质量分数为 20% 的红硝酸和含溴的甲醇溶液中可发生应力腐蚀断裂。钛合金发生应力腐蚀断裂的情况较多，特别是 Ti-Al 合金最敏感。它们在热盐、红硝酸、N_2O_4、甲醇氯化物溶液以及氯化物水溶液中都发生过应力腐蚀断裂。

7.9 非晶态合金的耐蚀性

7.9.1 非晶态合金概述

非晶态合金又名"金属玻璃"。采用化学镀、电磁和低温真空沉积的方法获得，20 世纪 60 年代才实现用熔融急冷法制取非晶态合金。非晶态合金具有非常优异的性能，首先，它以高强度与高韧性相结合的力学性能而著称；此外，它有着优越的软磁性、强磁性，以及优良的耐蚀性。

非晶态合金当前最大的问题是稳定性差，受热会发生某种程度上的结晶化。常温下随着时间推移，其性质也逐渐发生变化，最终将丧失各种优异性能。

合金元素对非晶态结构稳定性有影响。例如 $FeP_{13}C_7$ 系非晶态合金中，加入比铁原子序数小的 V、Cr 等过渡族金属元素都能提高结晶化温度，有助于稳定非晶态结构。

非晶态合金与晶态合金相比，由于具有特殊的结构，因此显示出与晶态合金不同的特殊腐蚀行为。例如它具有极高的活性以至于足以促进钝化的产生，既具有高的活性又具有高的钝化能力和极高的抗氯离子点蚀能力。

从腐蚀特点出发，非晶态合金分为金属-金属系、金属-类金属系两大类。

（1）金属-金属系非晶态合金。它的耐蚀性主要取决于合金中的各组分的耐蚀程度以及各组分的浓度比。通常这类合金的耐蚀性低于其中耐蚀性最好的组元在纯金属状态下的耐蚀性，且合金的耐蚀性随抗蚀性好的组元的浓度增加而增加。

（2）金属-类金属系非晶态合金。这类非晶态合金的耐蚀性不仅受到基体金属活性的影响，而且还极大地受添加金属元素的种类和数量的影响。但不是与组元本身的耐蚀性的大小成正比，相反活性越高的非晶态合金，通过调整添加金属元素和类金属元素提高其耐蚀性的可能性越大。例如，铁-类金属、镍-类金属、钴-类金属非晶态合金中，以铁-类金属的基体活性为最高，通过添加金属元素（Cr、Mo）和类金属元素（P、C）能较大幅度地改善其耐蚀性。目前具有高耐蚀能力的非晶态合金 $Fe_{45}Cr_{25}Mo_{10}P_{13}C_7$ 就是铁-类金属系非晶态合金，它在盐酸中的耐蚀性仅次于贵金属钽。铁-类金属非晶态合金的优异耐蚀性能引起了研究者的极大兴趣。

7.9.2 非晶态耐蚀合金的耐蚀机理

含 Cr、P 元素的非晶态合金的高耐蚀性能主要归于以下几个方面。

（1）钝化膜的组成。腐蚀产物膜内铬离子的富集是钝化膜形成的重要条件。X 射线电子分光镜测定结果表明，非晶态 $FeCr_{10}Mo_{10}P_{13}C_7$ 合金形成的钝化膜几乎全部由水合氢氧化铬 $CrO_x \cdot (OH)_{3-2x} \cdot nH_2O$ 组成，在不含 Cr 的 $Fe_{70}Mo_{10}P_{13}C_7$ 非晶态合金中，由于腐蚀产物膜内是铬离子富集，它的主要成分是水合氢氧化铁，所以此类合金始终不能自发钝化，说明水合氢氧化铬腐蚀产物膜比水合氢氧化铁腐蚀产物膜的防护性、稳定性高，因此前者为钝化膜。

（2）钝化膜形成迅速。非晶态合金本身的高活性及其快速形成钝化膜的能力也是它具有高耐蚀性的原因。例如，P 元素是增加非晶态合金活性、加速钝化形成的最有效的类金属元素，也是最有效地改善非晶态合金抗蚀性的重要因素。

（3）非晶态耐蚀合金膜的均一性。除上述两种因素外，非晶态合金的高耐蚀性还与膜的均一性有关，非晶态合金是均一的单相，不存在晶界、偏析等晶体缺陷。在这种均一的单相表面上所生成的钝化膜也是均一的。

另外，无论是金属-金属系，还是金属-类金属系的非晶态合金都比同一组成或同一类的晶态合金抗氯离子的点蚀能力高得多。因此，认为非晶态合金的高抗氯离子点蚀能力主要来源于膜的化学均匀性。

7.9.3　非晶态耐蚀合金的应力腐蚀

非晶态合金的特点是它的高韧性以及不存在特定的滑移面。另外，非晶态合金的塑性变形是在拉应力断裂之前瞬时发生。因此认为，非晶态合金对导致应力腐蚀开裂的滑移平面的选择性腐蚀不敏感。

然而，实验发现，非晶态 Fe-Cr-Ni-P-C 合金在阳极极化甚至在阴极极化时，在拉应力作用下，都容易产生由氢脆引起的应力腐蚀断裂。

非晶态合金的研究工作虽刚刚兴起，但其具有优异的耐蚀性、软磁性及硬磁性能，作为新型的金属材料，其发展前景时很可观的。

7.10　高熵合金的耐蚀性

7.10.1　高熵合金概述

高熵合金的提出是基于 20 世纪 90 年代大块非晶合金的开发，有研究认为非晶或玻璃的原子混乱度高或熵高，而高熵必然导致高的玻璃化形成能力。后来有学者发现高熵和高的玻璃化形成能力并不一致，同时发现有些高混合熵合金可以形成单相固溶体。对此，叶均蔚等认为这种固溶体是高混合熵稳定的固溶体，因此命名为高熵合金。目前，多主元高熵合金或多主元高混乱度合金一般被定义为：合金包含五种或五种以上金属或金属与非金属元素，每种元素的含量大于 5% 而小于 35%，元素以等原子比或近原子比混合，经熔炼、烧结等方法制成具有金属特性的合金。

由高熵合金的定义可知，高熵合金中包含的元素较多而且各种主要元素的摩尔含量也相当，这样多主元的特点就使得高熵合金拥有高的混合熵效应、晶格扭曲效应、缓慢扩散效应以及鸡尾酒效应等微观特性即所谓的四大效应。

（1）热力学上的高熵效应。由于合金的熵值很高，这样就使得合金系的自由能很低，使得合金形成简单的体心立方或面心立方固溶体。高熵合金的混合熔要明显高于传统合金，促进了组元间的相容，有助于只生成很少的几种固溶体，甚至单一相，从而避免相分离而导致合金中固溶体或金属间化合物等复杂相的生成。

（2）结晶学上的晶格畸变效应。由于高熵合金中的组成元素种类较多，而且每种元素之间的原子半径也有一定的差异，这样使得合金产生严重的晶格扭曲，当这种畸变程度足够高时，完整的晶格结构将无法维持，最终导致晶格坍塌形成非晶。合金内部这种晶格扭曲现象极大地影响合金的力学、热学、电学、化学性能以及力学性能等。

（3）动力学上的缓慢扩散效应。由于合金的多主元性，而且合金中还形成了严重的晶格扭曲，合金的这些特点影响了合金中各种元素在合金相变过程中的扩散现象。由于相变需要组元之间的协同扩散才能达到不同的平衡分离，这种必要的协同扩散，以及阻碍原子运动的晶格畸变，都会限制高熵合金中的有效扩散速率，从而导致形核和组织长大困难，使得合金在常温下能得到纳米晶甚至非晶。

（4）性能上的"鸡尾酒效应"。高熵合金的"鸡尾酒效应"是指源于其中元素的基本特性以及各元素之间的相互作用而呈现出的一种复合效应。通过对高熵合金配方的设计和制备方法的选择，使得高熵合金可以通过添加其他的合金元素来获得需求的各种特殊性能。高熵合金可以获得高硬度、高加工硬化、耐高温软化、耐高温氧化、耐腐蚀等特性，而这些特殊性能都源于其新颖的固溶体和纳米晶结构以及各元素混合的"鸡尾酒效应"。

7.10.2　高熵合金的耐蚀性

与传统不锈钢材相比，高熵合金的耐蚀性具有明显的优势，特别是在腐蚀性较强的服役环境中。相较于工程结构不锈钢中常用的304不锈钢，AlFeCrCoCu合金在3.5%NaCl溶液中腐蚀速率显著小于前者。也有研究发现 $Co_{1.5}CrFeNi_{1.5}Ti_{0.5}Mo_x$ 和 $Al_xFeCoCrNiCu$ 系合金在硫酸溶液中，耐蚀性都优于304不锈钢。$FeCoCrNiMnC_x$ 系合金在3.5%NaCl溶液中，$Al_xCoCrFeNiTi_{0.5}$ 系合金在0.5mol/L硫酸溶液也显示出良好的耐蚀性。同时，高熵合金在抗氢渗透性能方面也显示出独特的优势，能够有效提高构件在氢环境中的安全可靠性，成为新一代抗氢涂层的热门材料。

固溶结构高熵合金的高耐蚀性通常可以归结为以下几个方面。

（1）含有易形成致密氧化膜的元素。如 $Al_xCoCrFeNiTi_{0.5}$ 合金中存在的Al、Ni、Cr等元素，使得该高熵合金体系生成了稳定的钝化膜，且不易发生点蚀现象；其耐酸性能随着Al含量的增加而增强。TiZrHfV-(Nb，Ta，Mo) 合金在腐蚀过程中在表面形成致密钝化膜，表现出良好的耐蚀性。Cu和Ti元素的添加促进了 $AlFeCuCoNiCrTi_x$ 合金表面钝化膜的生成，显著降低腐蚀电流密度。Cu元素的添加有助于 $Al_xFeCoCrNiCu$ 合金生产保护性的氧化膜，提高其大气环境下的耐腐蚀性能。

（2）具有较少的微观缺陷。如果高熵合金具有非晶结构，类似于非晶态耐蚀合金，由于不存在析出相和晶界等易于形成局部腐蚀的缺陷，使其具有优异的耐腐蚀性能。如 $AlCoCrCuFeNi_x$ 高熵合金随着Ni含量的增加，降低了Cu在枝晶间的偏析，提高了耐蚀性能。

（3）具有较低自由能。高的混合熵在高熵合金形成简单显微结构中起到关键作用，

根据方程式 $\Delta G = \Delta H - T\Delta S$，混合熵和混合焓在形成自由能上起着相互制约的作用，由于合金的熵值很高，这样就使得合金系的自由能很低，使得合金形成简单的体心立方或面心立方固溶体，有助于提升合金的耐蚀性能。

7.11　高分子材料的耐蚀性

7.11.1　塑料

塑料是以合成树脂为基础，加入各种添加剂，在一定条件下塑制成的型材或制品。根据受热后的树脂性质，可将塑料分为热塑性塑料和热固性塑料两大类。

热塑性塑料是受热时软化或变形，冷却后又坚固，这一过程可多次反复，仍不损失其可塑性。这类塑料的分子结构是线型或支链型的，如聚氯乙烯、聚乙烯或氟塑料等。热固性塑料固化成型后，再加热时不能再软化变形，也不具有可塑性。这类塑料的分子结构是立体网状型的，如固化后的环氧树脂、酚醛树脂等。在选用塑料时既要考虑力学、物理及加工性能，又要考虑其耐蚀性。下面主要介绍防腐过程中常用的工程塑料。

7.11.1.1　热塑性塑料

A　聚氯乙烯

聚氯乙烯根据添加增塑剂的数量不同可分为软聚氯乙烯和硬聚氯乙烯。聚氯乙烯具有较高的化学稳定性。硬聚氯乙烯塑料能耐大部分酸、碱、盐类以及强极性和非极性溶剂的腐蚀，但对发烟硫酸、浓硝酸等强氧化性酸，芳香胺、氯代碳氢化合物及酮类不耐蚀。聚氯乙烯的耐热及耐光性能较差，使用温度一般低于50℃。

硬聚氯乙烯具有一定的机械强度，可进行成型加工和焊接；还具有一定的电绝缘、隔热、阻燃等性能，广泛用作塔器、贮罐、运输槽与泵、阀门及管件等。软聚氯乙烯质地柔软，富有弹性，广泛用于设备衬里、包装材料以及电线、电缆的绝缘层。

B　聚乙烯

聚乙烯根据聚合工艺条件不同，可分为高压、中压和低压聚乙烯。高压聚乙烯的分子结构中支链较多，结晶度较小，密度较小，所以又称为低密度聚乙烯。低压聚乙烯中支链很少，结晶度较大，密度较高，故也称为高密度聚乙烯。中压聚乙烯居于两者之间。

聚乙烯的耐蚀性与硬聚乙烯差不多，常温下耐一般酸、碱、盐溶液的腐蚀，特别是可耐60℃以下的浓氢氟酸的腐蚀。室温下，脂肪烃、芳香烃和卤代烃等能使之溶胀。在内或外应力存在时，有些溶剂能使聚乙烯产生环境应力开裂。高密度聚乙烯的耐蚀性、强度和模量等性能比低密度聚乙烯的要好。聚乙烯塑料强度较低，往往不能单独用作结构材料。

聚乙烯是用量最大的塑料品种，广泛用作薄膜、电缆包覆层。高密度聚乙烯可作设备与贮藏衬里、管道、垫片和热喷涂层等。

C　聚丙烯

聚丙烯是目前商品塑料中最轻的一种，比强度高。允许使用温度为110~120℃，没有外力时，允许使用到150℃。但其耐寒性较差，在-10℃时即变脆。

聚丙烯具有优良的耐腐蚀性能。除发烟硫酸、浓硝酸和氯磺酸等强氧化性介质外，其他无机酸、碱、盐溶液甚至到100℃，都对它无腐蚀作用。室温下几乎所有有机溶剂均不能溶解聚丙烯。它对大多数羧酸也具有较好的耐蚀性，还具有优良的耐应力龟裂性。但某些氯化烃、芳烃和高沸点脂肪烃能使之溶胀。聚丙烯可用作化工管道、贮槽、衬里等。

D　氟塑料

含氟原子的塑料总称氟塑料。主要品种有聚四氟乙烯、聚三氟氯乙烯和聚全氟乙丙烯等。聚四氟乙烯时线型、晶态、非极性的高聚物，具有极优良的耐蚀性能。它完全抗王水、氢氟酸、浓盐酸、硝酸、发烟硫酸、沸腾的苛性钠溶液、氯气、过氧化氢等侵蚀；除某些卤化胺、芳香烃可使它轻微地溶胀外，酮类、醚类、醇类等有机溶剂对它均不起作用；此外，它耐候性极好，不受氧或紫外光的作用，所以有"塑料王"之称。它耐高温、低温性能优于其他塑料；塑料王在230～260℃下可长期连续工作，在-80～-70℃保持柔性；应用温度为-200~260℃。它摩擦系数极小，并具有很好的自润滑性能。但它经不起熔融态的碱金属、三氟化氯及元素氟的腐蚀。同时其加工性能也较差。

在防腐蚀领域，聚四氟乙烯可用作各种管件、阀门、泵、设备衬里及涂层。在机械工业上，可做各种垫圈、密封圈和自润滑耐磨轴承、活塞环等。

聚三氟氯乙烯和聚全氟乙丙烯比聚四氟乙烯的耐蚀性稍差，使用温度不如聚四氟乙烯高，但其加工性能要好些。

E　氯化聚醚

氯化聚醚又称聚氯醚，是一种线型、结晶、非极性的高聚物，耐蚀性很高，仅次于聚四氟乙烯，除发烟硫酸、发烟硝酸、较高温度的双氧水、酯、酮、苯胺等极性大的溶剂外，能耐大部分酸、碱和烃、醇类溶剂及油类的作用，其吸水性极低。因此常用于制造设备零部件，如泵、阀门、轴承、化工管道、衬里、齿轮及各类精密机械零件，也可制成保护涂层，还可作隔热材料。

7.11.1.2　热固性塑料

A　酚醛塑料

酚醛塑料是酚醛树脂与一定的添加剂制成的热固性塑料。酚醛塑料具有较高的机械强度和刚度，良好的介电性能、耐热性，较低的摩擦系数。用来制作各种电器的绝缘零部件、汽车刹车片及铁路闸瓦等。

酚醛塑料化学性能比较稳定，可耐盐酸、稀硫酸、磷酸等非氧化性酸及大部分有机酸的腐蚀，但对氧化性酸如浓硫酸、硝酸和铬酸等不耐蚀，也不耐碱侵蚀。在化工上常用来制作各种耐酸泵、管道和阀门等。

B　环氧塑料

环氧塑料是由环氧树脂和各种添加剂混合而制成。它具有较高的机械强度，高的介电强度及优良的绝缘性能；具有突出的尺寸稳定性和耐久性且耐霉菌，可在苛刻的热带条件下使用。它能耐烯酸、碱和某些溶剂，耐碱性优于酚醛树脂、聚酯树脂，但不耐氧化性酸。未固化的环氧树脂对各种金属和非金属具有非常好的粘接能力，有"万能胶"之称。环氧塑料可作管、阀、泵、印刷线路板、绝缘材料、黏结剂、衬里和涂料，以及塑料模具、精密量具等。

C　有机硅塑料

常用的有机硅塑料主要是由有机硅单体经水解聚缩而成的，为体型结构。大分子由 Si-O-Si 键构成，有较高的键能，所以耐高温老化和耐热性很好，可在 250℃ 长期使用；耐低温（-90℃）、耐辐射、憎水防潮、耐磨、耐候性、电绝缘性能好；能耐稀酸、稀碱、盐、水腐蚀，对醇类、脂肪烃和润滑油由较好的耐蚀性；但耐浓酸及某些溶剂如四氯化碳、丙酮和甲苯的能力差。此外，制品强度低，性脆。有机硅塑料主要用于电绝缘方面，尤其用于制作既耐热又绝缘和防潮的零件，也作耐高温和抗氧化涂层。

7.11.2　橡胶

7.11.2.1　天然橡胶

天然橡胶是由橡树割取的胶乳制成，主要成分为异戊二烯的顺式聚合物。天然橡胶是线型结构，力学性能较差。主链上含有较多的双键，易于被氧化。所以要进行硫化处理，其大分子链之间得到一定程度的交联，从而使其弹性、强度、耐腐蚀性等得到改善。根据硫化程度的不同，可分为软橡胶、半硬橡胶，含硫量越多，橡胶越硬。软橡胶弹性好，耐磨耐冲击，但耐蚀性、抗渗透性则比硬橡胶差；硬橡胶因交联度大，所以耐腐蚀性、耐热性及强度比软橡胶好，但耐冲击性不如软橡胶。

天然橡胶对非氧化性酸、碱、盐溶液的抗蚀能力很好，但不耐硝酸、铬酸和浓硫酸等氧化性酸的腐蚀，也不耐石油产品和酮、酯、烃、卤化烃等溶剂腐蚀。在防腐工程中主要做设备衬里，硬橡胶还可以做整体设备如管、阀、泵等。

7.11.2.2　丁苯橡胶

丁苯橡胶是丁二烯和苯乙烯的共聚物，在合成橡胶中产量最大。随硫化程度不同，可制成软胶和硬胶板，硬胶的耐蚀性较好。它对强氧化性酸以外的多种无机酸、碱、盐、有机酸、氯水等有良好的抗蚀性。软胶不耐醋酸、甲酸、乳酸、盐酸及亚硫酸腐蚀。耐油性不好，但耐磨损，且和金属的黏结性良好，主要用作槽和管的衬里。最高应用温度为 77~120℃，最低是-54℃。丁苯橡胶的耐蚀性接近于天然橡胶，可作天然橡胶的代用品。

7.11.2.3　氯丁橡胶

氯丁橡胶的物理性能与天然橡胶相似，但其耐热性、耐氧和臭氧、耐光照、耐油、耐磨性都超过了天然橡胶。可耐非氧化性酸和碱腐蚀，不耐氧化性酸、酮、醚、酯、卤代烃和芳香烃等腐蚀。耐燃性好，耐高温可达 93℃，耐低温至-40℃。可做涂料和衬里。

7.11.2.4　丁腈橡胶

丁腈橡胶的强度接近天然橡胶，耐磨性和耐热性良好，可长期用于 100℃。耐低温性能和加工性能也良好。具有良好的耐油性，其耐油和耐有机溶剂性能超过了丁苯橡胶，而其耐腐蚀性能与丁苯橡胶相似。广泛用于接触汽油及其他油类的设备。

7.11.2.5　硅橡胶

硅橡胶既耐热又耐寒，是工作温度范围最大的橡胶材料，在-100~350℃ 保持良好性能。对臭氧、氧、光和气候的老化作用有很强的抵抗能力，电绝缘性能优良。其缺点是强度和耐磨性比其他橡胶差，耐酸、碱性也差，且价格较高。硅橡胶主要用于飞机和宇航中的密封件、薄膜、胶管等，也用于电线、电缆、电子设备等方面。

7.11.2.6　氟橡胶

氟橡胶具有优良的耐高温，耐酸、碱、盐，耐油性能，耐强氧化剂，但耐溶剂性不及氟塑料。使用温度为-50~315℃。氟橡胶价格较高，主要用于飞机、导弹、宇航方面，做胶管、垫片、密封圈、燃烧箱衬里；在化工方面可用于耐高温和强酸环境。

7.12　陶瓷的耐蚀性

陶瓷是以天然或人工合成的化合物粉体为原料，经成型和高温烧结制成的无机非金属材料。在腐蚀工程中主要应用的有化工陶瓷、高铝陶瓷和氮化硅陶瓷等。

7.12.1　化工陶瓷

化工陶瓷又称耐酸陶瓷，是以天然硅酸盐矿物为原料而制成的，属于普通陶瓷。其原料广，成本低，用量大。主要成分的质量分数：SiO_2 为 60%~70%，Al_2O_3 为 20%~30%，含有少量 CaO、MgO、Fe_2O_3、K_2O 等，所以它能耐各种浓度的酸（氢氟酸和热磷酸除外）和有机溶剂的腐蚀，但耐碱性差。在化工陶瓷表面可通过上一层盐釉，来进一步提高其抗渗透和耐蚀性。化工陶瓷主要用于制作耐酸管道、容器、瓷砖和塔器等。因其强度低、性脆、导热性差，所以不易在机械冲击和热冲击场合使用。

7.12.2　高铝陶瓷

高铝陶瓷是指在以 Al_2O_3 和 SiO_2 为主要成分的陶瓷中，Al_2O_3 质量分数在 46% 以上的陶瓷。当 Al_2O_3 质量分数达到 90.0%~99.5% 时，称为刚玉瓷。Al_2O_3 含量越高，陶瓷的力学和化学性能越好。因 Al_2O_3 具有酸碱两重性，所以高铝陶瓷可耐包括浓硫酸、浓硝酸和氢氟酸在内的各种无机酸的腐蚀，其耐碱性也较好。高铝陶瓷主要用于制作耐蚀、耐磨零部件，如轴承、活塞、阀座等。

7.12.3　氮化硅陶瓷

氮化硅陶瓷是一种新型的功能陶瓷。它的特点是线膨胀系数小，耐温度急变性好；硬度高，摩擦系数小，并有自润滑性，因此其耐磨性极好；强度较高，并在高温下（1200~1350℃）仍可保持强度不变；是极好的电绝缘材料。氮化硅能耐除氢氟酸外的所有无机酸和某些碱溶液的腐蚀，抗氧化温度可达 1000℃，它还耐 Al、Zn、Pb、Ag、Cu 等有色金属熔体的侵蚀。氮化硅可用来制作有耐蚀、耐磨要求的机械密封环、球阀和有耐高温要求的热电偶管及高温防护涂层等。

7.13　玻璃的耐蚀性

玻璃是非晶的无机非金属材料，其主要成分是 SiO_2、碱和碱金属氧化物以及 Al、Zn、Pb、P 等氧化物。SiO_2 含量的增加，碱金属氧化物含量的降低，均会使玻璃的稳定性提高。在防腐蚀领域中应用较多的玻璃是石英玻璃、硼酸盐玻璃和低碱无硼玻璃，其中后两者应用较多。

7.13.1 石英玻璃

石英玻璃是由各种纯净的天然石英熔化而成。它是最优良的耐酸材料，除氢氟酸、热磷酸外，无论在高温或低温下，对任何浓度的无机酸和有机酸几乎都耐蚀，但耐碱性较差。温度高于500℃的氯、溴、碘对它也不起作用。它的线膨胀系数很小，热稳定性高，长期使用温度达1100~1200℃，短期使用温度可达1400℃。由于其熔制困难，成本较高，目前主要用于制造实验室仪器及特殊高纯度产品的提炼设备。

7.13.2 硼硅酸盐玻璃

硼硅酸盐玻璃是把普通玻璃中的 R_2O（Na_2O、K_2O）和 RO（CaO、MgO）成分的一半以上用 B_2O_3 置换而成。B_2O_3 的加入不仅使玻璃具有良好热稳定性和灯工焊接性能，而且使其化学稳定性也大为改善。除氢氟酸、高温磷酸和热浓碱溶液外，它几乎能耐所有的无机酸、有机酸及有机溶剂等介质的腐蚀。其最高使用温度达160℃，于常压或一定的真空下使用。它可用来制作实验室仪器，化工上的蒸馏塔、换热器、泵、管道和阀门等。

7.13.3 低碱无硼玻璃

低碱无硼玻璃的主要特点是不使用价格较高的硼砂，但低碱和铝含量的增加，保证了它的化学稳定性和强度。此种玻璃的焊接性能较差，但成本低廉，主要用于输送腐蚀性介质的玻璃管道。

7.14 混 凝 土

混凝土是砾石、卵石、碎石或炉渣等在水泥或其他胶结材料中的复合体。为了增加强度，通常内部加入钢筋，是用途最广泛的材料之一。在防腐蚀领域中应用较多的混凝土有耐碱混凝土、耐酸混凝土、硫黄混凝土和聚合物混凝土等。通常所说的混凝土多指以普通硅酸盐水泥为胶结材料的水泥混凝土。普通水泥也称作波特兰水泥，其中含有大量的氧化钙，呈碱性，所以对碱有一定的耐蚀能力。当它与具有较高耐碱性的石灰石类骨料相结合，并加入适当的外加剂时，就制成了耐碱混凝土。耐碱混凝土对常温碱溶液有较强的耐蚀能力，其耐水性较好，但磷酸盐可与水泥中的钙作用，引起混凝土的破坏。

耐酸混凝土是以水玻璃（硅酸钠水溶液）为胶结材料的混凝土。除氢氟酸、热磷酸、高级脂肪酸及碱性介质外，它对其他无机酸和有机酸都具有良好的稳定性，特别适用于耐强氧化性酸的场合。但它在水的长期作用下会溶解，不适于长期浸水的工程。

硫黄混凝土是以改性硫黄为胶结材料的混凝土。其组织致密、孔隙率低，组成中又无水分子，因而具有较好的抗水和抗冻能力；具有优良的耐酸性，但细菌可氧化硫黄，从而使混凝土剥蚀；其耐火性也较差。

聚合物混凝土是以聚合物为胶结材料的混凝土。孔隙率低，抗渗透性好，但其表面性能取决于聚合物的性质和服役的化学环境。混凝土广泛用于建筑物、地板、墙板及大型贮槽和管道。

7.15　复合材料

目前，在防腐蚀工程领域里，主要应用纤维增强塑料基复合材料。

7.15.1　玻璃纤维增强塑料

玻璃纤维增强塑料又称玻璃钢。它是以酚醛树脂、环氧树脂、聚酯树脂、呋喃树脂为基体，以玻璃纤维为增强相，通过手糊、模压、喷射成型等工艺制成的复合材料。它质轻，比强度高，耐腐蚀，电绝缘性好，是在各种复合材料中应用最广泛的一种耐蚀结构材料。一般来说，玻璃钢的耐蚀性主要取决于基体树脂的耐蚀性，因此要根据使用环境选用合适的树脂作为基体。例如，环氧树脂耐酸、碱腐蚀，酚醛树脂则耐水介质的侵蚀。玻璃纤维的耐蚀性对玻璃钢的耐蚀性也有影响。玻璃纤维耐除氢氟酸、热磷酸以外的几乎所有无机酸、有机酸的腐蚀，其耐碱性较差。所以即使以耐碱性较好环氧树脂为基体的玻璃钢，在碱性介质中也可能受到腐蚀。玻璃钢的耐蚀性还与树脂与纤维之间黏结的好坏有关。结合不好时在界面处会留有孔隙，使水和腐蚀介质易渗入材料内部，从而影响甚至破坏材料的耐蚀性。

玻璃钢常用来制造整体耐蚀设备、管道和零部件，也可作设备的耐蚀衬里和隔离层。

7.15.2　碳纤维增强塑料

碳纤维具有比强度高、比刚度高、导热性好、热稳定性好、耐腐蚀性好等优点。碳纤维可与环氧、酚醛、不饱和聚酯等树脂复合而成增强材料。这类复合材料不仅保持了玻璃钢的许多优点，而且在许多性能方面还超过了玻璃钢，是目前比强度和比模量最高的复合材料之一。在抗疲劳、抗冲击、减摩耐磨、耐热、自润滑、耐蚀性等方面都有显著特点。在航空航天工业应用广泛，如宇航飞行器外表面防护层、发动机叶片、卫星壳体、机翼大梁等承载、耐磨以及耐热零部件。在防腐蚀领域，主要用来制作管道、容器、泵、动力密封装置的零部件。

习　题

7-1　用合金化的方式提高金属（合金）耐蚀性有哪些途径？

7-2　判断 1Cr18Ni9Ti 和 Cr17Ni14Mo2 哪种钢耐孔蚀性能好，为什么？

7-3　用晶体结构特点分析奥氏体不锈钢和铁素体不锈钢在氯化物溶液中发生应力腐蚀的差异。

7-4　铝和铝合金的耐蚀特点是什么？铝合金常见的腐蚀形式有几种？

7-5　简述钛及钛合金的耐蚀特点。

7-6　简述非晶态合金的耐蚀特点。

7-7　简述镁及镁合金的耐蚀特点。

7-8　无机非金属耐蚀材料有哪些？各有什么特点？

7-9　耐蚀有机高分子材料有哪些类型？各有什么应用？

8 材料的腐蚀控制

控制材料的腐蚀可以通过材料防护技术来实现。由于材料腐蚀是材料与环境发生界面反应而引起的破坏，因此防止材料腐蚀可以从材料本身、环境和界面三方面考虑。材料防护技术主要有以下几种方式：正确选用耐蚀材料和合理的结构设计，腐蚀环境的改善，表面防蚀处理，电化学保护等。

8.1 材料防护的基本原理

8.1.1 合理选材

正确合理选材是一个调查研究、综合分析与比较鉴别的复杂而细致的过程，应遵循如下基本原则。

（1）材料的耐蚀性能要满足设备或物件使用环境的要求。根据环境选择材料，所选择材料才能适应环境。例如，如下"材料—环境"搭配证明效果良好：铝用于非污染性大气，含铬合金用于氧化性溶液，铜及其合金用于还原性和非氧化性介质，哈氏合金用于热盐酸和湿硫化氢环境，铅用于稀硫酸，蒙乃尔合金用于氢氟酸等。

（2）材料的物理、机械和加工工艺性能要满足设备或物件的设计与加工制造要求。结构材料除具有一定的耐蚀性外，一般还要具有必要的力学性能（如强度、硬度、弹性、塑性、冲击韧性、疲劳性能等）、物理性能（如耐热、导电、导热、光、磁及密度、比重等）及工艺性能（如机加工、铸造、焊接性能等）。如泵材要求具有良好的耐磨性和铸造性，换热器材用材要具有良好的导热性，大型设备用材往往要有良好的可焊性。

（3）选材时力求最好的经济效益和社会效益。要优先考虑国产的、价廉质优的、资源丰富的材料。在可以用普通结构材料如钢铁、非金属材料等时，不采用昂贵的贵金属。在可以用资源较丰富的铝、石墨、玻璃、铸石等时，不用不锈钢、铜、铅等。在其他性能相近的情况下，不选用会引起污染的材料。

选材顺序如图 8-1 所示，在选材时应考虑如下因素。

（1）明确产品的工作环境。材料的选定主要通过工艺流程中各种环境因素来决定。选材时必须了解的环境因素包括化学因素和物理因素。以工程结构接触水溶液为例，则化学因素包括溶液的组分、pH 值、含氧量、可能发生的化学反应等；物理因素包括溶液温度、流速、受热和散热条件、受力种类及大小等。

（2）查阅权威手册，借鉴失效经验。查阅已公开出版的手册、文献，对于选材十分有益。可供查阅的材料腐蚀性能手册主要有：左景伊编写的《腐蚀数据手册》，朱日彰等编写的《金属防腐蚀手册》；美国腐蚀工程师协会（NACE）出版的《Corrosion Data Survey》等。还可以查询我国自然环境条件下的腐蚀数据库。

与此同时，可仔细查阅腐蚀事故调查报告。如 1971 年美国 Fontana 发表的杜邦公司 1968～1969 年两年间金属材料损伤 313 例调查，日本发表的 1964～1973 年 10 年间 985 例不锈钢失效事故报告，我国也有类似的分析报告。这些资料为正确选材提供了宝贵的经验和教训。

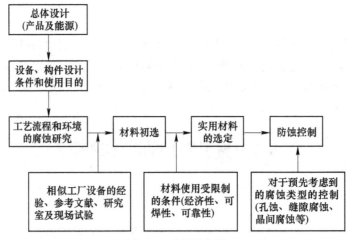

图 8-1　选材顺序图

（3）腐蚀试验。资料中所列的使用条件有时与实际使用条件并不完全一致，这时就必须进行腐蚀试验。腐蚀试验应是接近于实际环境的浸泡试验或模拟试验，条件允许时还应进行现场（挂片）试验，甚至实物或应用试验，以便获得材料可靠的腐蚀性能数据。

（4）兼顾经济性与耐用性。在保证产品在使用期内性能可靠的前提下，要考虑所选材料是否经济合理。一般不要选用比确实需要的材料还要昂贵的材料。采用完全耐蚀的材料并不一定是正确的选择，应在充分估计预期使用寿命的范围内，平衡一次投资与经常性的维修费用、停产损失、废品损失、安全保护费用等。对于长期运行的、一旦停产可造成巨大损失的设备，易更换的简单零件，则可以考虑用成本较低、耐蚀性较差的材料。就环境而言，在海水这样较为苛刻的潮湿的腐蚀环境中，采用相对廉价材料并提供辅助保护，一般比选用昂贵的材料更经济。在苛刻的腐蚀环境中，大多数情况下，采用耐腐蚀材料比选用廉价材料附加昂贵的保护措施更为可取。

（5）考虑防腐蚀措施。在选材的同时，应考虑行之有效的防护措施。适当的防护如涂层保护、电化学保护及施加缓蚀剂等，不仅可以降低选材标准，而且有利于延长材料的使用寿命。

（6）考虑材料的加工性能。材料最后的选定还应考虑去其加工焊接性能，加工后是否可以进行热处理，是否会降低耐蚀性。

8.1.2　防腐蚀结构设计

防腐蚀结构的设计通常涉及多方面的因素，可以考虑以下几个方面。

（1）合理的结构形式和表面状态。结构件的形式力求简单，这有利于采取防腐蚀措施，便于检查、排除故障，有利于维修。形状复杂的构件，往往存在死角、缝隙、接头，在这些部位容易积液或积尘，从而引起腐蚀。在无法简化结构的情况下，可将构件设计成分结构，使腐蚀严重的部位易于拆卸、更换。另外，构件的表面状态，要尽量致密、光滑。通常光亮的表面比粗糙的表面更耐蚀。

（2）防止积水或积尘。在有积水或积尘的地方，往往腐蚀的危险性大。因此在结构设计时，应尽可能不存在积水或积尘的坑洼。例如，容器的出口应位于最低处；积液的部位，开排液孔；不让水或尘埃聚集等。

（3）防止缝隙腐蚀。缝隙中的介质可引起金属的缝隙腐蚀，但可通过拓宽缝隙、填塞缝隙、改变缝隙位置或防止介质进入等措施加以避免。例如，板材搭接尽可能以焊接代替铆接，而且最好采用双面对焊接和连续焊外用绝缘材料封闭，而不宜采用搭接焊和点焊。在采用铆接时，也应在铆缝间填入一层不吸潮的垫片。

（4）防止电偶腐蚀。防止电偶腐蚀的常用办法是避免腐蚀电位不同的金属连接。电偶腐蚀仅有电解质如潮湿环境下局部接触地方才可能发生，若在干燥的环境就没有这种腐蚀危险。防止或减少电偶腐蚀的措施如下。

1）不应把电位序相差过大的金属连接在一起。在海洋大气及金属表面可能长期接触潮气的场合，此要求务必满足。

2）将异种金属相互隔开，防止金属接触。例如采用抗老化塑料或橡胶。

3）在两种异类金属之间插入第三种金属材料，减少电位差。

4）若不能避免异类金属接触时，一定要尽量降低阴极面积与阳极面积比，避免大阴极/小阳极的组合。

5）结构的合理设计使水分不会在接触点聚集或存留。

6）用防腐漆或沥青涂覆接触区及其周围。涂覆后由于电流路径加长，电阻增大，导致电偶腐蚀速率显著降低。不能只涂易腐蚀金属，因为在涂层的气孔处会发生局部腐蚀；只涂耐腐蚀金属，在许多场合是可行的。

（5）防止磨损腐蚀。当金属表面处于流速很高的腐蚀性液体中时，会发生磨损腐蚀。磨损腐蚀在具有局部高速和湍流显著的地方特别大。因此在设计时，应避免构件出现可造成湍流的凸台、沟槽、直角等突变结构，而应尽可能采用流线型结构。为使流速不超过一定的限度，管子的曲率半径一般应为管径的3倍以上，而且不同金属这个数值也不同，如软钢和铜管为3倍，高强钢取5倍。流速越高，管子曲率半径则越大。在高流速的接头部位，也应采用流线型结构，而不采用T型结构。

（6）防止环境诱发破裂。环境诱发破裂是由机械应力和腐蚀联合作用产生，包括应力腐蚀破裂和腐蚀疲劳。防止这类破坏的措施旨在消除拉应力（或交变应力）或腐蚀环境，或者可能时将两者一并消除。

1）零件在改变形状和尺寸时，不要有尖角，而应有足够的圆弧过渡。当不同壁厚的管子需要直接焊在一起时，应将焊接处厚壁管径逐渐减小到与薄壁管径相同，以使焊接和过渡区分开。

2）加大危险截面的尺寸和局部强度。避免构件的承载能力在应力最大的地方被凹槽、截面的突然变化、尖角、切口、键槽、油孔、螺纹等所削弱。

3）结构件中的开口应开在低应力部位。选择合适的开口形状和方向控制应力集中。如在受剪切应力的板件中，拉力方向变化范围大时，可选用圆形开口。

4）对各种载荷，流线型的填角焊缝可减少应力集中和改善应力线。

5）设计的结构不能产生颤动、振动或传递振动，禁止载荷、温度或压力的急剧变化。结构设计中应尽量避免间隙和可能造成废渣、残液留存的死角，防止有害物质如 Cl⁻ 的浓缩，以改变或抑制腐蚀环境。

（7）避免温度不均引起的腐蚀。加热器或加热盘管的位置应向着容器的中心，以防止出现温差电池。建在导热支架上的贮气罐，在外部温度低于气体的露点时，可能因保温不均而引起气体凝露而腐蚀罐壁。这种露点腐蚀可通过用良好绝缘的方法来避免。

（8）设备和建筑物的位置合理性。建筑物的位置如有选择可能，应选择自然腐蚀较低的位置，如避免海洋大气、工业排水、化工厂有害烟尘的加速腐蚀。

8.1.3 防腐蚀措施的选择

根据具体情况选择方便、有效、可行的防腐蚀措施，是减缓材料及设备腐蚀的重要环节。选择防腐蚀措施时，既要考虑设备、装置的整体性及主要部件的结构特征，又要考虑组成材料的性质和环境性质，还要考虑防腐蚀措施的使用条件和特点。只有将上述因素统筹考虑，才能选择最佳的防护措施。可供选择的防腐蚀措施总体上可分为三大类。

（1）覆盖层保护。通过在设备表面涂覆保护层而使设备与介质隔开。

（2）电化学保护。电化学保护可分为阴极保护和阳极保护两大类。

（3）改善环境。即除去有利于腐蚀的物质，加入抑制腐蚀的物质（如缓蚀剂等）。

上述三种措施可单独使用或联合使用，联合使用往往具有最好的防腐蚀效果。以下将分别介绍电化学保护、缓蚀剂和表面覆盖层三类防腐蚀措施。

8.2 电化学保护

8.2.1 概述

电化学保护是指通过施加外加电位将被保护金属的电位移向免蚀区或钝化区，以减小或防止金属腐蚀的方法。按照作用原理，电化学保护可分为阴极保护和阳极保护。

1824 年，英国科学家 H. Davy 首次将牺牲阳极法的概念应用于海军舰船，用铸铁保护木制船体外包覆的铜层，有效地防止了铜的腐蚀。但由于铜的腐蚀产物铜离子可以杀除海洋生物，避免其附着于船体，加大船的航行阻力。1928 年，美国人 R. J. Kuhn 在新奥尔良对长距离输气管道成功进行了世界上第一例外加电流阴极保护，开创了阴极保护的新时代。至 20 世纪 50 年代，地下管线的外加电流阴极保护技术已得到普遍应用，而随着钢铁在航海及海洋平台、码头等方面的广泛应用，将阴极保护法与涂料保护联合应用于防腐，效果比单纯使用涂料要好得多，海洋环境金属的阴极保护也成为必需的防腐蚀手段之一。

与阴极保护技术相比，阳极保护技术是一门较新的技术。阳极保护的概念最早由英国人 C. Edeleanu 于 1954 年提出。1958 年，加拿大人首次在碱性纸浆蒸煮锅上实现了其工业应用。对化工和石油化工行业中的碳素钢、不锈钢等易于钝化的普通结构金属而言，由于阳极保护容易控制和检测，不需要昂贵的金属表面处理，目前在工业领域已得到了广泛应用。

8.2.2 阴极保护

阴极保护是使金属构件作为阴极，通过阴极极化来消除该金属表面电化学的不均匀性，达到保护目的。阴极保护是一种经济而有效的防护措施。一条海船在建造中，涂装费占了 5%，而阴极保护用的牺牲阳极材料和施工费加起来不到 1%。一座海上采油平台的建造费超过 1 亿元，而牺牲阳极材料和施工费只需 100 万~200 万元。不采用保护，平台寿命只有 5 年，而阴极保护下可用 20 年以上。地下管线阴极保护费只占总设备投资的 0.3%~0.6%，就可显著延长使用寿命。一些要求在海水、土壤中使用几十年的设备，如海洋平台、轮船、码头、地下管线、电缆、贮槽等，都必须采用阴极保护，提高其抗蚀能力。

8.2.2.1 阴极保护原理

阴极保护原理如图 8-2 所示，当未进行阴极保护时，金属腐蚀微电池的阳极极化曲线 $E_{0,A}A$ 和阴极极化曲线 $E_{0,C}C$ 相交于 S 点（忽略溶液电阻），此点对应的电位为金属的自腐蚀电位 E_{corr}，对应的电流为金属的腐蚀电流 I_{corr}。在腐蚀电流 I_{corr} 作用下，微电池阳极不断溶解，导致腐蚀破坏。

阴极保护时，在外加阴极电流 I_1 的极化下，金属总电位由 E_{corr} 变负到 E_1，阴极总电流 $I_{C,1}$（E_1Q 段）中一部分电流是外加的，即 I_1（PQ 段），另一部分电流仍然是由金属阳极腐蚀提供的，即 $I_{A,1}$（E_1P 段）。显然，

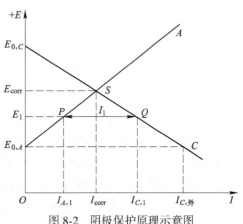

图 8-2 阴极保护原理示意图

这时金属微电池的局部阳极电流 $I_{A,1}$ 比原来的腐蚀电流 I_{corr} 减小了，即腐蚀速度降低了，金属得到了部分保护。差值（$I_{corr}-I_{A,1}$）表示外加阴极极化后金属上腐蚀微电池作用的减小值，即腐蚀电流的减小值，称为保护效应。

当外加阴极电流继续增大时，金属体系的电极电位变得更负。当金属的总电位达到微电池阳极的起始电位 $E_{0,A}$ 时，金属上局部阳极电流为零，全部电流为外加阴极电流 $I_{C,外}$（$E_{0,A}C$ 段），这时，金属表面上只发生阴极还原反应，而金属溶解反应停止了，因此金属得到完全的保护，这时金属的电位称为最小保护电位。金属达到最小保护电位所需的外加电流密度称为最小保护电流密度。

因此，要使金属得到完全保护，必须把它阴极极化到其腐蚀微电池阳极的平衡电位。

需要指出的是，以上讨论的只是阴极保护的原理，实际情况要复杂得多，例如还要考虑时间因素的影响。以钢在海水中为例，原来海水中无铁离子，要使钢的混合电位降到阳极反应即铁溶解反应的平衡电位，就需要在钢表面阳极附近的海水中有相应的铁离子浓度，如 $1\times10^{-6}mol/L$。这在阴极保护初期是很难做到的。实际上，为了达到满意的保护效果，选用的保护电位总要低于腐蚀微电池阳极平衡电位。

8.2.2.2 阴极保护的基本参数

阴极保护中，判断金属是否达到完全保护，通常用测定保护电位的方法。而为了达到

必要的保护电位，要通过控制保护电流密度来实现。

（1）最小保护电位。最小保护电位的数值和介质条件有关，虽可进行估算，但大多数是通过实验确定的。表 8-1 列出了不同金属和合金在海水和土壤中的阴极保护电位。我国制定的标准中，钢制船舶在海水中的保护电位范围为-0.75～-0.95V（vs. Ag/AgCl）。

阴极保护电位并不是越低越好，超过规定的范围，除浪费电能外，还可引起析氢，导致附近介质 pH 值升高，破坏漆膜，甚至引起金属氢脆。

表 8-1   几种金属和合金的阴极保护电位

金属或合金		参比电极		
		Cu/CuSO$_4$	Ag/AgCl	Zn
铁和钢	含氧环境	-0.35	-0.80	+0.25
	缺氧环境	-0.95	-0.90	+0.15
铜合金		-0.5～-0.65	-0.45～-0.60	+0.6～+0.45
铝及铝合金		-0.95～-1.20	-0.90～-1.15	+0.15～-0.10
铅		-0.60	-0.55	+0.50

（2）最小保护电流密度。使金属得到完全保护所需的电流密度，即最小保护电流密度。其大小受多种因素的影响，它与金属的种类、表面状态、有无保护膜、漆膜损失程度、生物附着情况以及介质的组成、浓度、温度、流速等条件有关，很难找到统一的规律，而且实验室中通过极化曲线测定的数值与实际使用数值间也往往有较大的差异。实际上，随情况不同，最小保护电流密度可以从几十分之一毫安每平方米到几百毫安每平方米。主要检查阴极保护电位范围是否合格，而保护电流密度只要能保证实现这一保护电位范围就可以了。

8.2.2.3 牺牲阳极阴极保护法

阴极保护可通过两种方法实现：一是牺牲阳极法，二是外加电流法。

牺牲阳极法是在被保护的金属上连接电极电位更低的金属或合金，作为牺牲阳极，靠它不断溶解产生的电流对被保护金属进行阴极极化，达到保护的目的。牺牲阳极法包括牺牲阳极材料的确定和设计安装两大部分。

牺牲阳极材料必须能与被保护金属构件之间形成足够大的电位差（一般在 0.25V 左右）。所以对牺牲阳极材料的主要要求是：有足够低的电极电位，且阳极极化率要小，电容量要大，即消耗单位质量金属所提供的电量要多，单位面积输出电流大；自腐蚀速率很小，电流效率高；长期使用时保持阳极活性，不易钝化，能维持稳定的电位和输出电流，阳极溶解均匀，腐蚀产物疏松易脱落、不黏附于阳极表面或形成高电阻硬壳；价格便宜，来源充分，制造工艺简单，无公害等。

常用的牺牲阳极材料有 Zn-0.6Al、0.1Cd、Al-2.5Zn0.02In、Mg-6Al3Zn0.2Mn、高纯锌等，其中铝合金多用于海水中。

牺牲阳极保护系统的设计包括：保护面积的计算，保护参数的确定，牺牲阳极的形状、大小和数量、分布和安装以及阴极保护效果的评定等。

8.2.2.4 外加电流阴极保护法

外加电流法是将被保护金属接到直流电源的负极，通以阴极电流，使金属极化到保护电位范围内，达到防蚀目的。

牺牲阳极法虽然不需要外加电源和专人管理，不会干扰邻近金属设施，而且电流分散能力好，施工方便，但需要消耗大量金属材料，自动调节电流的能力差，而且安装大量牺牲阳极会增加船体质量和阻力，或者影响海洋石油平台的稳定性和牵引特性。因此，20世纪50年代后随着电子工业的发展，外加电流阴极保护技术得到很大发展。外加电流阴极保护系统具有体积及质量小、能自动调节电流和电压、运用范围广等优点。若采用可靠的不溶性阳极，其使用寿命较长。

外加电流法阴极保护系统主要由三部分组成：直流电源、辅助阳极和参比电极。

直流电源通常用大功率的恒电位仪，可根据外界条件的变化，自动调节输出电流，使被保护体的电位始终控制在保护电位范围内。

外加电流法的辅助阳极是用来把电流输送到阴极（即被保护的金属）上，这与牺牲阳极法所用的阳极材料截然不同。外加电流法的辅助阳极材料应具有导电性好、耐蚀性好、寿命长、排流量大（即一定电压下单位面积通过的电流大）、阳极极化小、有一定的机械强度、易于加工、来源方便、价格便宜等特点。常用的辅助阳极材料有钢、石墨、高硅钢、磁性氧化铁、铅银（2%）合金、镀铂的钛等。这些阳极板除钢外，都是耐蚀的，可供长期使用。钛上镀一层 $2 \sim 5\mu m$ 的铂作为阳极，使用工作电流密度为 $1000 \sim 2000mA/m^2$，而铂的消耗率只有 $4 \sim 10mg/(A \cdot a)$，一般可使用 $5 \sim 10$ 年。

参比电极用来与恒电位仪配合使用，测量和控制保护电位，因此要求参比电极可逆性好、不易极化，在长期使用中能保持电位稳定、准确、灵敏、坚固耐用等。常用的参比电极有 $Ag/AgCl$ 电极、$Cu/CuSO_4$ 电极、Zn 电极等。

外加电流保护系统的设计主要包括：选择保护参数，确定辅助阳极材料、数量、尺寸和安装位置，确定阳极屏材料和尺寸，计算供电电源的容量等。由于辅助阳极是绝缘地安装在被保护体上，故阳极附近的电流密度很高，易引起"过保护"，使阳极周围的涂料遭到破坏。因此，必须在阳极附近一定范围内涂刷或安装特殊的阳极屏蔽层。它应具有与钢结合力高、绝缘性优良，良好的耐碱、耐海水腐蚀性能。对海船用的阳极屏蔽材料有玻璃钢阳极屏，或涂氯化橡胶厚浆型材料，或环氧沥青聚酰胺涂料。

阴极保护的应用日益广泛，主要用于保护水中和地下的各种金属构件和设备，如舰船、码头、桥梁、水闸、浮筒、海洋平台、海底管线；工厂中的冷水系统、热交换器、污水处理设施，原子能发电厂的各类给水系统；地下油、气、水管线，地下电缆等，都可用于牺牲阳极法或外加电流法进行阴极保护，防蚀效果很好。

8.2.3 阳极保护

将被保护的金属设备与外加直流电源的正极相连，在腐蚀介质中使其阳极极化到稳定的钝化区，金属设备就得到保护。这种方法称为阳极保护法。这种防护技术已成功地用于工业生产，已防止碱性纸浆蒸煮锅的腐蚀。现在逐渐用到硫酸、磷酸、有机酸和液体肥料生产系统中，取得了很好的效果。

阳极保护的基本原理如图 8-3 所示，对于具有钝化行为的金属设备，用外电源对它进行阳极极化，使其电位进入钝化区，腐蚀速度甚微，即得到阳极保护。

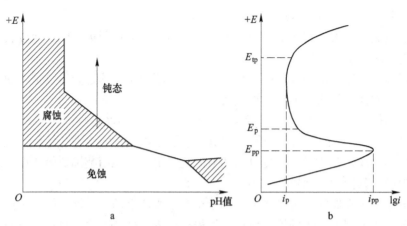

图 8-3　阳极保护示意图：pH 值（a）和 lg$i$（b）与电位的关系

为了判断给定腐蚀体系是否可采用阳极保护，首先要根据恒电位法测得的阳极极化曲线来分析。在实施阳极保护时，主要考虑三个基本参数。

（1）致钝电流密度 $i_{致钝}$。金属在给定介质中达到钝态所需要的临界电流密度，也称做初始钝化电流密度或临界钝化电流密度。一般 $i_{致钝}$ 越小越好，否则，需要容量大的整流器，设备费用高，而且增加了钝化过程中金属的阳极溶解。

（2）钝化区电势范围。开始建立稳定钝态的电位 $E_{维钝}$ 与过钝化电位 E_{op} 间的范围（$E_{维钝} \sim E_{op}$）称作钝化区电位范围。在可能发生点蚀的情况下为 E_p 与点蚀电位 E_{pit} 间的范围（$E_p \sim E_{pit}$）。显然钝化区电位范围越宽越好，一般不应小于 50mV。否则，由于恒电位仪控制精度不高，使电位超出这一区域，可造成严重的活化溶解或点蚀。

（3）维钝电流密度 $i_{维钝}$。$i_{维钝}$ 代表金属在钝态下的腐蚀速度。$i_{维钝}$ 越小，防护效果越好，耗电也越小。

以上三个参数作为阳极保护的工艺参数，用来判断阳极保护的效果。表 8-2 为部分金属在不同介质中阳极保护的主要参数。

表 8-2　金属材料在某些介质中阳极保护的主要参数

材料	介质及质量分数/%		温度/℃	i_{pp}/A·m^{-2}	i_p/A·m^{-2}	钝化电位范围/mV
碳钢	H$_2$SO$_4$	96	49	1.55	0.77	>+800
		96~100	93	6.2	0.46	>+600
		96~100	270	930	3.1	>+800
		105	27	62	0.31	>+100
	HNO$_3$	20	20	10000	0.07	+900~+1300
		50	30	1500	0.03	+900~+1200
	H$_3$PO$_4$	75	27	232	23	+600~+1400
	NH$_4$OH	25	25	2.65	<0.3	−800~+400
	NH$_4$NO$_3$	60	25	40	0.002	+100~+900
		80	120~130	500	0.004~0.02	+200~+800

材料	介质及质量分数/%		温度/℃	$i_{pp}/A \cdot m^{-2}$	$i_p/A \cdot m^{-2}$	钝化电位范围/mV
不锈钢	HNO₃	80	24	0.01	0.001	—
		80	82	0.48	0.0045	—
	H₂SO₄	67	24	6	0.001	+30～+800
		67	66	43	0.003	+30～+800
		70	沸腾	10	0.1～0.2	+100～+500
	H₃PO₄	85	135	46.5	3.1	+200～+700
	草酸	30	沸腾	100	0.1～0.2	+100～+500
	NaOH	20	24	47	0.1	+50～+350

阳极保护系统主要由恒电位仪（直流电源）、辅助阴极以测量和控制保护电位的参比电极组成。对辅助阴极材料的要求是：在阴极极化下耐蚀，一定的强度，来源广泛，价廉，易加工。对浓硫酸可用铂或镀铂电极、金钽、铝、高硅铸铁或普通铸铁等，对稀硫酸可用银、铝、青铜、石墨等，碱溶液可用高镍铬合金或普通碳钢，在布置辅助阴极时也要考虑被保护体上电流均匀分布的问题。若开始电流达不到致钝电流，则会加速腐蚀。

对于不能钝化的体系或者在含 Cl⁻ 离子的介质中，阳极保护不能应用。因而阳极保护的应用还是有限的。目前主要用于硫酸和废硫酸贮槽、贮罐，硫酸槽加热盘管，纸浆蒸煮锅，碳化塔冷却水箱，铁路槽车，有机磺酸中和罐等保护。

例 8-1 铁在完全保护时 Fe^{2+} 浓度为 10^{-6} mol/L，已知 $E^{\ominus}_{Fe^{2+}/Fe} = -0.44V$（vs. SHE），试计算 25℃时铁在海水中完全保护时的保护电位。

解： 由阴极保护原理可知，金属材料完全保护时的保护电位为其在该腐蚀介质中的平衡电位，依据 Nernst 公式计算：

$$E(Fe^{2+}/Fe) = E^{\ominus}_{Fe^{2+}/Fe} - \frac{RT}{nF}\ln\frac{1}{\alpha(Fe^{2+})} = -0.44V - \frac{0.0593}{2}\lg\frac{1}{10^{-6}} = -0.617V$$

故 25℃时铁在海水中完全保护电位为 -0.617V。

8.3 缓蚀剂的分类与应用

8.3.1 概述

缓蚀剂是一些少量加入腐蚀介质中能显著减缓或阻止金属腐蚀的物质，也称作腐蚀抑制剂（Corrosion Inhibitor）。缓蚀剂防护金属的优点在于用量少、见效快、成本较低、使用方便，目前已广泛用于机械、化工、冶金、能源等许多工业。例如在酸洗过程中，硫酸和盐酸除去钢铁表面氧化皮的同时，也会使金属本身迅速溶解，若加入适当的缓蚀剂，则可抑制金属本身过分的腐蚀。缓蚀剂保护的缺点是，它只适用于腐蚀介质的体积量有限的情况，例如电镀和喷漆前金属的酸洗除锈、锅炉内壁的化学清洗、油气井的酸化、内燃机及工业冷却水的防腐蚀处理和金属产品的工序间防锈和产品包装等，但对于钻井平台、码头、桥梁等敞开体系，则不适用。

腐蚀介质中缓蚀剂的加入量非常少，通常为0.1%~1%。缓蚀剂的保护效果与金属材料的种类、性质和腐蚀介质的性质、温度、流动情况等有密切关系，即缓蚀剂保护有强烈的选择性。如亚硝酸钠或碳酸环己胺对钢铁有缓蚀作用，对铜合金不但无效，反而会加速其腐蚀。目前还没有对各种金属在不同介质中普遍适用的通用缓蚀剂。

缓蚀剂对金属材料的保护能力可用缓释效率表示，通过检测金属分别在有、无缓蚀剂的介质中金属的腐蚀速度来确定缓释效率。依照检测方法的不同缓释效率可用以下三种方式表示。

（1）失重法。取相同的金属材料，在相同的测试条件下，分别测量金属在添加和未添加缓蚀剂的溶液中浸泡相同时间后的质量，计算缓释率：

$$\eta = \frac{\omega_0 - \omega}{\omega_0} \times 100\% \tag{8-1}$$

式中，ω_0 和 ω 分别为未添加和添加缓蚀剂条件下金属材料的质量。

（2）腐蚀速度法。比较金属材料在添加和未添加缓蚀剂的溶液中金属材料的腐蚀速度，计算缓蚀率：

$$\eta = \frac{v_0 - v}{v_0} \times 100\% \tag{8-2}$$

式中，v_0 和 v 分别为未添加和添加缓蚀剂条件下金属材料的腐蚀速度。

（3）电化学法。当金属的腐蚀过程是电化学腐蚀时，可以通过分别测量添加和未添加缓蚀剂的溶液中金属的腐蚀电流密度来计算缓蚀率：

$$\eta = \frac{i_0 - i}{i_0} \times 100\% \tag{8-3}$$

式中，i_0 和 i 分别为未添加和添加缓蚀剂条件下金属材料的腐蚀电流密度。

8.3.2 缓蚀剂的分类

由于缓蚀剂的种类繁多，缓蚀机理复杂，应用的领域广泛。至今还没有一个统一的分类方法，一般是从研究或使用方便进行分类，常见的分类方式如下。

（1）按缓蚀剂的作用机理分类。根据缓蚀剂在电化学腐蚀过程中，主要抑制阳极反应还是抑制阴极反应，或两者同时得到抑制，可将缓蚀剂分为以下三类。

1）阳极型缓蚀剂，又称阳极抑制型缓蚀剂。阳极型缓蚀剂大部分是氧化剂，如过氧化氢、重铬酸盐、铬酸盐、亚硝酸盐、硅酸盐等，这类缓蚀剂常用于中性介质中，如供水设备、冷却装置、水冷系统等。它们能阻滞阳极过程增加阳极极化，如图8-4a所示。由图可以看出加入阳极型缓蚀剂后，使腐蚀电位正移，阳极的极化率增加，腐蚀电流由 I_1 减小到 I_2。

阳极型缓蚀剂是应用广泛的一类缓蚀剂。如用量不足又是一种危险的缓蚀剂，因为用量不足不能使金属表面形成完整的钝化膜，部分金属以阳极形式露出来，形成大阴极小阳极的腐蚀电池，由此引起金属的孔蚀。

2）阴极型缓蚀剂，又称阴极抑制型缓蚀剂。这类缓蚀剂能抑制阴极过程，增加阴极极化，从而使腐蚀电位负移，如图8-4b所示。如在酸性溶液中加入As、Sb、Hg盐类，在

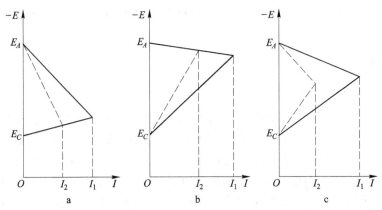

图 8-4 阳极型 (a)、阴极型 (b) 和混合型 (c) 缓蚀剂缓释作用原理图

阴极上析出 As、Sb、Hg，可以提高阴极过电位或者使活性阴极面积减少，从而控制腐蚀速度。这类缓蚀剂在用量不足时，不会加速腐蚀，故称为安全型的缓蚀剂。

3）混合型缓蚀剂，又称混合抑制型缓蚀剂。混合型缓蚀剂既能阻滞阳极过程，又能阻滞阴极过程。这种缓蚀剂对腐蚀电位的影响较小。例如含氮、含硫及既含氮又含硫的有机化合物、琼脂、生物碱等，它们对阴极过程和阳极过程同时起抑制作用，如图 8-4c 所示。从图中可见，虽然腐蚀电位变化不大，但腐蚀电流却显著降低。

（2）按缓蚀剂的性质分类。根据缓蚀剂的作用机制，可将缓蚀剂分为以下三类。

1）氧化型缓蚀剂。如果在中性介质中添加适当的氧化性物质，它们在金属表面少量还原能修补原来的覆盖膜，起到保护或缓蚀作用，这种氧化性物质可称为氧化型缓蚀剂。电化学测量表明这种物质极易促进腐蚀金属的阳极钝化，因此也可称为钝化型缓蚀剂或钝化剂。这类缓蚀剂同样是危险性的缓蚀剂。

2）沉淀型缓蚀剂。这类缓蚀剂本身并无氧化性，但它们能与金属的腐蚀产物（Fe^{2+}、Fe^{3+}）或和共轭阴极反应的产物（一般是 OH^-）生成沉淀，因此也能有效地修补氧化物覆盖膜的缺陷。这类物质常称为沉淀型缓蚀剂。沉淀型覆盖膜一般比钝化膜厚，致密性和附着力都比钝化膜差。例如水处理技术常用的硅酸盐（水解产生 SiO_2 胶凝物）、锌盐（与 OH^- 产生沉淀）、磷酸盐类（形成 $FePO_4$）。显然它们必须有 O_2、NO_2^- 或 CrO_2^{2-} 等存在时才起作用。

氧化型和沉淀型两类缓蚀剂也常称作覆盖膜型缓蚀剂。它们在中性介质中很有效，但不适用于酸性介质。

3）吸附型缓蚀剂。这类缓蚀剂易在金属表面形成吸附膜，从而改变金属表面性质，阻滞腐蚀过程。根据吸附机理又可分为物理吸附型（如胺类、硫醇和硫脲等）和化学吸附型（如吡啶衍生物、苯胺衍生物环状亚胺等）两类。一般钢铁在酸中常用的缓蚀剂，如硫脲、喹炔醇等衍生物，铜在中性介质中常用的缓蚀剂，如苯并三氮唑等。

（3）其他分类方式。按化学成分可将缓蚀剂分为无机缓蚀剂和有机缓蚀剂。前者可以使金属表面发生化学变化，形成钝化膜以阻滞阳极溶解过程，如聚磷酸盐、铬酸盐、硅酸盐等。后者能够在金属表面上发生物理或化学吸附，从而阻滞腐蚀性介质接近表面，如含氮的有机化合物、含硫的有机化合物以及胺基、醛基、咪唑化合物等。此外，还可以按照使用时的相态将缓蚀剂分为气相缓蚀剂、液相缓蚀剂和固相缓蚀剂。按照用途分类可将缓蚀剂分为冷却水缓蚀剂、锅炉缓蚀剂、石油化工缓蚀剂、酸洗缓蚀剂、油气井缓蚀剂等。

8.3.3 缓蚀剂的应用

8.3.3.1 石油工业中的应用

在石油工业中，各种金属设备被广泛地用在采油、采气、贮存、输送和提炼过程中，由于各种金属设备常处于高温、高压及各种腐蚀性介质（氧化氢、硫化氢、碳酸气、氧、有机酸、水蒸气及酸化过程加入的无机酸等）的苛刻条件下，遭受异常强烈的腐蚀和磨蚀。为防止或减缓这种腐蚀，选择缓蚀剂时，应根据金属设备使用的环境来确定。

（1）油井缓蚀剂。采油过程中，除利用地下能量的一次采油法外，还要利用由外部向油层中加入能量的二次采油法。酸化处理工艺是油、气井一项常用的增产措施。国外主要用盐酸加氢氟酸，盐酸的质量分数高达 28%，虽然可增加采油收得率，但对采油设备的腐蚀也是相当严重的。油井酸化缓蚀剂早期采用无机化合物，目前已被有机化合物替代。常用的有机化合物有甲醛、咪唑及其衍生物、季铵盐类等。

（2）油罐用缓蚀剂。油罐缓蚀剂按用途不同分为三类：1）为防止油罐底部沉积水腐蚀用的水溶性缓蚀剂，常用的无机缓蚀剂有亚硝酸盐，当水中含有硫化合物时可以用有机缓蚀剂苯甲基甲酸铵；2）为防止与油层接触的金属腐蚀的油缓蚀剂，一般可使用酰化肌氨酸及其衍生物；3）为防止油罐与上部空气接触的金属腐蚀采用气相防锈剂，常用的有亚硝酸二环己胺。

8.3.3.2 工业循环冷却水中使用的缓蚀剂

工业用水量最大的是冷却水，占工业用水量的 60%~65%，而在化工、炼油、钢铁等工业则占 80% 以上。因此，节约工业用水的关键是合理使用冷却水。在工业生产中大量使用循环水冷却系统，它又分为敞开式和密闭式两种。

（1）敞开系统。敞开系统是指把热交换水引入冷却塔后再返回循环系统。这种水由于与空气充分接触，水中含氧量很高，具有较强的腐蚀性。而且，由于冷却水经过多次循环，水中的重碳酸钙和硫酸钙等无机盐逐渐浓缩，再加上水中微生物的生长，水质不断变坏。在这种冷却水系统中经常采用重铬酸盐，它是最有效的阳极型缓蚀剂。单独使用时需要高浓度（0.03%~0.05%）。当水中含有 Cu^{2+} 等金属离子时，添加聚磷酸盐效果更好。通常聚磷酸盐和铬酸盐混合使用对敞开循环冷却系统是最佳的复合缓蚀剂。

（2）密闭循环式冷却水系统。如内燃机等的冷却系统。这类系统比敞开式系统的腐蚀环境更为苛刻。采用的缓蚀剂有聚磷酸盐、锌盐、硅酸盐等。亚硝酸铵的缓蚀效果见表 8-3。由表看出，亚硝酸铵质量分数为 0.012% 时，具有较好的缓蚀效果，缓蚀率可达到 98%。水中 Cl^-、SO_4^{2-} 浓度较高时，使用亚硝酸盐缓蚀剂易产生孔蚀，因为亚硝酸盐是阳极钝化型缓蚀剂。

表 8-3 亚硝酸铵的缓蚀效果

亚硝酸铵质量分数/%	腐蚀速率/mg·(dm²·d)⁻¹	缓蚀率/%
0	23.8	—
0.002	20.30	14.7

续表 8-3

亚硝酸铵质量分数/%	腐蚀速率/mg·(dm²·d)⁻¹	缓蚀率/%
0.004	7.20	70.0
0.006	1.57	93.4
0.012	0.38	98.4
0.018	0.38	98.4

注：使用条件为 SS-41 钢；质量分数 0.1% 的 NaCl 水溶液，静置 8d。

锌盐是循环冷却水系统中使用较多的复合缓蚀剂。锌离子在阴极区与氢氧根离子生成 $Zn(OH)_2$ 沉积在金属表面，故锌盐是沉淀型缓蚀剂。锌盐也属于有毒物质，用量应限制在排污要求范围。因此，常用量仅为 $(3\sim5)\times10^{-6}$。

8.3.3.3 大气缓蚀剂

大气腐蚀属于金属腐蚀最广泛的一种腐蚀。大气腐蚀的因素是多方面的，如湿度、氧气、大气成分及大气腐蚀产物等。因此，在使用缓蚀剂时既要考虑不同环境因素也要考虑使用范围。

这类缓蚀剂按其使用性质大体上可分为油溶性缓蚀剂、水溶性缓蚀剂及挥发性的气相缓蚀剂三类。

（1）油溶性缓蚀剂。这类缓蚀剂能溶于油中，即通常所说的防锈油，在制品表面形成油膜，缓蚀剂分子容易吸附于金属表面上，阻滞因环境介质渗入在金属表面上发生的腐蚀过程。一般认为，油溶性缓蚀剂中，相对分子质量大的较好，但也有一定限度，如过大，则在油中的溶解度减小。各类油溶性缓蚀剂对金属的适应性能见表 8-4。

表 8-4 各类油溶性缓蚀剂对金属的适应性能

缓蚀剂种类	对金属的适应性	性　能
羧酸类	适用于黑色金属	高分子长链羧酸类，具有防潮性能，复合使用效果更好
磺酸类	黑色金属较好，对有色金属不稳定，低分子磺酸盐能使铁表面生成锈斑，相对分子质量在 400 以上，防锈性能较好	有良好的防潮和抗盐雾性能
脂类	与胺并用对黑色金属有效，个别对铸铁有效	作为助溶剂与其他缓蚀剂并用有防潮作用
胺类及含氮化合物	适用于黑色和有色金属，对铸铁也有效	耐盐雾、二氧化硫、湿热等性能
磷酸盐或硫代硫酸盐	大多数适合黑色金属，一般与其他添加剂并用	抑制油品氧化过程所生成的有机酸，大多数作为辅助添加剂或润滑的缓蚀剂

（2）水溶性缓蚀剂。这类缓蚀剂是指以水为溶剂的缓蚀剂。可方便地作为机械加工过程的工序间防锈。大多数的无机盐，是优良的缓蚀剂，如亚硝酸钠、硼酸钠、硅酸钠等。它们的优点是节约能源（不用石油产品）。

（3）气相缓蚀剂。简称 VPI，这种缓蚀剂具有足够高的蒸汽压，即在常温下能够很快充满周围的大气中，吸附在金属表面上而阻滞环境大气对金属的腐蚀过程。因此蒸汽压是 VPI 的主要特征之一。气相缓蚀剂种类很多，常用的有 6 类：有机酸类、胺类、硝基及其化合物、杂环化合物及胺有机酸的复合物和无机酸的胺盐。对钢有效的有尿素加亚硝酸钠、苯甲酸胺加亚硝酸钠等。对铜、铝、镍、锌有效的有肉桂酸胍、铬酸胍、碳酸胍等。

8.4 表面保护覆盖层

8.4.1 概述

在金属表面形成保护性覆盖层，可避免金属与腐蚀介质直接接触，或者利用覆盖层对基体金属产生电化学保护或缓蚀作用，达到防止金属腐蚀的目的。

保护性覆盖层的基本要求是：

(1) 结构致密，完整无孔，不透过介质。

(2) 与基体金属有良好的结合力，不易脱落。

(3) 具有高的硬度和耐磨性。

(4) 在整个被保护表面上均匀分布。

保护性覆盖层分为金属覆盖层和非金属覆盖层两大类。它们可用化学法、电化学法或物理方法实现。

8.4.2 金属覆盖层

金属覆盖层有时也称为金属涂（镀）层，其制造方法包括下列工艺。

(1) 电镀。用电沉积的方法使金属表面镀上一层金属或合金。镀层金属有 Ni、Cr、Cu、Sn、Zn、Cd、Fe、Pb、Co、Au、Ag、Pt 等单金属电镀层，还有 Zn-Ni、Cd-Ti、Cu-Zn、Cu-Sn 等合金电镀层。除了防护、装饰、耐磨、耐热等作用外，还有各种功能性电镀层。

(2) 热镀。热镀也称为热浸镀，是将被保护金属制品浸渍在熔融金属中，使其表面形成一层保护性金属覆盖层。选用的液态金属一般是低熔点、耐蚀、耐热的金属，如 Al、Zn、Sn、Pb 等。镀锌钢板（俗称白铁）和镀锡钢板（俗称马口铁）就是采用热浸镀工艺。通常热镀锌温度在 $450℃$ 左右，为改善镀层质量，可在锌中加质量分数为 0.2% 的 Al 和少量的 Mg。热镀锡温度为 $310 \sim 330℃$，与电镀法相比，金属热镀层较厚，在相同环境中，其寿命较长。

(3) 热喷涂。热喷涂技术是利用气体燃烧、爆炸或电能作为能源，将丝状或粉末金属加热至熔化或半熔化状态，并以高速喷向零件表面，从而形成一层具有特殊性能涂层的工艺方法。自 20 世纪 30 年代出现氧乙炔焰的金属喷涂枪技术以来，热喷涂工艺从热源、介质、喷涂材料形态等已做了多方面的改进，以满足不同应用的要求。

常用的喷料金属有 Al、Zn、Sn、Pb、不锈钢、Ni-Al 和 Ni_3Al 等。厚的喷金属层可用于修复已磨损的轴或其他损坏的部件。虽然喷金属层的孔隙度较大，但由于涂层金属的机械隔离或对基体的阴极保护作用，也能起到良好的防蚀效果。

(4) 渗镀。在高温下利用金属原子的扩散，在被保护金属表面形成合金扩散层。最常见的是 Si、Cr、Al、Ti、B、W、Mo 等渗镀层。这类镀层厚度均匀、无孔隙、热稳定性好、与基体结合牢，不但有良好的耐蚀性，还可改善材料的其他物理化学性能。

（5）化学镀。利用氧化还原反应，使盐溶液中的金属离子在被保护金属上析出，形成保护性覆盖层。化学镀具有厚度均匀、致密、针孔少的优点，而且不用电源，操作简单，适于结构形状较复杂的零件和管子的内表面。但是化学镀层较薄（5~12μm），槽液维护较困难。目前化学镀 Ni 和 Ni-P 非晶态合金研究和应用日益广泛。这种镀层不仅具有良好的耐蚀性，且硬度也较高，热处理后的镀层硬度可接近 HV1000，是一种很有效的抗微振磨损防护层。

（6）包镀。将耐蚀性良好的金属通过碾压的方法包覆在被保护的金属或合金上，形成包覆层或双金属层。如高强度铝合金表面包覆纯铝层，形成有包铝层的铝合金板材。

（7）机械镀。机械镀是把冲击料（如玻璃球）、表面处理剂、镀覆促进剂、金属粉和零件一起放入镀覆用的滚筒中，并通过滚筒滚动时产生的动能，把金属粉末冷压到零件表面上形成镀层。若用一种金属粉末，得到单一镀层；若用合金粉末，可得到合金镀层。表面处理剂和镀覆促进剂可使零件表面保持无氧化物的清洁状态，并控制镀覆速度。

机械镀的优点是镀层厚度均匀、无氢脆、室温操作、能耗少、成本低等。适于机械镀的金属有 Au、Zn、Cd、Sn、Al、Cu 等软金属。适于机械镀的零件有螺钉、螺帽、垫片、铁针、铁链、簧片等小零件。零件长度一般不宜超过 150mm，质量不超过 0.5kg。机械镀工艺特别适于对氢脆敏感的高强钢和弹簧，但零件上孔不能太小太深，零件外形不得使其在滚筒中相互卡死。

（8）真空镀。真空镀包括真空蒸镀、溅射镀和离子镀，它们都是在真空中镀覆的工艺方法。它们具有无污染、无氢脆、适于金属和非金属多种基材，且工艺简单等特点。但有镀层薄、设备贵、镀件尺寸受限的缺点。

真空镀是在真空（0.01Pa 以下）中将镀料加热，使其蒸发或升华，并沉积在镀件上的工艺方法。加热方法有电阻加热、电子束加热、高频感应加热、电弧放电或激光加热等，常用的是电阻加热。真空蒸镀可用来镀覆 Al、黄铜、Cd、Zn 等防护或装饰性镀层，电阻、电容等电子元件的金属或金属化合物镀层，镜头等光学元件用的金属化合物镀层。

溅射镀是用荷能粒子（通常为气体正离子）轰击靶材，使靶材表面某些原子逸出，溅射到靶材附近的零件上形成镀层。溅射室内的真空度（0.1~1Pa）比真空蒸镀法低。溅射镀分为阴极溅射、磁控溅射、等离子溅射、高频溅射、反应溅射、吸气剂溅射、偏压溅射和非对称交流溅射等。

溅射镀最大的特点是能镀覆与靶材分成完全相同的镀层，因此特别适用于高熔点金属、合金，半导体各类化合物的镀覆。缺点是镀件温升较高（150~500℃）。目前溅射镀主要用于制造电子元器件上所需的各种薄膜，也可用来镀覆 TiN 仿金属层以及在切削刀具上镀 TiN、TiC 等硬质镀层，以提高其使用寿命。

离子镀需要首先将真空抽至 0.001Pa 的真空度，再从针形阀通入惰性气体（通常为氩气），使真空度保持在 0.1~1Pa；接着接通负高压，使蒸发源（阳极）和镀件（阴极）之间产生辉光放电，建立起低压气体放电的等离子区和阴极区；然后将蒸发源通电，使镀料金属气化并进入等离子区，金属气体在高速电子轰击下，一部分被电离，并在电场作用下被加速射在镀件表面而形成镀层。

离子镀的主要特点是绕镀性好和镀层附着力高。绕镀性好是由于镀料被离子化而成为正离子，而镀件带负电荷，镀料的气化粒子相互碰撞，分散在镀件（阴极）周围空间，因此能镀在零件的所有表面上，而真空蒸镀和溅射镀则只能镀在蒸发源或溅射源直射的表面。附着力高的原因是由于已电离的惰性气体不断地对镀件进行轰击，使镀件表面得以净化。另外，离子镀对零件镀前清理的要求也不甚严格。离子镀可用于装饰（如 TiN 仿金镀层）、表面硬化、电子元器件用的金属或化合物镀层以及光学用镀层等方面。

（9）离子注入。离子注入技术用于金属表面硬化和防蚀，可提高材料的耐磨、抗蚀性。以往，此项技术仅被用于半导体掺杂。自 1989 年 J. R. Conrad 首次提出等离子体基离子注入技术以来，相继出现了金属等离子体基离子注入、等离子体注渗、等离子体基离子注入混合等新兴表面改性技术。

利用离子注入可在金属表面获得任意成分的表面改性层，改性层为非晶结构。单一的离子注入层厚度极薄，通常小于 300nm。而等离子体基离子注入混合技术，可获得数微米甚至更厚的表面改性层。

8.4.3 非金属覆盖层

非金属覆盖层也称作非金属涂层，包括无机涂层和有机涂层两类。

8.4.3.1 无机涂层

A 搪瓷涂层

搪瓷又称为珐琅，是类似玻璃的物质。搪瓷涂层是将钾、钠、钙、铝等金属的硅酸盐，加入硼砂等熔剂中，喷涂在金属表面上烧结而成。将其中的 SiO_3 成分适当增加（例如将质量分数提高到 60%）可提高搪瓷的耐蚀性。由于搪瓷涂层没有微孔和裂缝，所以能将钢材基体与介质完全隔开，起到防护作用。

B 硅酸盐水泥涂层

将硅酸盐水泥浆料涂覆在大型钢管内壁，固化后形成涂层。由于它价格低廉，使用便利，而且线膨胀系数与钢接近，不易因温度变化而开裂，因此广泛用于水和土壤中的钢管和铸铁管线，防蚀效果良好。涂层厚度为 0.5~2.5cm，使用寿命最高可达 60 年。

C 化学转化膜

化学转化膜是金属表层原子与介质中的阴离子反应，在金属表面生成附着性好、耐蚀性优良的薄膜。用于防蚀的化学转化膜主要有下列几种。

（1）铬酸盐钝化膜。锌、镉、锡等金属或镀层在含有铬酸、铬酸盐或重铬酸盐溶液中进行钝化处理，其金属表面形成由三价铬和六价铬的化合物如 $Cr(OH)_3 \cdot Cr(OH \cdot CrO_4)$ 组成的钝化膜。厚度一般为 0.01~0.15μm。随厚度不同，铬酸盐的颜色可以从无色透明转变为金黄色、绿色、褐色甚至黑色。

在铬酸盐钝化膜中，不溶性的三价铬化合物构成了膜的骨架，使膜具有一定的厚度和机械强度；六价铬化合物则分散在膜的内部，起填充作用。当膜受到轻度损失时，六价铬会从膜中溶入凝结水中，使露出的金属表面钝化，起到修补钝化膜的作用。因此，铬酸盐膜的有效防蚀期主要取决于膜中六价铬溶出的速率。

（2）磷化膜。磷化膜又称作磷酸盐膜，是钢铁零件在含磷酸和可溶性磷酸盐的溶液中，借助化学反应在金属表面上生成不可溶的、附着力良好的保护膜。这种成膜过程通常称为磷化或磷酸盐处理。磷化工艺分为高温（90~98℃）、中温（50~70℃）和常温磷化。

常温磷化又称冷磷化，即在室温（15~35℃）下进行。随磷化液不同，工业上最广泛应用的有三种磷化膜：磷酸铁膜、磷酸锰膜和磷酸锌膜。磷化膜厚度较薄，一般仅为 5~6μm。因孔隙较大，耐蚀性较差，因此磷化后必须用重铬酸钾溶液钝化或浸油进行封闭处理。这样处理的金属表面在大气中有很高的耐蚀性。另外，磷化膜经常作为喷漆的底层，即磷化后直接涂漆，可大大提高油漆的附着力。

（3）钢铁的化学氧化膜。利用化学方法可在钢铁表面生成一层保护性氧化膜（Fe_3O_4）。碱性氧化法可使钢铁表面生成蓝黑色的保护膜，故又称法兰。碱性法兰是将钢铁制品浸入含有 NaOH、$NaNO_2$ 或 $NaNO_3$ 的混合溶液中，在约140℃下进行氧化处理，得到 0.6~0.8μm 厚的氧化膜。除碱性法兰外，还有酸性常温发黑等钢铁氧化处理法。钢铁化学氧化膜的耐蚀性较差，通常要除油或涂蜡才有良好的耐大气腐蚀作用。

（4）铝及铝合金的阳极氧化膜。铝及铝合金在硫酸、铬酸或草酸溶液中进行阳极氧化处理，可得到几十至几百微米厚的多孔氧化膜。经进一步封闭处理或着色后，可得到耐蚀和耐磨性很好的保护膜。

8.4.3.2　有机涂层

A　涂料涂层

涂料涂层也称作油漆涂层，因为涂料俗称为油漆。早期油漆以油为主要原料，现在各种有机合成树脂得到广泛采用。因此油漆涂料分为油基涂料（成膜物质为干性油类）和树脂基涂料两大类。常用的有机涂料有油脂漆、醇酸树脂漆、酚醛树脂漆、过氯乙烯漆、硝基漆、沥青漆、环氧树脂漆、聚氨酯漆、有机硅耐热漆等。

将一定黏度的涂料用各种方法涂覆在清洁的金属表面上，干燥固化后，可得到不同厚度的漆膜。它们除了把金属与腐蚀介质隔开外，还可能借助于涂料中某些颜料（如丹铅、铬酸锌等）使金属钝化；或者利用富锌涂料中锌粉对钢铁的阴极保护作用，提高防护性能。

B　塑料涂层

除了将塑料粉末喷涂在金属表面，经加热固化形成塑料涂层（喷塑法）外，用层压法将塑料薄膜直接粘在金属表面，也可形成塑料涂层。有机涂层金属板近年来发展很快，不仅可提高耐蚀性，而且可制成各种颜色、花纹的板材（彩色涂层钢板），用途极为广泛。常用的塑料薄膜有丙烯酸树脂薄膜、聚氯乙烯薄膜、聚氯乙烯薄膜、聚乙烯薄膜和聚氟乙烯薄膜等。

C　硬橡皮覆盖层

在橡胶中混入 30%~50% 的硫进行硫化，可制成硬橡皮。它具有耐酸、碱腐蚀的特点，故可用于覆盖钢铁或其他金属的表面。许多化工设备采用硬橡皮做衬里，其主要缺点是加热后会老化变脆，只能在 50℃ 以下使用。

随着表面工程技术的不断发展，相继出现了许多表面保护覆盖层及制造方法。如高温熔烧、激光涂覆等工艺已开始用于内燃机燃烧室的表面防护。目前，已经可以依据工件的服役环境及承载条件，制备出适宜成分的表面防护层。然而，如何保证防护层与基体间有足够的结合力，往往是评定工艺方法成败的关键。如类金刚石碳膜（DLC）的化学稳定性极强，在绝大多数的腐蚀介质中都具有良好的耐蚀性，但多数制备工艺都难以获得良好的膜-基结合力。可见，随着表面改性工艺的不断完善，腐蚀现象必将会得到更有效的控制。

习 题

8-1 解释下列词语：缓蚀剂、缓释率、电化学保护、阳极保护、阴极保护、最小保护电位、最小保护电流密度、牺牲阳极法阴极保护。

8-2 何为危险型的缓蚀剂？何为安全型的缓蚀剂？

8-3 按缓蚀剂的作用机理，缓蚀剂可分为几种类型？简要说明缓蚀剂的电化学原理。

8-4 结合18-8不锈钢的阳极极化曲线（0.5mol/L的H_2SO_4溶液）说明阳极保护三个主要参数的意义。

8-5 两种阴极保护所采用的辅助阳极材料有何不同？简要说明其作用。

8-6 用极化图说明阴极保护原理，并说明电化学阳极保护的主要参数，应如何选择这些参数？

8-7 放在水中的铁棒经如下处理后，腐蚀速率如何变化？简要说明原因。

（1）水中加入少量NaCl；

（2）水中加入铬酸盐；

（3）水中加入少量Cu^{2+}；

（4）通阳极电流；

（5）通阴极电流。

8-8 铁在海水中以$2.5g/(m^2 \cdot d)$的速率腐蚀，假设所有的腐蚀都是由于氧去极化造成的，计算实现完全阴极保护所需最小电流密度（A/m^2）。

8-9 试说明各种金属涂层的特点。

8-10 何为金属的磷化？磷化膜有何应用？

8-11 试说明涂料涂层的基本组成及作用，并阐述其保护机理。

参 考 文 献

[1] ISO 8044. Corrosion of Metals and Alloy Terms and Definition.

[2] 侯保荣. 中国腐蚀成本 [M]. 北京：科学出版社，2018.

[3] 曹楚南. 腐蚀电化学原理 [M]. 3 版，北京：化学工业出版社，2008.

[4] 查全性. 电极过程动力学导论 [M]. 3 版，北京：科学出版社，2019.

[5] 李晓刚. 材料腐蚀与防护概论 [M]. 2 版，北京：机械工业出版社，2017.

[6] 蒋金勋等. 金属腐蚀学 [M]. 北京：国防工业出版社，1986.

[7] 赵麦群等. 金属的腐蚀与防护 [M]. 北京：国防工业出版社，2002.

[8] 胡茂圃. 腐蚀电化学 [M]. 北京：冶金工业出版社，1991.

[9] 天津大学物理化学教研室. 物理化学 [M]. 3 版. 北京：高等教育出版社，1993.

[10] 李荻. 电化学原理 [M]. 3 版. 北京：北京航空航天大学出版社，2018.

[11] 潘应君，张恒，刘静. 材料环境学 [M]. 北京：冶金工业出版社，2014.

[12] 吴浩青，李永舫. 电化学动力学 [M]. 北京：高等教育出版社，2002.

[13] 巴德 A J，福克纳 L R. 电化学方法原理和应用 [M]. 2 版. 邵元华，朱果逸董献堆，等译. 北京：化学工业出版社，2018.

[14] 张祖训，汪尔康. 电化学原理和方法 [M]. 北京：科学出版社，2000.

[15] 杨德钧等. 金属腐蚀学 [M]. 2 版. 北京：冶金工业出版社，1999.

[16] 肖纪美，曹楚南. 材料腐蚀学原理 [M]. 北京：化学工业出版社，2004.

[17] 魏宝明. 金属腐蚀理论及应用 [M]. 北京：化学工业出版社，2004.

[18] 水流徹. 腐蚀电化学及其测量方法 [M]. 侯保荣，等译. 北京：科学出版社，2018.

[19] Pierre R. Roberge. 腐蚀工程手册 [M]. 吴荫顺，李久青，曹备，等译. 北京：中国石化出版社，2003.

[20] 原化工部化工机械研究院. 腐蚀与防护手册——腐蚀理论、试验及监测 [M]. 北京：化学工业出版社，1989.

[21] 杨武，顾睿祥. 金属的局部腐蚀 [M]. 北京：化学工业出版社，1995.

[22] 中国腐蚀与防护学会. 腐蚀与防护全书 [M]. 北京：化学工业出版社，1990.

[23] 尤里克 H H，瑞维亚 R W. 腐蚀与腐蚀控制腐蚀科学和腐蚀工程导论 [M]. 北京：石油工业出版社，1994.

[24] 黄宗国，蔡如星. 海洋污损生物及其防除 [M]. 北京：海洋出版社，2008.

[25] 尹衍升，董丽华，刘涛. 海洋材料的微生物附着腐蚀 [M]. 北京：科学出版社，2012.

[26] 孙跃，胡津. 金属腐蚀与控制 [M]. 哈尔滨：哈尔滨工业大学出版社，2003.

[27] 吴荫顺，李久青. 腐蚀工程手册 [M]. 北京：中国石化出版社，2003.

[28] 方坦纳 M G，格林 N D. 腐蚀工程 [M]. 北京：化学工业出版社，1982.

[29] 王光雍，王海江，等. 自然环境的腐蚀与防护 [M]. 北京：化学工业出版社，2008.

[30] 高荣杰，杜敏. 海洋腐蚀与防护技术 [M]. 北京：化学工业出版社，2011.

[31] 杨健，张倩，邵静. 海洋腐蚀与生物污损防护技术 [M]. 武汉：华中科技大学出版社，2017.

[32] 吴志泉，涂晋林. 工业化学 [M]. 上海：华东理工大学出版社，2003.

[33] 许淳淳，等. 化学工业中的腐蚀与防护 [M]. 北京：化学工业出版社，2001.

[34] 黄伯云，李晓刚，郭兴蓬. 材料腐蚀与防护 [M]. 湖南：中南大学出版社，2019.

[35] 王保成. 材料腐蚀与防护 [M]. 北京：北京大学出版社，2012.

[36] 林玉珍. 金属腐蚀与防护简明读本 [M]. 北京：化学工业出版社，2019.

[37] 赵麦群，何毓阳. 金属腐蚀与防护 [M]. 北京：国防工业出版社，2019.

［38］ 李伟华. 新型缓蚀剂合成与评价［M］. 北京：科学出版社，2018.

［39］ 张勇. 非晶和高熵合金［M］. 北京：科学出版社，2010.

［40］ 张勇，陈明彪，杨萧. 先进高熵合金技术［M］. 北京：化学工业出版社，2018.

［41］ Gao M C，et al. High-Entropy Alloys：Fundamentals and Applications［M］. Switzerland：Springer International Publishing，2016.

［42］ 雷文斌. 合金元素对高熵合金组织与性能的影响［D］. 辽宁：东北大学，2014.

［43］ 牛雪莲. 钢基体腐蚀防护的高熵合金 $Al_x FeCrCoNiCu$ 涂层研究［D］. 辽宁：大连理工大学，2014.